金蜜蜂丛书

BIODIVERSITY

企业贡献生物多样性的中国实践

CORPORATE PRACTICE AND

殷格非 陈伟征 杨时惠 主编
王倩 朱敏 刘现荣 王影 成员

CONTRIBUTION IN CHINA

中国环境出版集团 · 北京

图书在版编目（CIP）数据

企业贡献生物多样性的中国实践 / 殷格非，陈伟征，杨时惠主编 . —北京：中国环境出版集团，2022.11

ISBN 978-7-5111-5376-0

Ⅰ. ①企… Ⅱ. ①殷… ②陈… ③杨… Ⅲ. ①生物多样性—研究—中国 Ⅳ. ① Q16

中国版本图书馆 CIP 数据核字（2022）第 243906 号

出 版 人 武德凯
责任编辑 田 怡
责任校对 薄军霞
封面设计 今亮後聲 HOPESOUND 2580590616@qq.com · 小九

出版发行 中国环境出版集团
（100062 北京市东城区广渠门内大街 16 号）
网 址：http：//www.cesp.com.cn
电子邮箱：bjgl@cesp.com.cn
联系电话：010-67112765（编辑管理部）
010-67112739（第六分社）
发行热线：010-67125803，010-67113405（传真）
印 刷 玖龙（天津）印刷有限公司
经 销 各地新华书店
版 次 2022 年 11 月第 1 版
印 次 2022 年 11 月第 1 次印刷
开 本 787 × 1092 1/16
印 张 9.25
字 数 156 千字
定 价 198.00 元（全二册）

序一

人类作为一个物种，与动物、植物以及大多数我们肉眼看不见的微生物，如细菌、真菌、原生生物和病毒等及地球上的环境共同形成了多姿多彩的共生生命系统，构成了整个地球生物圈。可以说，我们活着的每时每刻，都仰赖于地球上的生物多样性。我们必须清楚地认识到，如果没有其他生物，人类就无法存活。人类只是整个大自然、整个地球生物圈的一部分，而非凌驾于自然之上。

目前，全球大约有 100 万个野生动植物面临灭绝的风险，物种灭绝的速度是过去千万年平均速度的数十甚至数百倍，且有不断加速的趋势。2020 年 1 月，世界经济论坛《新自然经济系列报告：自然风险上升》指出，全球所有产业都直接或间接依赖自然，全球一半以上的 GDP（44 万亿美元）都高度和中度依赖于自然资本及其提供的生态系统服务，因此面临着自然损失带来的巨大风险。如何遏制生物多样性丧失，实现自然受益的转型，成为全球共同关注的热点。

当然，保护生物多样性并不意味着不能利用生物资源，联合国《生物多样性公约》强调要在保护的前提下可持续地利用生物多样性。必须在保障物种可持续生存、维持生态系统健康和完整的前提下利用生物资源。无节制地利用将造成自然损失，这包括生物多样性丧失和生态系统崩溃，将在不同程度上影响各类生产活动，从而给企业带来风险。

为了更好地反映自然环境质量变化，近 30 年来，自然资产和生态系统服务价值核算相关领域的研究十分活跃，特别是其中的生态系统服务价值核算与评估。在联合国《生物多样性公约》框架下，2010 年达成的 2011—2020 年 20 个“爱知目标”将生物多样性价值核算列为目标 1 和目标 2。目前该公约各缔约方还在紧锣密鼓地协商谈判“2020 年后全球生物多样性框架”。该框架把生物多样性价值核算列为行动目标 14 和目标 15，预计将在《生物多样性公约》缔约方第十五次会议（COP15）上通过。在联合国机制推动下，《2012 年环境经济核算体系：中心框架》（SEEA-CF）已于 2012 年在联合国统计委员会会议通过成为国际统计核算标准。

2021年3月，联合国统计委员会第五十二届会议通过了《环境经济核算体系——生态系统核算》（SEEA-EA），以一致的标准从物质和货币角度衡量生态系统的范围、状况和服务，明确了生态系统对经济和福祉的贡献。但是，迄今为止，《生物多样性公约》各缔约方对具体的核算体系和核算指标共识尚未达成一致。

为了配合达成有雄心、能实现和可度量的“2020年后全球生物多样性框架”，进一步推动生物多样性价值的主流化，联合国、各国政府、国际组织、民间组织和智库陆续开展了有关生物多样性价值核算和生物多样性经济学等相关领域的研究和示范。中国也在“生态文明思想”指引下开展了绿色GDP、中国森林资源核算、自然资产与GEP核算理论研究和实践探索，2021年4月发布了《关于建立健全生态产品价值实现机制的意见》，2022年3月发布了《生态产品总值核算规范（试行）》。

本书相对全面地介绍了中国企业关注和参与生物多样性保护的发展状况，并重点介绍了一批先进企业在生物多样性保护方面的经验成果，为全球工商业将自然资本和生态系统服务纳入企业战略决策、运营管理提供参考与借鉴，对普及自然资本和生态系统服务理念和核算方法，推动生物多样性和生态系统服务价值核算的主流化，形成自然受益的经济转型模式，推动高质量发展具有重要贡献。

人类在地球上能活多久，很重要的一点就取决于当下人类对待生物多样性的态度和做法。希望通过本书能把一些先进的理念和成功的实践普及到各行各业中，让更多企业、社会组织、个人加入生态保护、可持续利用生物资源和践行生态文明思想的行动中来，共同推进生物多样性的保护与可持续发展，为所有生命构建共同的美好未来！

朱春全

世界经济论坛自然倡议大中华区总负责人

2022年10月

序二

在这个极其复杂而又紧密联系的全球系统中，我们的决策往往会受到狭隘的价值理念（金融资本）的影响。如果我们想真正理解由我们自己所创造、保存或破坏的价值，解决由气候变化、生物多样性丧失和社会不平等加剧构成的三重挑战，就必须在决策中同时考虑自然资本、社会资本和人力资本的影响。

就价值核算提出建议的人不在少数，但不同观点错综复杂，可能令人感到费解。这就是为什么参与这项工作的政府、企业和组织会通过多元资本联盟[1]互相合作，从而提供标准化且相互关联的框架、工具及资源。《自然资本议定书》（目前已由中国环境出版集团出版了中文版）是一个国际公认的标准化框架流程，并应用于世界各地的上千万个组织中。《自然资本议定书》是对《环境经济核算体系》的补充，后者已在各国得到应用，《社会和人力资本议定书》也统一了最佳实践框架。目前意在将所有的资本元素整合起来的综合资本议定书正在制定中。

通过多方合作与参与，多元资本联盟蓬勃发展，并共同推动着变革性决策的制定，这为金融行业、林业、水产行业和食品行业提供了生物多样性相关补充信息和行业指南。我们不仅开发了大量的应用工具，还通过开展研讨会和在线培训为支持不同机构转型提供技能和知识。

应对全球挑战时还应充分考虑当地的环境和条件，这就是为什么多元资本联盟与责扬天下（北京）管理顾问有限公司（以下简称“责扬天下”）等中国企业合作

1　多元资本联盟（Capitals Coalition）是一个全球性的合作组织，由自然资本联盟（Natural Capital Coalition）与社会和人力资本联盟（Social & Human Capital Coalition）联合而成，倡导综合考虑自然、人力和社会提供的价值来改变决策的方式。多元资本联盟由 350 多个世界领先的组织组成，包括企业、会计机构、科学和学术机构、会员组织、标准机构、金融机构、政策制定者和民间团体。

显得如此重要。2022 年 7 月，我们与责扬天下共同成立了多元资本联盟中国中心，致力于解决其所在地区人民关心的问题。多元资本联盟各中心是由专家和实践者组成的社区，他们致力于解决其所在特定领域、行业和部门的重要问题。这些中心会将他们的经验反馈给多元资本联盟，由多元资本联盟指导全球战略和新工作任务的制定。

现在正值《生物多样性公约》缔约方大会第十五次会议（COP15）第二阶段会议召开之际，祝贺责扬天下公开发布《企业贡献生物多样性的中国实践》。这本书很有价值，它通过实践案例回答了企业将自然资本纳入核算框架的问题和其他一些关键问题，可以帮助一些企业将多元资本核算理论转化为实践，为全球相关组织参与生物多样性保护、开展多元资本核算、将环境保护纳入经营决策等提供有益的参考和借鉴。

期待本书的出版发布能启发更多组织，重视自然和人类的价值，鼓励大家携手朝着正确的方向前进，为自己和子孙后代创造一个公平、气候中和、自然受益的未来。

Mark Gough

多元资本联盟首席执行官

序三

绿水青山就是金山银山。生物多样性使地球充满生机，也是人类生存和发展的基础。地球为人类提供了丰富多样的生产生活必需品、健康安全的生态环境和独特别致的景观文化。2021 年 10 月，联合国《生物多样性公约》（以下简称《公约》）第十五次缔约方大会（COP15）第一阶段会议在昆明举办，会议正式通过《昆明宣言》，包括 17 条承诺，确保制定、通过和实施一个有效的“2020 年后全球生物多样性框架”，以扭转当前生物多样性丧失趋势并确保最迟在 2030 年使生物多样性走上恢复之路，进而全面实现“人与自然和谐共生”的 2050 年愿景。同期，中共中央办公厅、国务院办公厅印发《关于进一步加强生物多样性保护的意见》（以下简称《意见》），确保重要生态系统、生物物种和生物遗传资源得到全面保护，将生物多样性保护理念融入生态文明建设全过程，积极参与全球生物多样性治理，共建万物和谐的美丽家园。《意见》强调相关部门将生物多样性保护纳入行业发展规划，加强可持续管理，减少对生态系统功能和生物多样性的负面影响，并强化信息公开机制，鼓励及时回应公众关注的相关热点问题。

近年来，为了将《公约》有关目标进一步纳入发展进程的主流，使《公约》得到更加广泛和深入的执行，促进和规范企业界的参与逐渐成为《公约》重要议题并达成有关共识。2014 年，《公约》秘书处成立“企业与生物多样性全球伙伴关系”（GPBB），包括中国在内的 21 个国家和地区加入。2022 年，中国“工商业生物多样性保护联盟”（CBBP）成立，为中国工商业参与生物多样性保护、可持续利用及惠益分享提供交流合作平台。

责扬天下作为率先投身于推动中国社会责任与可持续发展事业的专业机构之一和推动中国企业参与生物多样性保护的先锋机构之一，自 2012 年以来一直致力于推动生物多样性成为中国企业社会责任与可持续发展的重要议题。2016 年，责扬天下签署了联合国生物多样性公约《坎昆企业与生物多样性承诺书》，成为签署该承诺书的首批中国组织，并于2022年正式加入中国“工商业生物多样性保护联盟”，成为首批成员单位之一，协同其他组织机构共同推动生物多样性保护、持续利用和惠益共享。

为践行《坎昆宣言》，推动中国企业关注生物多样性议题，促进生物多样性保护、持续利用与惠益共享，责扬天下持续开展生物多样性相关的研究、推广、能力建设和咨询工作，基于此将相关成果汇编形成《企业贡献生物多样性的中国实践》。本书共3章，第1章分析了企业对生物多样性的依赖和影响、企业参与生物多样性保护的主要动力及企业实践特点、信息披露现状。第2章介绍了中国企业参与生物多样性保护的机制、平台与策略。第3章分别选取了电力、石油化工等行业企业促进生物多样性保护的“主流化”实践，并通过案例分享企业应用国际前沿的自然资本核算方法评估企业对自然的影响与依赖，探索企业参与生物多样性保护、可持续利用与惠益共享并创造综合价值的成果与经验，为全球工商业将自然资本纳入企业管理提供参考与借鉴。

由于企业参与生物多样性保护的管理与实践仍在发展中，本书不足之处在所难免，很多观点和见解还需要持续探索和完善，笔者将继续对相关内容与方法深入学习、分析、实践。对于本书的不足之处，恭请广大同仁、读者不吝指正。

《企业贡献生物多样性的中国实践》编写组

2022年1月

目录 CONTENT

1

中国企业生物多样性发展现状

《生物多样性公约》第十五次缔约方大会（COP15）第一阶段会议于2021年10月在云南省昆明市举办，国家主席习近平在COP15领导人峰会发表主旨讲话，提出“生物多样性使地球充满生机，也是人类生存和发展的基础。保护生物多样性有助于维护地球家园，促进人类可持续发展。”同月，中共中央办公厅、国务院办公厅印发了《关于进一步加强生物多样性保护的意见》。这充分彰显了中国作为全球生态文明建设重要参与者、贡献者、引领者的积极作为和历史担当。生物多样性不只是一个环保概念，还涉及自然与文化多层面。

在不断加强生物多样性保护的背景下，国际社会对生物多样性的理解正在不断深入，对于企业开展生物多样性保护行动的呼声也持续高涨。中国是世界上生物多样性最丰富的国家之一，且随着我国“30·60”碳达峰、碳中和目标的提出和生态文明建设的持续推进，保护生物多样性更需要全社会的关注与行动。企业作为市场经济中重要的微观主体，在助力生物多样性保护方面发挥着重要作用，一些领先企业已经开始主动响应这一趋势，积极探索系统的生物多样性保护战略和创新项目，并在社会责任报告和环境、社会及管治报告等相关报告中进行公开披露。

1.1 企业对生物多样性的依赖和影响

1.1.1 企业对生物多样性的依赖

几乎所有企业自身业务及其供应链都直接或间接地依赖于生物多样性及其生态系统服务，包括从生态系统中获取产品，如食物、木材、药材、纤维、淡水、燃料等；依赖生态系统调节服务并从中获取效益，如水源涵养、土壤保持、防风固沙、净化污染、减轻灾害、固碳、释氧等服务；还有很多行业如旅游和娱乐产业企业依赖生态系统提供的文化服务。依赖强度将根据企业所在部门或行业，在价值链中的作用以及运营的地理位置而有所不同。例如，第一产业中的农业、林业、渔业等都依赖并促进生态系统提供基本供应服务，如食品、水和纤维。这些供应服务（或“商品”）是许多制造和加工业务的重要天然原材料。自然授粉和害虫控制等调节服务在农业生产中至关重要，而水源净化和侵蚀防治对水电运营和饮料企业举足轻重。

2020 年，世界经济论坛发布的《新自然经济系列报告：自然风险上升》报告指出，44 万亿美元的经济价值中度或高度依赖自然及其服务，且正因自然损失面临着潜在的风险。2022 年发布的《新自然经济系列报告：中国迈向自然受益型经济的机遇》发现，我国国民经济行业分类下的 97 个行业大类中，有 59 个行业大类中度或高度依赖自然及其服务，这 59 个行业每年可为我国带来 9.3 万亿美元的经济产出，约占我国 2019 年 GDP 总值的 65%。也就是说，按照固有模式发展经济，持续扩大自然损失，我国将有超过 60% 的 GDP 面临自然损失带来的潜在威胁。

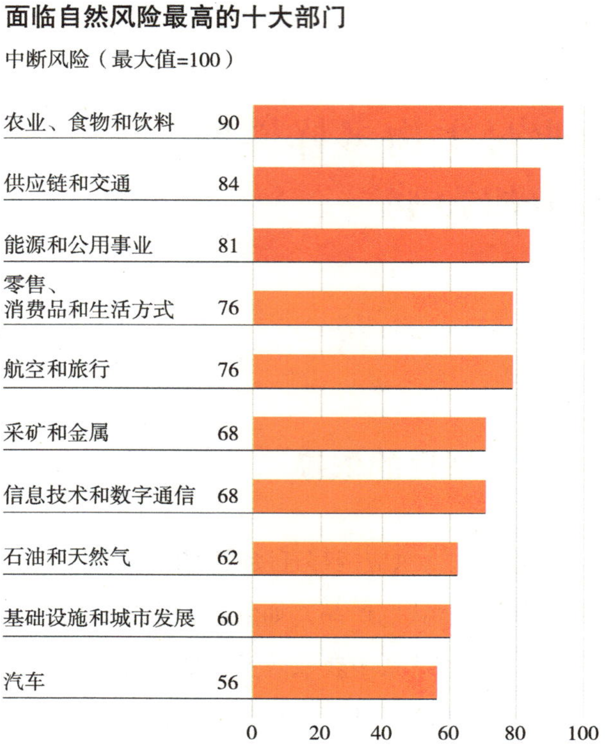

图 1-1　对自然存在高度、中度依赖的经济部门受环境驱动因子影响的中断风险

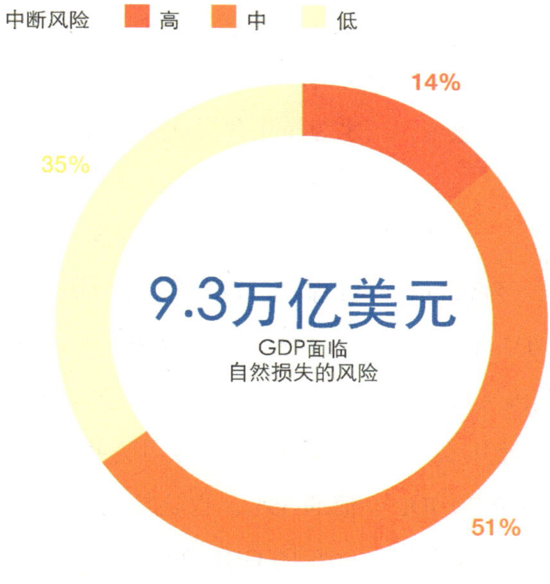

图 1-2　中国面临自然损失风险的经济价值及中断风险

1.1.2 企业对生物多样性的影响

我国生物多样性面临的威胁是多方面的，主要压力是，随着我国人口的快速增长和工业化、城市化进程的加快，土地和海洋用途改变、自然资源的过度利用、严重的环境污染、外来物种入侵和气候变化等问题频发[1]。

表 1-1 导致中国生物多样性损失的因素及对生物多样性的影响

导致中国生物多样性损失的因素	对生物多样性的影响
土地和海洋用途改变	• 受湿地开垦和滩涂围垦影响，2009—2013 年湿地面积比 10 年前减少了 8.82%，其中滨海湿地面积减少率为 22.91%[2] • 中国快速城市化引起的土地利用变化，造成了净碳排放的显著增加，引发温室气体排放效应和生态多样性锐减[3] • 受长期围湖造田、挖砂采石、交通航运等影响，白豚、白鲟、鲥鱼已功能性灭绝，长江江豚、中华鲟成为极危物种，水生生物重要栖息地丧失导致水生生物多样性减少[4]
自然资源的过度利用	• 中国境内被盗猎、偷采、非法经营的野生动植物上百种，经过近 20 年的毁灭性采挖，部分兰科植物种类已经濒临灭绝[5] • 渔业资源过度捕捞和非法捕捞导致水生生物种数和种群数量急剧减少，珠江 100 余种鱼类由常见种、优势种演替为稀有种或濒危种[6]

1 生态环境部 . 中国履行《生物多样性公约》第六次国家报告 [M]. 北京：中国环境出版集团，2019.

2 资料来源：中国第二次全国湿地资源调查。

3 黄忠华，杜雪君 . 快速城市化地区土地利用变化的生态环境效应——以杭州市中心城区为例 [J]. 水土保持通报，2015(6): 223-229.

4 生态环境部，农业农村部，水利部 . 重点流域水生生物多样性保护方案 . 2018.

5 生态环境部 . 中国履行《生物多样性公约》第六次国家报告 [M]. 北京：中国环境出版集团，2019.

6 生态环境部，农业农村部，水利部 . 重点流域水生生物多样性保护方案 . 2018.

续表

导致中国生物多样性损失的因素	对生物多样性的影响
环境污染	• 受环境污染的影响，河口、海湾、滩涂湿地、珊瑚礁、红树林和海草床等典型海洋生态系统中的24个生态监测区中16个呈亚健康状态，1个呈不健康状态[1] • 大量工业废水和生活污水的排放以及农药化肥的不合理使用，使重点流域水环境持续恶化
外来物种入侵	• 2020年，中国发现外来入侵物种660多种，其中，71种对自然生态系统已造成或具有潜在威胁，被列入《中国外来入侵物种名单》[2]
气候变化	• 洪涝灾害是中国最频发的自然灾害之一，而气候变化引起的降水和温度变化可能会导致洪涝灾害的频率和严重程度显著上升[3] • 过去10年（2012—2021年）中国沿海海平面均处于近40年来高位[4]，已经对海洋及海岸带生物多样性造成影响 • 黄海冷水动物区系多样性较半世纪前显著降低，冷水种数减少，种群衰退[5] • 青藏高原冰川融化，高山植被分布格局发生变化、林线上升

企业以不同的形式影响着生物多样性，或直接、或间接、或累积产生影响：[6]

• 直接影响往往来自发生商业行为的当时、当地的土地利用和废物产生，这可能会导致动物栖息地丧失、物种灭绝、空气污染、水和土壤流失。非本地物种的引入也可能会破坏周围的生态系统。企业可以通过减少使用自然资源（如制造业对水的使用）或减少破坏生态服务系统（如森林砍伐带来的水土流失）来降低对当地社区的影响。

• 间接影响通常是指他人行为的影响或者是由商业行为间接触发或导致的影响，这些影响可以共同引发它们的商业行为发生在不同的地方、不同的时间。间接

---

1 生态环境部 . 2020年中国海洋生态环境状况公报 . http: //www.mee.gov.cn/.

2 生态环境部 . 2020 中国生态环境状况公报 . http: //www.mee.gov.cn/.

3 国际货币基金组织 . 中华人民共和国 2020 年第四条磋商工作人员报告 . https: //www.imf.org/zh/.

4 生态环境部 . 2020 中国生态环境状况公报 . http: //www.mee.gov.cn/.

5 刘瑞玉 . 中国海物种多样性研究进展 [J]. 生物多样性，2011(6): 614-626.

6 胡文娟 . 企业能为生物多样性贡献什么 [J]. WTO 经济导刊，2017(5): 47-48.

影响会给企业带来巨大风险，因为它们很难预测、管理和控制。与企业相关的当地居民和员工的行为改变也可以影响生物多样性，例如，一项新的投资可能导致对自然资源需求量的增加，外来移民的涌入也可能会导致自然资源消耗量的增加。

- 累积影响出现在当附近的几家公司开始集体影响生物多样性的时候，虽然单个商业决策或行为可能只会对生物多样性产生微不足道的直接影响，但当所有影响结合起来时，其产生的冲击将可能是巨大的。

1.2 中国企业参与生物多样性保护的主要动力

推动我国企业参与生物多样性保护的驱动力主要源于 5 个方面：政策及监管、国际影响和自愿标准、投融资支持、行业协会的推动和指导、企业应对生物多样性损失的风险。

1.2.1 政策及监管

政策文件和相关政府部门的监督引导是推动企业参与生物多样性保护的重要驱动力，不仅为企业保护生物多样性、可持续利用生物资源、惠益共享提供政策上的指导和支持，同时其强制性也“倒逼”企业建立健全相关管理与信息披露机制，驱动企业绿色转型。

我国不断建立健全生物多样性保护政策法规体系，制定相应的中长期规划和行动计划，为企业参与生物多样性保护与管理提供政策指引。例如，我国相继颁布和修订了《中华人民共和国森林法》《中华人民共和国草原法》《中华人民共和国渔业法》《中华人民共和国野生动物保护法》《中华人民共和国环境保护法》《中华人民共和国海洋环境保护法》《中华人民共和国种子法》《中华人民共和国长江保护法》和《中华人民共和国生物安全法》等 20 多部生物多样性相关的法律法规，覆盖野生动植物和重要生态系统保护、生物安全、生物遗传资源获取与惠益分享等领域，为企业参与生物多样性保护与可持续利用提供了法律指引；发布并实施《中国生物多样性保护战略与行动计划》（2011—2030 年），从生物多样性保护、可持续利用、惠益共享等方面对企业开展生物多样性管理与保护行动进行有力指导；中华人民共和国国民经济和社会发展第十四个五年规划强调推动绿色发展、促进人与自然和谐共生，倡导企业协同推进经济高质量发展和生态环境高水平保护。自“双碳”目标确立以来，我国已出台涉及多个产业的若干监管措施，为以低碳转型为重点的可持续发展提供指导。2021 年 2 月，国务院发布《关于加快建立健全绿色低碳循环发展经济体系的指导意见》，旨在通过确立生产、流通和消费环节的具体目标，构建绿色经济，实现低碳发展。

此外，强化公民环境知情权的环境信息公开与强制性披露要求愈加严格。《中华人民共和国环境保护法》首次将“信息公开和公众参与”单独成章，进一步明确了环境信息公开的法律地位并强化了公众参与。《生态文明体制改革总体方案》提出建立上市公司环保信息强制性披露机制；党的十九大报告中，要求强化排污者责任，健全环保信用评价、信息强制性披露制度；《中共中央　国务院关于全面加强生态环境保护　坚决打好污染防治攻坚战的意见》提出，健全信息强制性披露制度。同时，于 2020 年 5 月底通过的《中华人民共和国民法典》，也确立了“绿色原则”为民事主体从事民事活动的基本原则，并就“环境污染和生态破坏责任”单设专章进行规定。

1.2.2　国际影响与自愿标准

一直以来，我国不断强化国际交流与合作，认真履行生物多样性相关国际公约。2021 年 10 月，联合国《生物多样性公约》缔约方大会第十五次会议（COP15）第一阶段会议在云南昆明举办，会议正式通过《昆明宣言》，鼓励工商业等各利益相关方参与生物多样性保护并做出自愿承诺。2021 年 11 月，包括中国在内的全球 114 个国家在格拉斯哥联合国气候变化大会（COP26）联合声明，共同承诺在 2030 年终止并扭转全球毁林与土地退化进程，以保护和恢复地球上的森林，促进肉类、大豆、棕榈油、纸与纸浆、木材等价值链企业以可持续方式开展大宗商品生产和消费，推动全球绿色价值链建设，贡献于全球森林保护目标。

事实上，国际社会很早就意识到企业与生物多样性的密切联系，通过公约、标准等推动企业参与生物多样性保护、持续利用与惠益分享。1992 年生效的联合国《生物多样性公约》，在其第 10 条第 5 款中规定，所有缔约方都应该尽可能鼓励政府部门和私营部门之间的合作，以探索生物多样性资源可持续利用的方法。第 16 条第 4 款规定，各缔约方应该采取法律、行政与政策措施促进私营部门参与生物多样性保护相关的技术转让过程。联合国"2020 年后全球生物多样性框架"中，其战略目标 3（执行和主流化工作的工具和解决办法）中的 8 个具体目标都与企业参与直接相关，行动目标 15（第 2 个目标）则直接指出，所有企业（公营和私营企业以及大、中、小型企业）评估和报告自己从地方到全球对生物多样性的依赖程度和影响，逐步将负面影响至少减少一半或增加正面影响，减少企业面临的与生物多样性相关的风险，并逐渐使开采和生产做法、采购活动和供应链以及使用和处置方式实现充分的可持续性。国际标准化组织 2010 年发布的国际标准《社会责任指南》（ISO 26000：2010）中，明确将生物多样性列入了环境责任议题中，要求各种组织能够通过采取相关行动而对社会更为负责任，包括评估、保护和可持续利用生物多样性以及评估、保护和恢复生态系统的服务功能等，具体涉及野生动物保护、外来入侵物种防控、栖息地恢复等当今生物多样性的热点问题。全球报告倡议组织 2021 年发布的《GRI 标准》中，也有多款涉及生物多样性的内容，其中的"活动、产品和服务对生物多样性的重大影响"是企业参与生物多样性保护管理的重点。此外，许多可靠的国际标准组织，如森林管理委员会（FSC）、可持续棕榈油圆桌倡议组织（RSPO），以及国际标准认证，如良好农业规范认证（GAP）、MSC 认证（Marine Stewardship Council）均对企业参与生物多样性保护做出了相应要求。

除履行国际公约及标准外，生物多样性也被纳入我国企业可持续发展与履行社会责任的框架内容中。国家质检总局和国家标准委于 2015 年联合发布的《社会责任指南》（GB/T 36000—2015）、《社会责任绩效分类指引》（GB/T 36002—2015）中，均纳入了生物多样性内容，包括识别、评估活动对生物多样性的不利影响以及采取措施保护生物多样性或减少这些影响；2020 年发布实施的《社会责任管理体系　要求及使用指南》（GB/T 39604—2020），为推动企业将生物多样性议题纳入企业运营决策、开展生物多样性管理提供了进一步指导。

1.2.3　投融资支持

我国绿色金融在 2015 年后取得了长足的进步，建立了绿色金融顶层框架体系，并出台落实方案。金融机构以绿色投资、绿色信贷、绿色债券、绿色保险和绿色基金会等多种方式，为生物多样性保护提供资金支持。截至 2020 年年末，我国绿色贷款余额近 12 万亿元，存量规模世界第一；绿色债券存量 8 132 亿元，居世界第二。

2012 年，银监会发布《绿色信贷指引》，指出银行业金融机构应当从战略高度推进绿色信贷，加大对绿色经济、低碳经济、循环经济的支持；2015 年年底，人民银行出台《绿色债券支持项目目录》并于 2021 年进行了更新，促进我国绿色金融债券市场的兴起与发展；2018 年，中国证券投资基金业协会发布《绿色投资指引（试行）》，提出基金管理人应根据自身条件，逐步建立完善绿色投资制度；2020 年，国家绿色发展基金股份有限公司（NGDF）成立，旨在向污染治理、生态修复和国土空间绿化、能源资源节约利用、绿色交通和清洁能源等领域进行重点投资。2020 年 10 月，联合印发的《关于促进应对气候变化投融资的指导意见》以及国务院颁布的《关于创新重点领域投融资机制鼓励社会投资的指导意见》，要求在公共服务、资源环境、生态建设等重点领域进一步创新投融资机制。COP15 期间，36 家中资银行业金融机构、24 家外资银行及国际组织共同签署了《银行业金融机构支持生物多样性保护共同宣示》，将以促进可持续、包容的经济与社会发展模式，共同扭转当前生物多样性丧失趋势，实现最迟在 2030 年使生物多样性走上恢复之路，进而全面实现人与自然和谐共生的 2050 年愿景目标。

1.2.4 行业协会的推动和指导

行业协会是连接政府、企业和公众的桥梁和纽带，在推动和引导企业参与生物多样性保护的过程中发挥积极作用。行业协会主要通过建立相关评价指标体系、纳入行业指引或指南等方式推动并指导企业的生物多样性保护实践。

采掘、纺织、电子、工程承包、银行业、电力、食品等行业的行业协会被认为是最积极的社会责任推动者，相继发布了行业社会责任指南，显示出其在生物多样性议题上的参与程度，例如，中国工业经济联合会发布的《中国工业企业社会责任管理指南（2015）》和《中国工业企业及工业协会社会责任指南（第二版）》中都明确提出生物多样性保护，中国五矿化工进出口商会发布的《中国负责任矿产供应链尽责管理指南》和《中国对外矿业投资行业社会责任指引》中都提出了生物多样性保护和可持续利用，中国纺织工业联合会在《中国纺织服装企业社会责任报告纲要（2008）》中提出考虑企业的选址（或新投资地区）及运营对当地生物多样性，尤其是自然资源及濒危物种的影响。

1.2.5 企业应对生物多样性损失的风险

根据《新自然经济系列报告：中国迈向自然受益型经济的机遇》，对于企业而言，除业务和供应链面对生物多样性带来的风险外，生物多样性损失还可能产生监管、法律、声誉和市场等直接和间接风险。

监管和合规风险：近年来，我国通过逐步完善生物多样性保护体制机制、强化执法检查和责任追究等政策措施推进生物多样性保护和管理。“十三五”期间，我国持续加强生态环境执法的监管，共实施环境行政处罚案件 83.3 万件，罚款金额近 80 亿美元[1]。随着我国政府不断加强行动应对生物多样性损失，企业也将面临更高的监管风险。与此同时，生产国或最终消费国对食品安全、劳动标准、植物检疫

1　中国青年网．“十三五”期间中国实施环境行政处罚案件 83.3 万件　罚款 536.1 亿元．(2021-04-28) [2021-11-17]. https: //baijiahao.baidu.com/s?id=1698277023701211384&wfr=spider&for=pc.

和环境保护等要求日益严格。全球对林木、大豆、棕榈油等产品的合法性的审查和监管正在迅速推进。以林产品为例，全球许多主要林产品进口国近期都颁布了禁止非法采伐或禁止进口非法木材产品的法规，这些国家的林产品进口额占全球进口总额的 52%[1]。例如，欧盟于 2022 年通过零毁林产品法规，旨在禁止从面临森林砍伐风险的地区进口牛肉和咖啡等食品，而欧盟是中国第二大的贸易伙伴[2]。

声誉和投资者压力风险：随着生态文明和可持续发展理念的深入人心，越来越多的消费者已经开始反思自身的消费行为对环境造成的影响。放弃动物皮毛制品、使用环保材料、购买无毁林食品、食用有机食品、优选使用可持续认证产品等都已成为中国人新的购物思维。评级机构也已开始将自然信息披露纳入评估。机构投资者则要求企业对经营的环境风险承担更多责任，环境、社会与治理问题（ESG）表现也日益成为投资者评估企业价值的重要依据。香港联合交易所 2019 年 12 月 18 日刊发《环境、社会及管治报告指引》（简称新版《ESG 报告指引》），全面提升发行人在环境、社会及管治方面的信息及披露。此外，投资者对可持续资产的需求日益增加，发行绿色债券日益成为企业融资通道。因此，破坏自然的行为也将导致资金成本上升。

公共卫生、贸易关系和资源安全等风险：生物多样性与公共卫生息息相关，例如，人类工业化进程带来的环境污染和破坏导致生态失衡，一些野生生物的病毒可能直接传播给人类。新发传染病事件以人畜共患病为主（占 60.3%），其中超过 70% 源于野生动物，如严重急性呼吸道病毒、埃博拉病毒[3]。此外，大规模的生物多样性损失也可能影响国家之间的贸易关系，随着世界资源生产或消费大国对生物资源的争夺日益加剧，对生物资源有较强依赖性的国家面临着资源国际贸易形势严峻带来的风险。

---

1 中国环境与发展国际合作委员会专题政策研究报告《全球绿色价值链：中国软性商品价值链绿色化》。

2 欧盟拟用食品进口禁令来遏制滥伐森林。https: //www.ftchinese.com/interactive/53769?exclusive.

3 Jones K E. Global trends in emerging infectious diseases[J]. Nature, 2008, 451(7181): 990-993.

1.3 企业参与生物多样性保护的中国实践研究

2010 年，国际标准化组织（ISO）发布了国际标准《社会责任指南》（ISO 26000：2010），为全球所有类型组织提供了一个履行社会责任的指南，其中“环境保护、生物多样性和自然栖息地恢复”是社会责任的重要议题。责扬天下作为率先投身于推动中国社会责任与可持续发展事业的专业机构和推动中国企业参与生物多样性保护的先锋机构之一，致力于推动生物多样性成为中国企业社会责任与可持续发展的重要议题。

1.3.1 企业参与生物多样性保护实践现状

作为国家的战略资源，生物多样性正在不知不觉地影响所有的领域、行业和企业。共建地球生命共同体是推进全球生物多样性保护的中国方案，也是实现人类可持续发展的必然选择。企业作为生物多样性保护的重要主体，在实现生物多样性保护、可持续利用以及公平分享利用生物多样性的惠益等目标方面一直积极地探索和实践，并呈现以下特点。

1.3.1.1 企业参与生物多样性保护的保护实践更加多元，且以公益形式为主

生物多样性包括遗传多样性、物种多样性、生态系统多样性 3 个层次，与之对应，企业参与生物多样性保护的实践也聚焦于这 3 个层次，不同层次的企业实践特点鲜明，又相互联系。

遗传多样性保护方面，就地保护（原生境保护）和迁地保护是遗传资源保护的两大策略。就地保护是理论上最佳的保护策略，除保护遗传资源实体（如野生动

物、植物、微生物等）外，也保留其原生境和栖息地及伴生物种。迁地保护主要通过植物园、动物园、种质圃、种子库等方法保护野生物种的遗传多样性。目前，国家政府主管部门、科研院所等在遗传多样性保护与研究方面仍处于主导地位，对遗传资源有相关潜在影响与依赖的企业更注重结合自身专业优势来参与遗传多样性的保护，如保护国家特有物种，积极开展遗传资源保护相关技术研究，建设种质资源库，建立生境走廊等。

物种多样性保护方面，企业保护实践呈现出多样性与公益性特点。多样性主要表现在企业类型的多样性和实践行动的多样性；公益性表现为企业参与物种保护行动以公益行动为主。例如，华为技术有限公司将ICT技术应用于生物多样性保护中助力管理模式与技术创新，如基于人工智能的分流系统帮助大西洋鲑（俗称三文鱼）免遭入侵物种的伤害，全场景AI开源框架昇思MindSpore用于野外红外相机照片物种识别（尤其是识别雪豹踪迹），显著提高生物多样性保护研究和行动的效率等；此外，华为利用华为云AI，通过布置在雨林中的太阳能声音监测系统“自然守卫者”去识别盗伐声响以守护热带雨林，截至2020年年底，“自然守卫者”的身影已遍布全球五大洲18个国家的22个自然保护地。[1]

生态系统多样性保护与修复方面，中国稳步实施了一批重大生态保护与修复工程，如以国家公园为主体的自然保护地体系建设、天然林资源保护、退耕还林还草、防沙治沙、河湖与湿地保护修复、水土保持等。企业主要通过植树造林、水土保持、恢复严重退化的场地、促进城市绿色基础设施建设等行动保护国家生态系统多样性。阿拉善SEE基金会于2014年发起“一亿棵梭梭”植树造林公益项目，致力于用10年的时间（2014—2023年）在阿拉善关键生态区种植一亿棵以梭梭为代表的沙生植物，恢复13.33万hm^2荒漠植被，从而改善当地生态环境。2014—2021年，该项目累计推广种植以梭梭为代表的沙生植物7 510.17万棵（约159.75万亩[2]）。阿拉善SEE基金会作为中国企业家群体自发组织参加环保公益的最大平台，

1 资料来源：华为技术有限公司官网可持续发展专栏。https: //www.huawei.com/cn/sustainability/the-latest?category=stories&domain=protecting-environments.

2 1亩≈666.67 m^2。

支持超过 800 家环保 NGO 和个人在全国各地的工作，共投入超过 11 亿元，其中有 8 亿元用于支持生态修复和生物多样性相关领域的保护工作[1]。蚂蚁集团旗下“蚂蚁森林”生态保护公益平台于 2016 年上线以来，参与全国 11 个省份的生态修复工作，累计种下 3.26 亿棵树；同时，在全国 10 个省份设立 18 个公益保护地，守护野生植物 1 500 多种。[2]

1.3.1.2 生物多样性依赖性企业更加注重生物资源的可持续利用

生物多样性依赖性企业对生物多样性的依赖程度较高，主要通过利用生物资源而获利，这类企业主要涉及生物医药行业、食品和保健品行业、化妆品行业等。随着生物多样性丧失加快，企业面临巨大的经营风险，这类企业逐渐转变传统粗放的生物资源利用方式，更加科学、合理和可持续地利用生物资源，注重给自然生态留下休养生息的时间和空间，推动生产和生活方式的绿色转型和升级，致力于实现生物多样性保护和经济高质量发展“双赢”。

生物医药行业的原材料有相当一部分来自天然动植物和微生物，企业主要通过降低野生动植物资源使用、保护濒危药草种类、开展药材资源的替代性研究与人工培育等行动，以实现企业与生物多样性的和谐共存。例如，华润三九医药股份有限公司努力降低生产运营对生物多样性带来的潜在影响，不破坏运营地原始植被和生态系统，不使用保护动植物作为生产原料，建立繁育基地保护濒危药材，助力生态恢复与治理。[3] 奇正藏药联合《WTO 经济导刊》发起“金蜜蜂全球 CSR2030 倡议”，关注藏药开发与高原的生物多样性保护、可持续利用，建设着眼于长远利益的商业生态系统，从采购、研发到生产各环节，有效、合理、可持续利用藏药材资源。[4] 云南白药积极开展“野生变家种”工作，通过对种子选优育优，培育良种、增加抗病性，发展规模化种植，逐步满足药材供应需求，并积极开展责任采购，建设可持

---

1 资料来源：微公益平台 - 一亿棵梭梭。https: //gongyi.weibo.com/r/215867.

2 资料来源：《生物多样性 100+ 全球案例选集》。

3 资料来源：《华润三九医药股份有限公司 2021 年度可持续发展报告》。

4 资料来源：《奇正藏药 2020 社会责任报告》。

续供应链，推动生物医药产业绿色转型与可持续发展。[1]

食品和保健品行业对生物遗传资源依赖程度较高，随着科学技术和市场的变化，该行业在生物资源利用方面开发了更多创新方式，如新食品、生物技术、纳米技术和生物活性成分等。目前该行业企业主要聚焦于在生物资源原产地以及供应链管理中保护生物多样性，实现对生物资源的可持续利用。例如，茅台酒是赤水河流域得天独厚的水、土壤、微生物、气候、高粱等生态环境和禀赋资源共同影响酿造出的生态产品，茅台集团高度注重保护赤水河生态，推动、配合当地立法部门制定《贵州茅台酒生产环境保护条例》，[2] 对贵州茅台酒生产环境进行专项立法保护。益海嘉里金龙鱼粮油食品股份有限公司在可持续采购中，积极推进采购可持续的原材料，以减少由于原料种植造成的森林破坏，如要求公司大宗原料种植商采取可持续原则，包括不砍伐高保护价值或高碳储量森林、不在泥炭地进行新开发、不使用火烧进行准备或清理土地的种植行为。[3]

化妆品的原材料主要提取自植物，随着消费者日益关注健康和福祉，化妆品行业使用的天然原材料占比大增。目前，企业主要通过野生物种研究与生境保护、可持续采购、民族传统知识保护、公众科普等行动，促进生物资源及其相关的传统知识的保护与可持续利用。例如，2020 年，植物医生与联合国开发计划署联合启动“UNDP- 植物医生生物多样性保护与可持续利用”项目，致力于生物多样性 - 高山植物保护，传承与发展民族生物文化资源，实现生物文化资源的可持续利用。在此之前，植物医生一直致力于高山植物保护，建立了珍稀濒危植物资源收集圃、野生高山花卉保护基地、民族生物文化示范园，培育“庭园种植示范户”以恢复和保护高原生态环境，并携手社会公众、相关方代表开展生物多样性公益活动，呼吁社会关注生物多样性保护、关注高山植物保护。

---

1 资料来源：《云南白药 2021 社会责任报告暨 ESG（环境、社会及管治）报告》。

2 资料来源：遵义市人大常委会办公室关于公开征求《贵州茅台酒生产环境保护条例（草案）》意见的公告。https://www.zunyi.gov.cn/hdjl/zjdc/view.html?siteId=503335&id=7586.

3 资料来源：《益海嘉里金龙鱼粮油食品股份有限公司 2021 年可持续发展报告》。

1.3.1.3 企业开始探索公平分享、获取和利用生物遗传资源产生的惠益，普遍注重社会、环境效益

我国高度重视生物遗传资源及其相关传统知识的保护、获取与惠益分享，积极参加相关国际制度的谈判，并推进国家立法。我国于2016年正式成为《生物多样性公约关于获取遗传资源和公平公正分享其利用所产生惠益的名古屋议定书》缔约方以来，生态环境部自然生态保护司相继制定《生物遗传资源获取与惠益分享管理条例（草案）》并公开征求意见，但目前我国还没有关于生物遗传资源获取、利用和惠益分享的专门法律，也没有主管牵头部门、统一的制度和法定程序，在制度建设方面不够健全，对于惠益分享的具体规定不够完善，使得企业在探索开展惠益分享的具体行动实践中，缺乏相对标准的操作规范。

尽管存在制度上的局限，企业在获取和利用生物遗传资源实践中，仍然普遍注重资源开发、获取与利用过程中的社会和环境效益，如与助力国家减贫协同增效。东阿阿胶作为阿胶行业的引领者，主动整合多方资源，积极推进产业发展与政府扶贫战略相对接，探索出毛驴活体循环开发模式、“政府＋金融＋龙头企业＋合作社＋养殖户”的产业化养殖模式和东阿阿胶毛驴希望乡村模式等，面向贫困地区贫困人口强化毛驴养殖领域模式创新，助力产业扶贫。[1]

从行业实践层面，不同行业企业开展惠益分享的行动存在差异。有关研究发现，[2]农业育种行业企业在原材料获取时以短期利益为主，并未采取有效措施与地方社区和相关机构进行长期利益共享合作。而生物医药行业、食品和保健品行业、化妆品行业的一些先锋企业对原材料可持续利用、知识产权保护、惠益分享等内容的认知相对更清晰，已实际开展了惠益分享相关工作，形成了较为成熟的惠益分享模式。例如，诺维信（中国）生物技术有限公司作为全球环境基金“建立和实施遗传资源和相关传统知识获取与惠益分享国家框架项目”（简称“ABS项目”）的试点企业，与云南省签订了ABS协议，同时在官网上作出明确承诺，提倡公平、平等

---

1 资料来源：企业访谈和《东阿阿胶股份有限公司2020年度社会责任报告》。

2 高磊，贺倩，王影．生物遗传资源获取与惠益分享，企业实践如何发力？[J]. 可持续发展经济导刊，2021: 1–2.

地分享遗传资源使用惠益，并鼓励以适当方式获取此类资源。在具体的实践过程中，公司从对本地经济的贡献、知识及技术转移、教育与培训、共享知识产权、资助科学项目和贡献科学知识等方面积极参与，促进当地的惠益共享及能力建设。[1]

1.3.1.4 企业逐步将生物多样性与日常管理及运营紧密融合，并延伸到供应链管理中，生物多样性管理更具系统性和针对性

企业进行生物多样性保护的形式，通常分为外在于企业业务的履责方式和内生到企业商业模式中的形式两种。其中，将生物多样性保护内生到商业模式中，关键是企业要制定贴近自身主营业务、科学有效的生物多样性保护制度，分析自身与生物多样性的关系，评估依赖性或影响程度，采取相应的生物多样性保护措施，开展生物多样性保护成效评估，并在其可持续发展报告或环境、社会及管治报告中进行公开披露。

近年来，企业越来越关注自身与生物多样性的影响与依赖关系，对生物多样性管理的实践也相应地越来越具体和深入。率先开展生物多样性管理的企业将有机会通过相应的管理、实践和成果对自然产生积极的影响，最小化可能的直接或间接风险（如监管和法律风险、市场风险等），并创造长期价值，获得投资者和消费者的青睐，尤其是一些依赖生物多样性资源的企业或对生物多样性具有较大影响的企业。这主要表现在：

将生物多样性纳入业务运营全生命周期管理中。采矿业、石油天然气业等对生物多样性影响显著的一些行业企业注重建立比较完善的全产业链、全生命周期的生物多样性管理制度。例如，中国铜业有限公司将生物多样性保护目标纳入公司“十四五”规划中，通过建设期生态保护、运营期生态养护和闭矿后的生态发展“三部曲”模式，制定生物多样性保护制度，有效防止和减少对周边生物的影响。[2]

生物多样性保护延伸到供应链管理中。随着一些特定产业的供应链日渐向全球范围内串联，管控供应链的生态影响成为企业参与生物多样性保护的关键。一些业

1　资料来源：企业访谈和以下网址信息，https://www.prnasia.com/story/211777-1.shtml.

2　资料来源：《中国铜业有限公司 2021 绿色可持续发展报告》。

务范围广、产品或服务众多以及供应链复杂的大型企业在供应链上的独特生态位，意味着它能提出更高的环境标准，“倒逼”上游供应商改善其环境表现，面向下游上亿消费者倡导环境友好的消费理念。例如，中粮国际集团通过制定《供应商行为守则》，向所有供应商传递可持续供应链政策与期望，并针对棕榈油、大豆等特殊农产品，将其参与和支持的可持续棕榈油圆桌倡议组织（RSPO）、负责任大豆圆桌会议（RTRS）、《亚马逊大豆停种协议》等解决森林砍伐问题的承诺融入特殊农产品采购政策制定中。[1] 伊利作为乳制品产业链中的核心企业，按照《坎昆企业与生物多样性承诺书》，通过“绿色产业链战略”将《公约》要求延伸到产业链上下游的所有合作伙伴，优先选用注重环境保护的供应商，合作的棕榈油供应商 100% 通过了 RSPO 认证 [2]，以保障所采购的棕榈油是通过不会影响当地生物多样性的方式生产的。

探索企业对生物多样性影响与依赖的评估与风险管理。企业的生物多样性主流化目标是评估和报告自己从地方到全球对生物多样性的依赖程度和影响，逐步将负面影响至少减少一半或增加正面影响。目前，国家电网有限公司、中国广核集团、蒙牛集团、中国长江三峡集团等一批先进企业开始先行示范，应用自然资本评估或者生态系统和生物多样性经济学（TEEB）等方法学，评估企业生产活动对生态环境影响的成本和效益，进行货币化估值，使之成为企业风险管理的重要组成部分，并纳入商业规划和决策体系。

1.3.1.5 通过转型变革促进生物多样性保护成为企业参与生物多样性保护的共同行动

2021 年 10 月，《生物多样性公约》第十五次缔约方大会（COP15）第一阶段会议在中国昆明成功举办，会议主题为“生态文明：共建地球生命共同体”。共同行动以推动转型变革成为企业参与生物多样性保护、促进全球生态环境治理的重要方式。

自愿发起生物多样性保护相关的自主承诺、联盟倡议等。越来越多的企业通过

1 资料来源：中粮国际《供应商行为守则》。

2 资料来源：《内蒙古伊利实业集团股份有限公司 2021 可持续发展报告》。

签署生物多样性承诺、发起生物多样性保护倡议等形式，展示企业参与生物多样性保护与可持续利用的决心与策略。例如，2016 年，伊利、百度、金蜜蜂等企业或机构作为最早一批签署联合国生物多样性公约《坎昆企业与生物多样性承诺书》的单位，公开承诺采取具体行动，为保护生物多样性、可持续利用生物多样性以及公平和公正地分享遗传资源的惠益提供解决办法。

采取商业变革行动，推动自然受益型经济转型。《新自然经济系列报告：中国迈向自然受益型经济的机遇》中提出，我国 GDP 总量的 2/3 和未来社会发展因自然资源损失而面临威胁，亟须与生物多样性威胁密切相关的三大社会经济系统，即食物、土地和海洋利用系统，基础设施和建成环境系统，能源和资源开采系统向自然受益型经济转型，实现向人与自然和谐共生的经济模式转变的重大变革。

目前，一批优秀企业已开始采取商业变革行动，以推动中国乃至全球范围内的生物多样性保护与可持续利用。例如，中国圣牧有机奶业有限公司扎根沙漠，通过种植治沙植物和牧草用于饲养奶牛，再用奶牛粪污肥沃土壤，实现种养结合、有机循环，将原来人迹罕至的沙漠变成“花园绿洲”，为世界贡献了治沙新模式[1]。中建科技承建的深圳市长圳公共住房项目通过装配式建筑技术、立体屋顶绿化等措施，有效增加了城市绿地面积，打造了园林式的社区，相较于传统住宅而言，该项目每平方米可节水 20.5%、减碳 7.5%、减少垃圾排放 77.7%，在成本节约基础上达到降低环境负面影响的效果。[2] 国家能源集团为了实现在 2030 年“碳达峰”目标，积极探索技术和数字解决方案，推进煤炭绿色开采，建成国家级绿色矿山 36 座[3]。

金融业积极助力生物多样性保护。当前生物多样性保护所需资金量缺口很大，金融业如何最大限度地支持生态修复以及生物多样性保护，已经成为社会各界广泛关注的议题以及金融业积极努力的方向。金融机构作为促进社会资源配置的重要利益相关方，在生物多样性保护中角色独特，既可以通过投资风险管理避免潜在的生

---

1 资料来源：《中国圣牧有机奶业有限公司 2021 年度环境、社会及管治（ESG）报告》。

2 中建科技官网：绿色、智慧、科技、人文——解码深圳长圳公共住房项目。

3 国家能源集团：发挥煤电支撑作用 推动绿色低碳发展。https: //www.ceic.com/gjnyjtww/chnjtyw/202203/7341dce2d7fd4f43a7515d36289cf3c7.shtml.

物多样性损害，也能发挥创新投融资模式上的优势填补融资缺口。例如，2021 年 10 月发布的《银行业金融机构支持生物多样性保护共同宣示》致力于推动建立全球范围生物多样性与金融伙伴关系，发挥金融支撑作用，构建人与自然和谐共生的地球家园。中国银行于 2021 年发行规模为 18 亿元人民币的首笔生物多样性绿色债券，专门用于支持生物多样性保护项目。此外，随着绿色发展理念的深入推进，经济发展模式的转变引致绿色投资需求扩大，中国绿色债券市场蓬勃发展，金融业、建筑业和电力、热力、燃气及水生产和供应业等行业企业也不断扩大绿色债券发行。

开展生物多样性科普宣传。提升全社会的生物多样性保护意识与能力是推动生物多样性纳入企业政策主流的有效途径，可推动企业活动和资金流动贡献于生物多样性目标的实现。不少企业充分发挥行业及企业特色，开展形式多样、生动有趣的保护生态系统的倡议活动，如通过电视、电台、广播、报纸、网络等发布的支持生物多样性方面的公益广告，摄影展和互动游戏等，并通过新媒体平台不断扩大披露范围和影响力。例如，腾讯通过支持参与举办“用科技的力量与自然连接”迎接 COP15 生物多样性保护公益活动、“野生动物保护联盟”公益行动、腾讯 Light 公益创新挑战赛等活动，推动社会大众，特别是未成年人及青年一代关注生物多样性，参与全球生态环境治理。中国核电于 2022 年举办首届“核”谐之美杯生物多样性保护实践摄影大赛，吸引了中国核电及成员单位员工、周边居民、公益摄影师等广泛参与，呼吁社会大众关注生物多样性。

1.3.2 中国企业参与生物多样性保护信息披露现状

企业社会责任报告是企业披露生物多样性信息的重要载体，是了解企业开展生物多样性保护状况的重要窗口之一。为更好地践行《坎昆企业与生物多样性承诺书》，推动中国企业定期披露其促进生物多样性保护、可持续利用、公平公正获取遗传资源和惠益分享目标的实现情况，自 2016 年起，责扬天下依据金蜜蜂企业社会责任报告评估体系，持续对在中国大陆发布的各类报告披露的生物多样性信息进行搜集、统计和研究工作。在金蜜蜂企业社会责任报告评估指标中，包含 4 项生物多样性相关指标，分别是减少运营对生物多样性影响的措施、生态保护资金、生态系统保护制度和倡导公众采取恢复生态系统的行动。截至 2021 年 10 月 31 日，共搜集到 2021 年企业在中国大陆发布的社会责任报告、可持续发展报告、环境保护报告等相关报告共计 1 802 份，其中有 404 份报告披露了生物多样性相关信息。发现如下：

1.3.2.1　中国企业生物多样性信息披露水平不高，行业差别较明显

2021 年，中国企业生物多样性信息披露比例有小幅回落。总体来看，披露水平持续处在低位，各行业企业参与生物多样性保护信息披露的状况差异较大。2021 年有 404 份报告披露，比 2018 年（336 份）增长 20.24%，占报告总数的 22.42%。

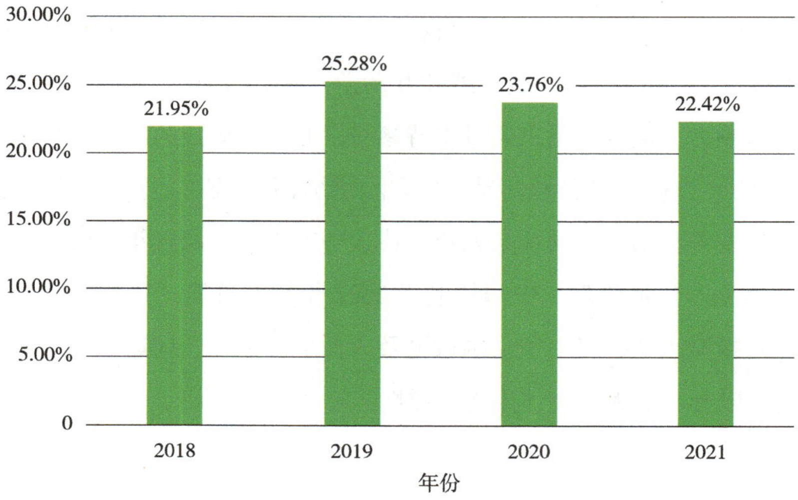

图 1-3　金蜜蜂中国企业社会责任报告评估中披露生物多样性信息的报告占该年度所评报告总数的百分比（2018—2021 年）

从不同行业数据来看，电力和采掘行业中披露生物多样性信息的报告占比居 13 个行业的前两位，分别为 56.90% 和 50.00%，其中电力行业生物多样性信息披露水平较 2020 年（43.90%）增加了 13 个百分点。其次依次为采掘业、建筑业、综合、交通运输等行业，占该行业报告总数的百分比分别为 50.00%、38.71%、36.73% 和 35.96%。

随着生态文明建设深入推进和我国“双碳”目标引领，能源领域大力推进能源

电力革命，改变基于化石能源的发展思路和路径，以绿色、低碳、可持续发展为方向，推动建立“无污染、零排放、高效率”的新型能源发展模式。能源领域产业链上的电力、采掘业企业对生物多样性的关注度不断提升，也涌现了一批优秀实践。

采掘行业披露生物多样性信息的报告较之前年份大幅增长，占比居第二位。2017 年，国土资源部、财政部、环境保护部等六部委联合印发《关于加快建设绿色矿山的实施意见》，为采掘业企业参与生物多样性保护提供政策指引。

建筑行业中披露生物多样性信息的报告占比居第三位，为 38.71%。建筑行业披露生物多样性信息的活跃度提升，同样得益于我国经济社会发展全面绿色低碳转型的推动力。2019 年，国家发展改革委印发《绿色生活创建行动总体方案》；2020 年，住房和城乡建设部、国家发展改革委、中国银保监会等部门联合发布《绿色建筑创建行动方案》，鼓励发展绿色建筑，持续推进健康发展。绿色建筑信息化技术（BIM 技术）、绿色建筑规划设计、绿色建造等关键技术不断突破，绿色建筑材料和产品性能持续提升，装配式建筑推广应用范围不断扩大等，也为建筑业企业提升生物多样性保护水平、积极履责和进行信息披露注入了更多动力。

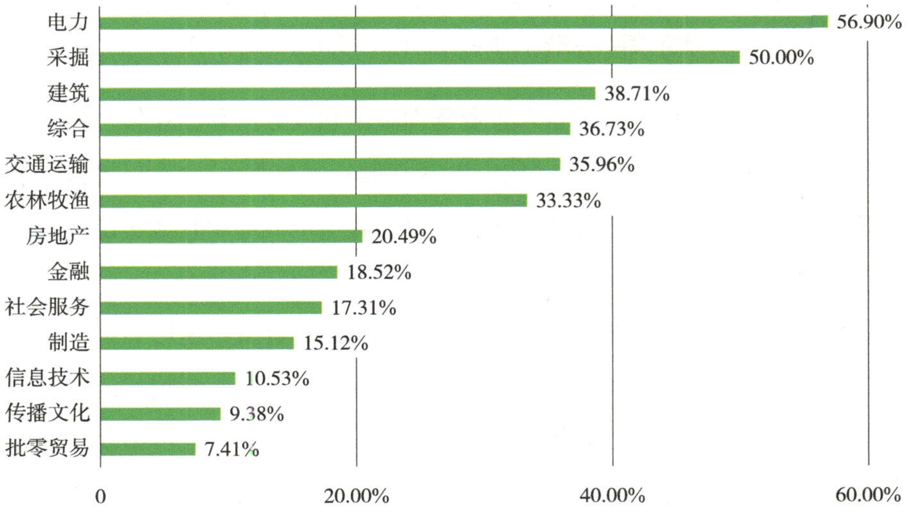

图 1-4　2021 年金蜜蜂中国企业社会责任报告评估中
各行业披露生物多样性信息的报告占该行业报告总数的百分比

1.3.2.2 企业开始逐步探索将生物多样性管理融入企业管理决策和业务流程，披露的减少运营对生物多样性产生影响的措施愈加系统化

2021 年披露减少运营对生物多样性产生影响的措施指标的报告份数达 312 份，占报告总数的 17.31%，比例较 2020 年有小幅回落，这与年度报告总数逐年上升有关。与以往年份相同，该指标披露的报告份数和占比均远高于其他 3 个指标。

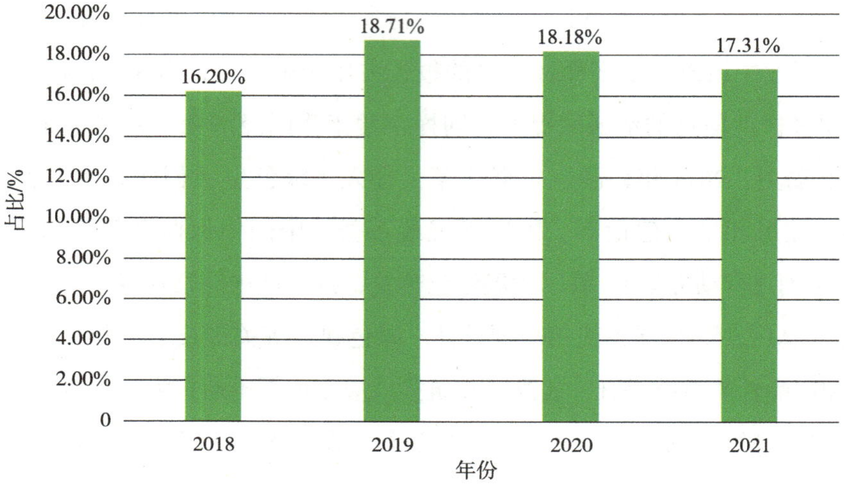

图 1-5 披露减少运营对生物多样性影响的措施的企业报告数量占本年度所评报告总数的百分比（2018—2021 年）

已有企业将生物多样性管理融入企业管理决策和业务流程，在报告披露中展现生物多样性保护的主动性。例如，《国家电网有限公司 2020 社会责任报告》中披露了建立健全三级环境保护管理体系，在各类生态环境中因地制宜地建设环境友好型电网的积极实践举措。

企业减少运营对生物多样性产生影响的措施越来越具有系统性和针对性，并有企业依托自然资本理念和方法评估经营活动与生物多样性相互影响的定量关系，探索推动生态产品价值实现进程。例如，蒙牛集团致力于在全产业链推动生物多样性保护行动，结合运营实际，有针对性地提出生物多样性保护八大承诺。中国广核集团有限公司（简称中广核）使用国际通行的自然资本评估方法，定量和货币化地评估 4 个试点企业运营对生物多样性的影响和依赖，并依据结果升级生物多样性保护举措。

鸟类多样性保护

- 青海三江源“生命鸟巢”猛禽保护项目
- 江苏扬州东方白鹳过境栖息保护项目
- 江西鄱阳湖智能生态护鸟项目
- 天津七里海湿地“绿色生命线鸟类保护项目”

沙漠化治理

- 宁夏腾格里沙漠“绿色走廊”荒漠治理项目
- 新疆乌鲁木齐天山“生态桥”冰川保护项目

山地生态保护

- 新疆伊犁绿色“电力天路”生态保护项目
- 陕西洋县绿色“GIS之网”生态保护项目
- 安徽黄山“生态黄山”生态保护项目
- 江西萍乡云上草甸“风景线”生态保护项目

林区生态保护

- 湖北神农架金丝猴家园保护项目
- 湖南张家界国家森林公园生态保护项目
- 福建武夷山原始林区和谐生态圈保护项目
- 四川雅安野生大熊猫栖息地保护项目

湿地生态保护

- 山东东营湿地生态保护项目
- 江苏盐城湿地电网整改生态保护项目

水生态保护

- 河北沧州“全电化港口”生态保护项目
- 浙江湖州内河水生态保护项目
- 江苏宝应生态渔业光伏发电应用项目

岛屿生态保护

- 山东长岛“蓝色生态岛”保护项目

图 1-6　国家电网公司生物多样性保护项目[1]

承诺 1

采取积极行动，促进合作牧场生态系统恢复

承诺 2

蒙牛所有运营点均得到有效和公平的生态养护

承诺 3

减少废水、废气、废渣等各种来源的污染

承诺 4

积极应对气候变化，降低温室气体排放

承诺 5

可持续利用生物多样性，促进农牧业生产力提升

承诺 6

打造可持续乳制品供应链，降低生物多样性风险

承诺 7

倡导消费者购买绿色产品、减少食物浪费

承诺 8

携手利益相关方强化公众生物多样性保护意识

图 1-7　蒙牛集团生物多样性保护八大承诺[2]

1　资料来源：《国家电网有限公司 2020 社会责任报告》。

2　资料来源：《中国蒙牛乳业有限公司生物多样性报告》。

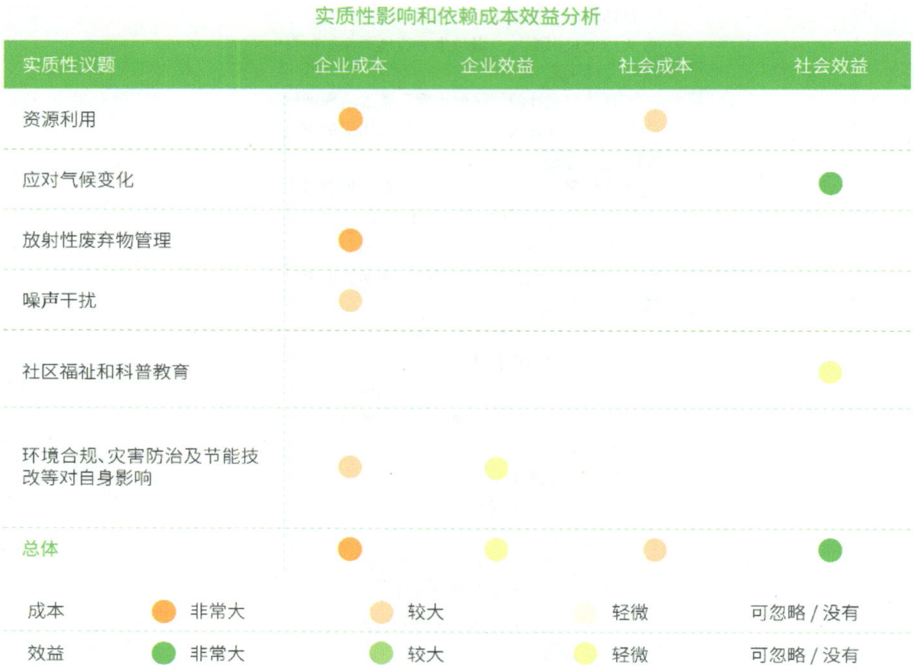

图 1-8　中广核大亚湾核电基地自然资本评估结果[1]

除了减少自身生产运营对生物多样性的影响，越来越多的企业披露了发挥主营优势，保护生物多样性、提升生物多样性丰度的有益实践。中国林业集团有限公司2020 年社会责任报告展示了其在千岛湖创新应用“保水渔业”模式，依托科学的湖泊蓝绿藻治理经验，通过鲢鳙鱼的科学养殖和限额捕捞净化水质，有效改善水体污染情况。五矿集团以推动绿色钢铁为核心，启动关键核心技术研发，追求实现钢厂生产的绿色循环低碳发展。广药白云山积极推动中药材种植示范基地建设，在全国范围内因地制宜建设药材种植基地，有效防止了物种减少、外来物种入侵等问题的发生。

1　资料来源：《中国广核集团 2021 生物多样性保护报告》。

低碳冶金示范项目

我国钢铁行业碳减排任务艰巨，以氢能为主的冶金技术路线选择至关重要。中冶京诚致力于低碳冶金的研究，2020 年联手业界伙伴完成基于富氢气体的氢能利用技术和工程开发。河钢氢能源开发和利用工程示范项目是基于氢能利用的“未来工厂”，中冶京诚牵头成立的联合体中标全球首例氢能源开发和利用工程示范项目工厂设计工程。中冶京诚将基于此前的技术积累，全力以赴将该项目建成绿色化、智能化、高效化、品牌化的氢能源开发和利用工程示范工厂，探索出一条世界钢铁工业发展低碳、甚至“零碳”经济的最佳途径

应用稀土萃取分离技术减排

稀土研究院开发实施的南方离子型稀土矿料液净化技术，可实现酸溶渣和重金属渣年产生量分别下降 53% 和 80%；企业后端污染治理费用降低 104 万元 / 年，后端萃取工艺酸碱消耗降低 300 万元 / 年；料液质量提升可使萃取分离产能提高 10%，具有显著的经济环保效益。该技术还可避免溶料车间的有害气体无组织排放，避免因频繁开槽清理“三相”导致的萃取车间有机相挥发排放以及危险废物的产生

53% 酸溶渣年产生量下降

80% 重金属渣年产生量下降

图 1-9　五矿集团推动绿色冶金实践案例

1.3.2.3　企业投入生态保护资金的意愿持续加强，青睐以资本为抓手、依托专业 NGO 或基金会组织发挥资金的最大价值

2021 年，披露生态保护资金的中国企业社会责任报告数量和占比均有稳步提升。71 份报告披露了此项指标，占报告总数的 3.94%，比 2020 年（62 份）增加了 14.52%。总体来看，生态保护资金是 4 个指标中披露数量最低的一个，占比也处于较低水平。报告中主要披露了生态保护资金投入的总金额数，也有企业披露了特定实践案例的资金投入情况。

从企业披露的生态保护相关投入特征来看，企业愈加重视践行国家生态文明建设责任，在重点生态区域投入人力、财力、物力。国家能源投资集团投入 5 350 万元开展黄河源保护，实施休牧草修复工作，打造 32 万亩禁牧草场。

一些企业披露了以基金会为依托或与 NGO 组织合作的生态保护投入方式。例如，《丰田（中国）社会责任报告》[1] 展示了其与世界自然基金会（WWF）、世界自

1　资料来源：《丰田（中国）社会责任报告》。

然保护联盟（IUCN）合作，每年提供220万美元经费用于支持生物多样性保护工作。万科集团旗下万科公益基金会与印力公益基金会、一个地球自然基金会共同发起“深蓝之境·重塑未来”公益行动，发动全国900万用户捐赠积分用于海洋保护事业，并配以等额配捐。

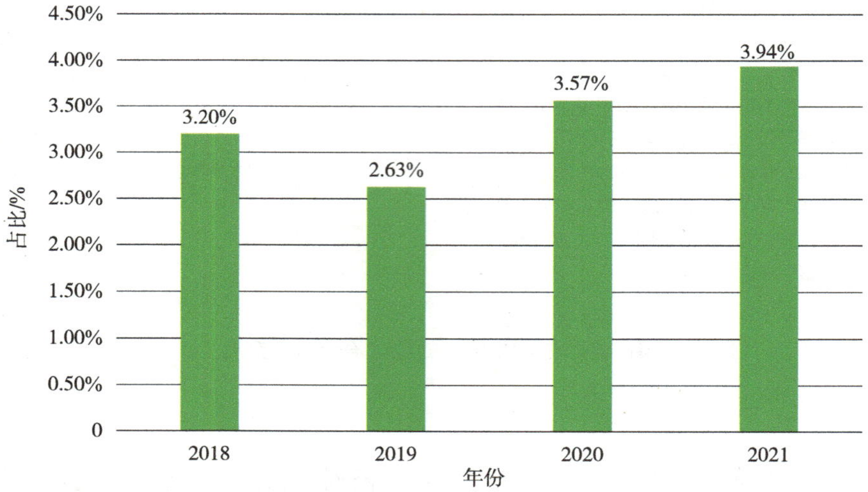

图 1-10　披露生态保护资金的报告数量
占本年度所评报告总数的百分比（2018—2021 年）

1.3.2.4　越来越多企业选择披露生态保护制度和中长期管理目标，并定期发布目标阶段性达成情况

2021年披露生态保护制度的中国企业社会责任报告数量与2020年相比基本持平。2021年度有124份报告披露，占报告总数的6.88%，数量和占比均与2020年（121份，6.96%）基本持平。

在披露“生态系统保护制度”内容方面，越来越多企业选择披露有计划的中长期目标，并定期发布目标阶段性达成情况。例如，《佳能（中国）2020—2021年社会责任报告》中披露了围绕“Action for Green（为绿色而行动）”愿景制定的逐年目标和达成情况。美团外卖公布了2025年三大环境目标，以此作为下一阶段的行动纲领，旨在通过创新和连接更多合作伙伴，推进行业可持续转型。

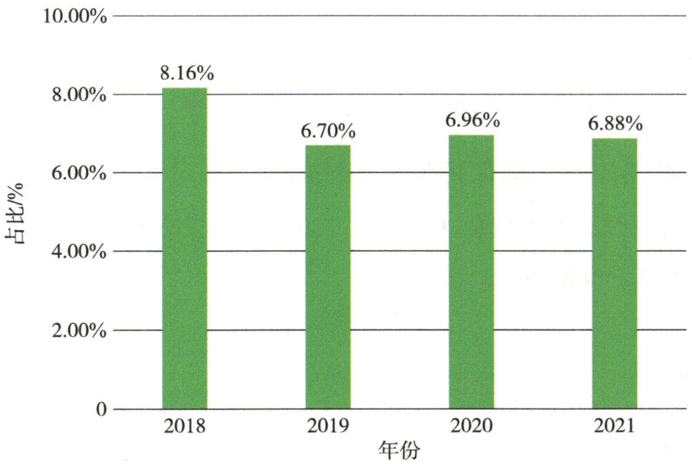

图 1-11 披露生态系统保护制度的报告数量
占本年度所评报告总数的百分比（2018—2021 年）

佳能集团中期环境目标

	具体内容	2021—2023 年中期目标值	2008—2020 年成果
综合目标	每台产品全生命周期 CO_2 排放改善指数	平均每年降低 3%	平均每年降低 4.6%
产品目标	每台产品原材料和使用过程中的 CO_2 排放改善指数	平均每年降低 3%	平均每年降低 2.8%

注：计算方法中分母根据各地点的特性决定（生产数量、有效占地面积、人员等）

佳能集团环境目标

	具体内容	2020 年目标值	2020 年成果	2021 年目标值
生产企业目标	生产网点单位产值能源使用量改善指数	比上一年降低 1.2%	比上一年降低 10.0%	比上一年降低 1.2%
	生产网点单位产值废弃物排放量改善指数	比上一年降低 1.0%	比上一年降低 7.0%	比上一年降低 1.0%
	生产网点单位产值水资源使用量改善指数	比上一年降低 1.0%	比上一年降低 3.0%	比上一年降低 1.0%
	生产网点单位产值化学物质排放量改善指数	比上一年降低 1.0%	比上一年降低 1.7%	比上一年降低 1.0%

图 1-12 佳能（中国）中期环境目标和达成情况[1]

图 1-13 美团外卖 2025 年三大环境保护目标[2]

1 资料来源：《佳能（中国）2020—2021 年社会责任报告》。

2 资料来源：《美团外卖青山计划：未来 5 年促进 1 亿用户践行无需餐具消费》。

1.3.2.5 企业披露的倡导公众保护生态系统的行动趋向多元化，兼顾线下和线上，鼓励大众以多种形式参与

2021 年，披露倡导公众保护生态系统的报告数量为 147 份，占报告总数的 8.16%，数量和占比均较 2020 年（183 份，10.53%）有所下降，这可能与新冠肺炎疫情导致的线下活动受阻有关。

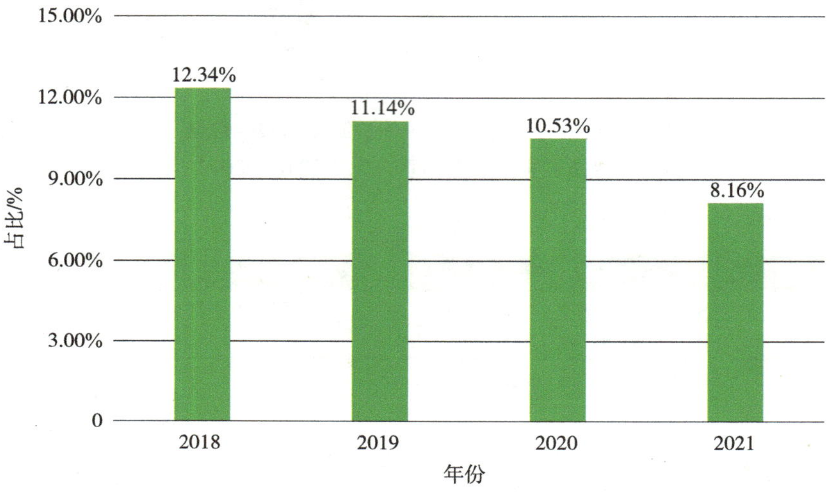

图 1-14 披露倡导公众保护生态系统的报告数量占本年度所评报告总数的百分比（2018—2021 年）

从披露内容上可以看出，企业在倡导生态系统保护方面逐步趋向多元化，兼顾线下和线上，鼓励大众以多种形式参与。例如，伊利携手 WWF 开展黑龙江流域环保大使暨公民科学家活动，邀请公众聆听中华秋沙鸭、丹顶鹤等候鸟的声音，向公众发出爱鸟护鸟的倡议，活动相关微博、视频播放共触达 1 000 万公众关注。阿里巴巴携手联合国环境规划署、生态环境部发起“云探访”濒危动物公益直播等一系列绿色公益行动，开发上线国内首个自然教育互动平台——人人 3 小时公益平台“野生小伙伴”，为公众提供丰富多彩的自然教育活动。

图 1-15　伊利“爱不绝响”活动 H5

综上所述，近年来披露生物多样性信息的企业报告数量呈逐年递增趋势，也涌现一批率先建立生物多样性保护制度、参与生物多样性保护倡议或承诺、使用先进工具评估和管理自身运营与生物多样性关系的企业。在 2011—2020 年全球生物多样性目标（“爱知目标”）20 个目标只有 6 个目标部分实现的严峻背景下，企业需要继续提升生物多样性管理和决策能力，加强企业生产运营全周期保护生物多样性的意识和能力，以更前瞻的眼光、更友好的模式、更创新的方法，在复杂多变的环境中转型升级，为共建万物和谐的美丽家园贡献中国企业智慧和力量。

2

中国企业参与生物多样性保护机制、平台与策略

新冠肺炎疫情暴发给很多行业的供应链造成巨大影响。由于全球生物多样性正在加速丧失，自然界具有的天然的清洁净化和除菌、抑菌功能有所弱化，导致传染病流行概率增加（IPBES，2021）。一方面，自然生态系统（山水林田湖草沙）具有抑菌净化功能，保卫人类健康；另一方面，生物多样性作为自然资本，可以为人类提供食品、药品和能源生产所需的原材料，是很多行业（如农林牧副渔、生物制药、生态旅游、化妆品和营养保健品等）供应链的基础。全球一半以上的 GDP（相当于约 44 万亿美元的经济价值）中度或高度依赖自然界及其提供的生态系统服务，因此也容易蒙受生物多样性丧失导致的商业风险。3 个主要经济部门（农业食品、基础设施、能源与采掘业）对自然界的依存度尤其为重（WEF，2020b）。同时，人类经济活动却是造成生物多样性丧失的最大因素（联合国《千年生态系统评估》，2005）。《生态系统和生物多样性经济学（TEEB）商业联盟报告》指出，全球主要生产和加工部门每年的环境外部性成本总额高达 7.3 万亿美元。在全球化日益深化背景下，生物多样性丧失和生态系统退化给世界经济带来越来越大的系统性风险（WEF，2020c）。人类过度使用了自然界提供的产品和服务，超出了自然界在可持续基础上提供这些产品和服务的能力（Dasgupta Review，2021），这将阻碍实现 2030 年可持续发展目标（Markandya，2020）。

所有企业都依赖和影响生物多样性，这些影响和依赖产生成本和效益，并导致风险和机会。依赖包括从自然获得的关键生产要素，如土地、原材料、水和能源等，以及对生态系统调节服务的依赖，如水的自然过滤净化、废物的吸收同化、洪水和风暴等自然灾害的防护等。很多行业还依赖着生态系统提供的文化服务，如旅游娱乐和健康营养等产业。影响指的是商业活动对自然造成的消极或积极影响（如温室气体排放加剧气候变化或投资农田水利基础设施建设），可发生在价值链的任何环节，包括原材料勘探和开采、中间加工、成品生产、分销、消费和处理回收。但长久以来，对于大多数企业而言，似乎并未对其市场价值、产品价格、原材料采购成本、现金流量或风险状况造成实质性后果，属于不产生财务后果的外部性问题。然而导致外部性问题内部化的发展趋势，例如，《公约》履约要求日渐具体，法律法规和行业监管不断加强，市场力量和运营环境持续变化，内外部利益相关方关系推陈出新，以及企业履行社会责任和透明度的动机增强，同时也是出于资源可获得性和产业可持续性的考虑，工商界开始重新审视对生物多样性依赖和影响所导致的潜在成本或收益，以及认证认可、特许经营、绿色融资、配额和许可证等监管措施对产业链造成的风险（如工厂生产所需的关键自然资源稀缺性加剧导致供应链断裂，或客户偏好不断变化减少公司市场份额）与机会（如产品制造获得“生态标签”扩大出口，或节能减排降低合规成本，吸引责任投资）。

近年来，《公约》推动企业参与的研究越来越深入：“不论出于规避运营风险或寻求商业机会的目的，还是考虑业务流程或价值链，生物多样性都是关键要素”；提出的要求越来越具体：“识别、计量并在适当情况下估算公司对生物多样性和生态系统服务的影响和依赖”“制订企业生物多样性管理计划，定期报告进展”；采取的措施越来越有效：“通过落实组织机制、资源平台和重大活动，逐步完善了推动企业参与的国际体系”。以《公约》正在编制的 3 个报告（生物多样性协同增效气候变化的价值；生物多样性对健康、用水、食品和能源的效益；分行业估算供应链对生物多样性影响和依赖的成本）为例，这些报告侧重定性定量和货币化估算，揭示了自然资本、生物多样性和生态系统服务之间的内在关系，旨在进一步加强科学研究对政策制定的支撑，使《公约》的各国履约行动成为协同推动全球经济转型变革的新动力。

2.1 《公约》企业工作的三个支柱

《公约》是主流化国际进程的中流砥柱。主流化指的是将自然的价值融入所有的决策程序，包括部门政策、行业指引和企业战略。1996 年，缔约方大会第三次会议（COP3）上首次提出企业参与生物多样性保护的概念；2000 年，COP5 将企业参与正式列入《公约》议题；2002 年，COP6 将企业参与纳入《公约》的战略内容；2006 年，COP8 开始将企业参与生物多样性保护单独纳入《公约》决议；2008 年，COP9 拟订了首个企业参与行动框架；2010 年，COP10 提出“编辑最佳实践的案例，促进企业界参与采用这些做法”“改进各种机制和工具，帮助企业界理解、评估和采取管理生物多样性风险的解决方案”[1]（第Ⅹ/21 号决定“企业界的参与”）；2012 年，COP11 提出“为国家和区域提供分享和对话的平台，为企业在决策和运营中纳入生物多样性提供信息、知识、资源和解决方案，促进私营部门主流化”[2]（第Ⅺ/7 号决定“企业界与生物多样性”）；2014 年，COP12 提出“鼓励工商界分析企业决策和运营对生物多样性和生态系统功能和服务的影响，并编制将生物多样性纳入其运营的行动计划”[3]（第Ⅻ/10 号决定“企业界的参与”）。根据上述决议，落实组织机制、资源平台和重大活动，逐步完善促进企业参与的国际体系由三个支柱构成：一是“企业与生物多样性全球伙伴关系”[4]（Global Partnership on Business& Biodiversity，以下简称“GPBB 机制”）；二是“企业在线学习平台”[5]（Global Platform

---

1 https: //www.cbd.int/decisions/cop/?m=cop-10.

2 https: //www.cbd.int/decisions/cop/?m=cop-11.

3 https: //www.cbd.int/decisions/cop/?m=cop-12.

4 https: //www.cbd.int/business/gp.shtml.

5 https: //www.cbd.int/business.

for Business and Biodiversity，以下简称“GPBB 平台”）；三是“商业与生物多样性论坛”[1](Business &Biodiversity Forum，以下简称“BBF 论坛”)。在该体系中，机制是组织保障，统筹协调各国已有的企业倡议行动；平台是传播渠道，提供最新研究成果、技术方法和实践案例；论坛是“线下活动”，促进国际交流、政策对话与跨部门合作。三个支柱相辅相成，协同增效。

2.1.1 支柱一：GPBB 机制

2014 年，《公约》秘书处成立“企业与生物多样性全球伙伴关系”（GPBB）。目前已有 6 个亚太国家（中国、日本、印度、韩国、澳大利亚、斯里兰卡），6 个欧洲国家（法国、德国、芬兰、荷兰、西班牙、波兰），5 个美洲国家（加拿大、巴西、智利、秘鲁、墨西哥），1 个非洲国家（南非），以及东南亚、欧盟和中美洲 3 个区域，共 21 个国家和地区加入。泰国、马来西亚、印度尼西亚和缅甸等国通过“东南亚国家联盟”（ASEAN）统一加入该国际机制；欧洲则成立了名为“欧盟商业与生物多样性平台”（EU Business & Biodiversity Platform[2]）的区域性协调机构。GPBB 下设执委会、主席国和工作组。《公约》秘书处负责协调管理，包括各国提交进展报告、定期召开会议和线上平台发布《企业简报》等，其中最重要的活动是举办 BBF 论坛。各国构建企业伙伴关系的经验如下：

（1）政府作用：审批和监督，或提供资金、实物和智力支持；

（2）企业加入：需要签署《倡议宣言》，并定期报告进展；

（3）资金来源：服务收费或会费缴纳，也包括与行业协会的项目合作和实物捐赠；

（4）成员招募：对生物多样性依赖或有影响的特定行业和部门；

（5）组织架构：秘书处和工作组；

（6）服务内容：提供能力建设、政策解读、跨界对话和评估研究服务；

---

1 https: //www.cbd.int/business/meetings-events/bm.shtml.

2 https: //ec.europa.eu/environment/archives/business/index_en.html.

（7）机会与挑战：很多企业愿意加入生物多样性倡议，但受限于知识、经验和资金，仍需要政府引导和支持。

2.1.2 支柱二：GPBB 平台

根据 2010 年 COP10“企业界的参与”决议：“改进各种机制和工具，帮助企业界理解、评估和采取管理生物多样性风险的解决方案”“编辑最佳实践的案例，促进企业界参与采用这些做法”，2014 年 COP12“企业界的参与”决议：“汇编有关生物多样性与生态系统功能和服务以及这些服务的价值的信息，并分析这方面的最佳做法、标准和研究，促进评估企业界对实现《公约》各项目标和爱知生物多样性指标的贡献，并协助向各相关论坛传播这些信息”，《公约》秘书处在官网上推出支持企业学习的在线平台。其运行方式如下：

（1）各国加入《公约》GPBB 机制后，定期提交报告和成果；

（2）提交的报告和成果经审阅后纳入 GPBB 数据库；

（3）利用各国举办的企业活动，扩大平台在全球传播中的应用。

GPBB 平台近年来的活动及资源包括：开发企业贡献爱知目标最佳实践案例，制定企业参与生物多样性保护通用导则；推荐自然资本核算相关的方法学与工具；发起《企业承诺书》签署倡议；编制大宗农牧商品生产的生态影响指标和指引；推广《卡塔赫纳生物安全议定书》适用不同行业的技术信息；发布 COP 期间举办商业论坛的信息和产出。同时，平台数据库提供搜索功能，根据方法 / 机制（289 个）、组织机构（428 个）、案例研究（45 个）和简报（51 个）[1] 进行分类，涉及自然价值核算、生态影响缓解、抵偿交易、环境服务付费、市场认证、信息披露、各国法律、部门指引和行业指南等相关工具和数据。

以《自然资本议定书》为例，企业应用该标准化流程有利于：

（1）分析风险机会（如探索新的土地用途或碳汇、水权交易市场）；

（2）比较备选方案（如哪种并购或投资计划的生态风险最低）；

1　根据 2018 年生态环境部对外合作中心履约二处对《公约》官网企业专栏提供的“GPBB 在线知识平台”的研究数据统计得出。

（3）评估利益相关方（如哪些群体受企业活动影响最大，性质和规模如何）；

（4）建立环境经济账户（如企业拥有的土地、自然资源或生态资产价值几何以及如何降低环境、社会成本）；

（5）改进内外部沟通（如发布报告吸引投资机构和消费者）。

2.1.3 支柱三：BBF 论坛

首届 BBF 论坛于 2014 年在 COP12 期间召开。2016 年，第二届 BBF 论坛在 COP13 发起《企业与生物多样性承诺书》签署倡议[1]，并推动通过《加强执行〈2011—2020 年生物多样性战略计划〉和实现爱知生物多样性指标的战略行动，包括生物多样性主流化和将其纳入各个部门方面的战略行动》。2018 年，COP14 举办了以“为人类和地球未来投资生物多样性——交流经验教训，促进企业行动”为主题的第三届 BBF 论坛。东道国埃及政府的两位部长、《公约》执行秘书与联合国环境规划署（UNEP）主任先后做开幕式致辞，国际组织代表做大会主旨演讲，来自农业、渔业、森林、旅游和气候变化 5 个领域的专家分别发言。12 场平行会议分 3 个半天同时召开，涉及能源、加工制造、基础设施和采矿行业，以及采购贸易、伙伴关系、金融投资、企业技术创新、生物贸易惠益分享和自然资本核算等议题。会议主持人大多来自国际机构，也有东道国环境主管部门领导，发言人包括来自各国的企业 CEO，主要展示私营部门主流化的实践案例。此外，还有突尼斯、墨西哥、南非和哥斯达黎加的政府在职官员分别主持不同环节或发言。作为东道国，埃及参与度比较高，据统计，在论坛的 8 个环节中派官员担任主持人或发言人。闭幕式由埃及环境部长和《公约》秘书处人员共同担纲。本届论坛的主要成果：一是推动 COP14 通过了《将生物多样性纳入能源和采矿、基础设施、制造业和加工部门的主流》决议。二是促进达成“将企业社会责任意识转化为实际行动，使生物多样性保护从单一的环境议题提升为可持续发展主题”的国际共识。三是在 GPBB 平台提供可供下载的论坛总结报告、发言人演示讲稿和相关知识产品，扩大 BBF 论坛在

1 https: //www.cbd.int/business/signatories-and-supporters.shtml.

全球的传播和影响。

BBF论坛已成为《公约》GPBB机制的旗舰活动，形成了固定模式：第一，组织上由《公约》秘书处和COP东道国政府共同主办，规模200～300人。会期两天，在高级别（部长）会议（HLS）之前，就邀请出席HLS的各国政要参加并与企业对话互动。第二，形式包括开幕式、主旨发言、闭幕式和欢迎晚宴，采取全体大会与平行分会交叉进行的“总分总”方式。第三，每届大会侧重一个主题，如2014年韩国平昌（COP12）BBF论坛主题为“部门主流化、行业能力建设和企业报告”。第四，多个平行分会在不同会场同时进行，由专人向大会汇报分会研讨成果。分会通常以专题（如惠益分享、自然资本核算）或领域（如海洋、保护地），或以部门（如采掘业、农业食品）和行业（如基础设施）区分和协调，以增强与企业界的关联性。第五，除了传播最新研究结果和最佳实践案例，搭建跨部门对话平台，还推动在绿色金融、责任投资、可持续采购、气候变化、绿色供应链等法律政策、行业指引和市场认证中纳入生物多样性，促进部门主流化。第六，为出台企业决定奠定共识基础。例如，COP12/13/14三届大会所形成的企业决议均与期间召开的BBF论坛相关。实现路径一般是在论坛中设置相关主题，采取平行会议或焦点小组方式深入讨论并分享成果，通过促进跨部门对话和凝聚国际共识，为缔约方大会顺利批准决议提供支持。

2.2 推动转型变革的五个杠杆

经济活动是造成生物多样性丧失的主要驱动力，亟须对现有模式采取转型变革（IPBES《全球评估报告》，2019）。“2020年后全球生物多样性框架”（壹案文）指出："亟须转型变革来扭转生物多样性丧失，并确保自然界的健康及复原力，以支持我们的经济、福祉和生计。"世界经济论坛发布的《全球风险报告》也指出："亟须在三个社会经济体系中进行系统性转型：粮食、土地和海洋利用，基础设施和建筑环境，能源和采掘业"（WEF，2020）。为实现转型变革，需要将自然构筑为一种资本形式。生物多样性的作用是使自然资本更具生产力和韧性。

自然资本是为人们带来利益流量的可再生和不可再生资源存量（如植物、动物、空气、水、土壤和矿物）（Natural Capital Coalition，2016）。生物多样性是自然资本不可分割的一部分，是其产生产品和服务的基础，被视为衡量自然资本存量的质量和复原力的尺度。

自然资本方法是为决策者提供的识别、计量和估算对以生物多样性为基础的自然资本的影响和依赖，相关成本和效益，以及风险与机会的技术工具。它能够将生物多样性的复杂性转化为企业理解的经济语言。

（1）自然资本核算（natural capital accounting）：使用会计学方法评估自然资本和以实物或货币形式产生的服务流量，以显示环境对经济的贡献，以及经济对自然环境的影响的数据汇编过程。汇编的数据具有一致性、可比性和定期产生的特点。

（2）自然资本评估（natural capital assessment）：使用适当的方法计量并估算对自然资本的影响和依赖的过程。评估范围可以很广，旨在为制定决策提供所需信息。评估所用数据既可以是会计数据，也可以是其他类型的数据和统计学数值。

目前世界各国均采用自然资本方法，核算或评估生物多样性的价值，并将其结果纳入商业、金融和政府的决策制定，以推动经济转型和社会变革。这些举措被梳理、总结和归纳为 5 个推动转型变革的政策杠杆：①为自然赋值；②建立环境经济账户；③改革激励机制；④融入决策程序；⑤赋能社会行动。这些多样化的举措有利于行业绿色化产业升级和企业优胜劣汰。

2.2.1　杠杆一：核算对自然的影响和依赖的成本效益

"生物多样性价值在决策中被低估。运用传统的国内生产总值（GDP）方法衡量经济增长，间接增强了生物多样性丧失的驱动因素。"

“除了在经济指标中纳入自然资本的多元价值外，还需要计量与核算自然带来的其他福利”——《IPBES 政策简报》

（1）澳大利亚。制定“环境经济核算体系”（SEEA）国家战略，包括建立国家级和企业级的自然资本台账，针对农业部门进行生物多样性认证和管理计划的投资研究[1]，评估虾捕捞产业对由盐沼、海草和红树林构成的流域生态系统的依存度、贡献值和影响风险等。

（2）英国。建立“国家绩效框架”（National Performance Framework）[2]。该框架包含该国政府致力于创造和追求的“国家成果”，包括人民珍视、享受、保护和改善生态环境，将自然资本资产增值作为成功标准等指标。制定《生态系统评估指南》，提供货币化估值技术。

（3）欧盟。发布《环境核算通则》（*environmental General Accepted Accounting Principles*，eGAAP）[3]，促进私营部门应用标准化的计量和估值方法学。该举措作为《欧洲绿色协议》的实施要求，支持《可持续经济活动分类准则》编制四方面的技术指标：淡水和海洋保护及可持续利用，循环经济过渡，污染防控，生物多样性和生态系统保护与恢复，以保证筛选出来的商业活动既减缓气候变化，又避免损害环境。

（4）美洲开发银行。在拉丁美洲和加勒比地区，支持私营部门投资可抵御气候变化的基础设施建设[4]。目前正在编制包括生物多样性价值以及能够反映所有成本效益的投资商业案例。

2.2.2 杠杆二：基于生态系统建立环境经济账户

“自然资本账户使用政府、金融机构和企业都能理解的语言提供有关自然资

---

1 https: //ecos.csiro.au/prawn-fishery-counts-its-natural-capital/.

2 https: //nationalperformance.gov.scot/.

3 https: //capitalscoalition.org/project/transparent/.

4 https: //publications.iadb.org/publications/english/document/Nature-based_Solutions_Scaling_Private_Sector_Uptake_for_Climate_Resilient_Infrastructure_in_Latin_America_and_the_Caribbean.pdf.

产健康状况的信息，以及用于政策权衡、投资目标评估和金融风险管理的实用数据”——《自然资本在生物多样性政策中的应用》

（1）印度。2018 年，中央统计局发布了首个“环境经济账户”（Environmental Economic Accounts）[1]，包含 4 种自然资源资产：森林、土地、矿产和水资源。

（2）瑞典。政府使用土地账户来确定哪些土地所有者负责特定地块上的生物多样性管理，并发布了有利于恢复和提高生态系统服务的土地账户（Land Account for Ecosystem Services）[2]，将土地使用的统计数据提供给参与经济活动的利益相关方（WAVES Policy Forum，2018）。这些账目可用于分析农业投资，了解环境和生态系统对广义经济的重要性，将农业实践和优先事项调整为更具可持续性和可再生性的生产生活方式，遏制生物多样性丧失而不是加剧。

（3）印度尼西亚。建立土地、生态系统和碳的“自然资本账户”（Natural Capital Accounts）[3]，为政府对泥炭地的保存和恢复采取更强有力行动提供依据。泥炭地账户显示，印度尼西亚拥有的泥炭地面积比预期要大得多。政府禁止将泥炭地用途改为棕榈油种植。禁令实施直接影响了油棕种植产业的扩张计划。

2.2.3 杠杆三：改革补贴和金融激励以推动行业转型

“若要扭转生物多样性丧失加剧的趋势，需要对不利于生物多样性的行业补贴（如农业食品、基础建设和能源采掘业）进行改革”——《IPBES-7 报告》

（1）英国、荷兰。作为生物多样性国际战略的一部分，英国政府与荷兰政府支持金融机构和 UNDP 探索建立“与自然有关的信息披露工作组”（Taskforce on

---

1 https: //mospi.gov.in/sites/default/files/reports_and_publication/statistical_publication/EnviStats/EnviStats2019_Vol2.pdf.

2 https: //www.scb.se/contentassets/6d29a226fcd34a0fa192c97c8ec339dc/mi1301_2015a01_br_mi71br1701eng.pdf.

3 https: //www.wavespartnership.org/sites/waves/files/documents/01_Land%20and%20%20Extent%20Account%20%20Sumatra%20%26%20Kalimantan%20dev%208_CMYK_low.pdf.

Nature-related Financial Disclosures，TNFD）[1]。新成立的工作组将负责制定遏制生物多样性丧失的行动指南，并以“气候相关财务信息披露工作组”（Taskforce on Climate-related Financial Disclosures，TCFD）和《关于自愿披露与气候相关金融风险的指导意见》（*Recommendations on Voluntary, Consistent Climate-related Financial Risk Disclosures*）[2] 为例，采取以“金融稳定委员会”（Financial Stability Board）为监管企业和金融部门的新举措。

（2）荷兰。中央银行开展可持续性问题如何影响本国金融机构和整个金融系统研究。在《人类对自然界的负债：探索荷兰金融部门的生物多样性风险》[3] 报告中（DNB & PBL，2020），中央银行调查了金融部门对生物多样性丧失导致的不同风险敞口。生物多样性丧失被认为是潜在的财务风险来源，威胁着经济活动所依赖的生态系统服务，如木材、授粉和土壤肥力。遍布世界各地的荷兰金融机构正在为高度或重度依赖一种或多种生态系统服务的企业提供金融服务。据估算，这些企业的生物多样性风险敞口总量可达 5 100 亿欧元，占荷兰金融机构全部投资组合的 36%。以商业依存度较高的昆虫与动物授粉为例，全球金融部门投资于依赖授粉的产品的风险敞口为 280 亿欧元。

（3）斯里兰卡。中央银行于 2019 年发布了《可持续金融路线图》（*Roadmap for Sustainable Finance*）[4]，为监管机构和金融组织提供了广泛的指导意见，以有效管理与其融资项目相关的环境、社会和治理（ESG）风险，有助于强化对绿色发展、气候友好和包容性增长企业的扶持。

（4）法国。在防止进口毁林的国家战略（National Imported Deforestation Strategy）中，增加了企业对森林砍伐监测和（非强制性）信息披露的强化措施[5]。许

---

1 https: //tnfd.info/.

2 https: //assets.bbhub.io/company/sites/60/2020/10/TCFD_Booklet_FNL_Digital_March-2020.pdf.

3 https: //www.pbl.nl/sites/default/files/downloads/4215-indebted_to_nature_-_exploring_biodiversity_risks_for_the_dutch_financial_sector_0.pdf.

4 https: //www.biodiversityfinance.net/index.php/news-and-media/biofin-supports-sri-lankas-roadmap-sustainable-finance.

5 https: //www.ecologie.gouv.fr/dossier-presse-strategie-nationale-lutte-contre-deforestation-importee.

多国家和地区（包括欧盟）也都制定了类似规定。欧盟目前正在重新考虑将非财务信息的披露政策作为《欧洲绿色协议》（EU Green Deal）的组成部分。预计未来的监管将趋严，并涵盖更多企业。

2.2.4 杠杆四：将自然的价值融入决策程序

“承诺将促进生物多样性、生态系统及其提供的服务价值纳入政府、商业和经济部门的主流决策”——G7《梅斯生物多样性宪章》

（1）苏格兰。政府制定部门性的《可持续增长协议》（*Sustainable Growth Agreements*），通过直接合作，推动企业参与实施“一个星球繁荣监管战略”（One Planet Prosperity Regulatory Strategy）[1]。国家环境保护总局（Scottish Environment Protection Agency）采用新机制如《可持续增长协议》和行业计划等，激励企业、地方政府和行业协会与国家环境保护总局深化合作，降低能源消耗并提高使用效率。同时，政府支持企业和公共部门共同开展关于自然资本投资促进包容性增长的案例研究[2]。

（2）新西兰。2018 年 12 月，财政部发布了《生活水平框架管理报告》（*Living Standards Framework Dashboard*）[3]，提供了建议民生优先事项的指标和分析方法。该报告以《经合组织福祉框架》（*OECDs Wellbeing Framework*）为基础，应用 5 种形式的资本组合（自然资本、人力资本、社会资本、金融资本和制造资本），展示了这些资本如何为人类产生当前和未来所需的生计资源和福祉。

（3）乌干达。“木材资产和森林账户”（Ugandan Wood Assets and Forest Accounts）[4] 2020 年向政策制定者提示，如果不做任何改变，到 2025 年，来自森林的可持续供

---

1 https: //capitalscoalition.org/casestudy/government-dialogue-best-practice-scotland-on-one-planet-prosperity-regulatory-strategy/.

2 https: //capitalscoalition.org/casestudy/government-dialogue-best-practice-scotland-on-one-planet-prosperity-regulatory-strategy/.

3 https: //lsfdashboard.treasury.govt.nz/wellbeing/.

4 https: //www.ubos.org/wp-content/uploads/publications/09_2020Report_2020_Uganda_Wood_&_Forest_Resources_Accounts.pdf.

应木材将完全耗尽。木炭生产作为重要的驱动因素，市场供应量大涨的主因是其利润率奇高——相当于零售价的 80%，然而木炭生产商的回报通常只占零售价的 12.5%～20%。账户数据表明，当前的财政政策无法触动木材生产商采取将外部性成本内部化的行动，因此需要一种新的市场结构，通过调整价值链中木材的开采成本和资源租金，激励木材生产商在生产过程中使用改良的窑炉技术，采用液化石油气和电力等替代能源。

2.2.5 杠杆五：赋能使全社会行动起来

“通过监测与评估，将各种价值考虑在内，推动不同行为者的有效参与，弥补知识差距”——《IPBES 政策简报》

（1）日本。政府发布《私营部门参与生物多样性保护指引》[1]，推动建立自然资本核算在线学习平台。

（2）南非。根据自然资本账户的经验，使税收政策变得更加“绿色”[2]。

（3）瑞典。税收政策“绿色化”（Greening Tax Policies）。利用各个部门能源使用和二氧化碳排放核算的经验，并结合标准经济账户的实践，政府于 2019 年发布《瑞典主权绿色债券框架》（*Sweden's Sovereign Green Bond Framework*，2020）[3]，以提高绿色债券投资所需透明度。

（4）中国。《自然资本议定书》于 2019 年在我国翻译出版后，已经在多个企业中得到实际应用。伊利集团、中广核集团和国家电网等公司基于自然资本方法应用，制定、发布了我国首批企业生物多样性报告、进展简报、生物多样性管理与价值创造的系列报告和案例研究成果。这些报告和案例研究成果已成为我国《生物多样性公约》履约的有益组成部分，为国际社会提供了具有中国智慧的行业解决方案。

---

1 https: //capitalscoalition.org/casestudy/government-dialogue-best-practice-japanese-community-of-learning-for-natural-capital-valuation-in-the-private-sector/.

2 https: //www.wavespartnership.org/sites/waves/files/kc/NCA%20in%20action_SouthAfrica%20Final_0.pdf.

3 https: //www.government.se/49bcc9/contentassets/ed959d7b700e429a98cc85bdb64ef1af/swedens-sovereign-green-bond-framework.pdf.

2.3 中国进展、挑战和建议

我国是《生物多样性公约》首批签约国之一。2010 年，国务院审议通过了《中国生物多样性保护战略与行动计划（2011—2030 年）》，明确了我国生物多样性保护的战略目标、战略任务和具体任务。该计划提出，“推动建立生物多样性保护伙伴关系”“研究建立社会各方参与的保护联盟”。2015 年，我国加入《公约》GPBB 机制，组建中国“工商业生物多样性保护联盟”，作为旨在促进跨部门合作的非法人、非营利的资源网络，引导和支持成员单位将自然的价值融入决策程序和供应链管理，翻译引进 GPBB 平台推荐的《自然资本议定书》[1] 等国际方法学，解读法律政策、宣传企业实践案例、支持行业指引纳入，开展能力建设和国际交流等多种活动。经生态环境部批准，对外合作与交流中心（FECO）负责在昆明大会期间牵头承办由《公约》秘书处与我国政府共同主办的第四届 BBF 论坛，讨论如何更好地推动企业参与，传播具有“中国智慧”的解决方案，提供将“2020 年后全球生物多样性框架”纳入“转型变革”所需行业技术和企业提供资金的实施路径，现已引起国内外广泛关注。

当前，转型变革的国际共识与我国“十四五”目标如“立足新发展阶段、贯彻新发展理念、构建新发展格局，推动高质量发展”，以及“建立生态产品价值实现机制”的重大举措有着趋同融合的趋势，重要的政策窗口期已经开启，相关行业和企业必须引起重视。生态产品是自然生态系统为人类生存与发展提供的物质资源和生态环境服务供给，不仅包括粮食、肉、鱼等食物，药物、水资源、木材、生态能

---

1 ［英］自然资本联盟 . 自然资本议定书 [M]. 赵阳，译 . 北京：中国环境出版社，2019.

源等物质产品，更提供了水源涵养、昆虫授粉、土壤形成、气候调节、洪水调蓄、污染物净化等重要生态支持和调节服务产品，以及景观美学价值、生态旅游、身心健康和生态文化产品（欧阳志云，2018）。一方面，它具有公共属性，需要政府主导以彰显普惠共享的社会公正原则；另一方面，又具有商品属性和经济价值，需要企业参与以符合“受益者付费、损害者赔偿、占用者抵偿”的市场公平竞争理念。

生态产品的价值实现作为绿水青山向金山银山的转化路径，既是“生态友好型”企业的福音，也是行业发展的契机和挑战。目前我国正在采取与前文论述“五个政策杠杆”类似的举措。

（1）建立健全法律体系。涉及可持续公共采购、责任投资、绿色信贷和财政转移支付，以及相关配额、许可证和特许经营制度等。例如，为减少捞渔船数量及减小捞渔船功率，优化捕捞强度和作业结构，我国2015年出台政策，力争2019年的渔业捕捞和养殖业油价补贴降至2014年的40%。此外在流域、草原和公益林等资源领域推出一系列基于财政转移支付的生态保护补偿或补助等措施。

（2）建立生态产品认证体系。激励企业按照可持续的方式生产绿色产品，不仅有利于节约能源与降低资源消耗，减少污染排放，提升生态系统服务功能，而且可以将生态价值转化为消费者认可和市场溢价。

（3）制定生态产品价值评估体系。“生态系统生产总值”（Gross Ecosystem Product，GEP）是我国创新开发的综合环境经济核算体系，是对传统GDP指标和人类发展指数（HDI）的有益补充，旨在创造更为科学的幸福愿景，强调自然资本增值对生计福祉支撑潜力的定性定量和货币化估值，为政府在国土空间规划、地方产业发展、企业招商布局和生态环境保护等方面的政策权衡提供决策支持。

（4）加强生态产品品牌建设。通过互联网销售和生产标准规范，提升区域生态产品市场影响力和交易能力。例如，在丽水市，以农产品为基础注册公用品牌“丽水山耕”，以休闲旅游为基础注册“丽水山居”，编制相应的产品标准，并建立“母子品牌”运行模式。2014年“丽水山耕”正式亮相后，得到市场的积极响应，极大地提升了农林牧渔产品和文旅产品的溢价能力。2017年“丽水山耕”成功注册为全国首个含有地级市名的集体商标，成为了丽水践行“绿水青山就是金山银山”理论的新模式（欧阳志云，2020）。

（5）强化政府的主导地位。通过自然资产产权改革、完善生态资产有偿使用制度，重点界定水流、森林、湿地、农田和矿产等生态资产的产权主体及权利。确定生态补偿标准，提高生态损害赔偿金额，为促进生态资产交易、高效利用提供制度保障。通过政府购买、政府监管和税收调节等行政手段，促进扩大生态产品生产和供给。

我国提出的“双碳”目标虽然展示了我国对国际社会的大国担当，但也对生物多样性保护和自然资源可持续利用提出了挑战。本书认为，应对之道在于打好“生物多样性价值主流化”这张牌，提请行业从业者和企业决策者注意以下在国内可能继续深化的态势：一是改革核算体系。传统的 GDP 指标不能显示出自然生态系统对经济的支撑作用，因此要制定出一套与传统 GDP 指标相辅相成，但更为包容和科学的统计核算体系，以支持各部门决策。国内试行自然资源资产负债表、生态系统生产总值、绿色 GDP 等为生态保护红线、国土空间管控和长江大保护等大政方针提供了依据。二是提供实施方法。支持行业协会和先进的企业先行先试，核算供应链对自然资本的依赖和影响，包括定性定量及货币化估值，并融入部门指南、行业指引和企业战略。三是激励科技创新。在基础设施领域增加“基于自然的解决方案”（如人工湿地同化吸收污染物，修复海岸和红树林替代水泥堤坝），在农业食品部门，加强生态产品的市场认证和溢价，在循环经济中探索塑料的替代生物材料和微生物降解，提升能源行业可再生能源（如生物质能源）比例，以及数字化、智能化在这些行业中的应用，降低物流、仓储等环节的温室气体排放。四是力保供应链安全。后疫情时代强调产业链布局调整，供应链呈现多元化、绿色化、平台化和数字化发展趋势，以适应“以国内大循环为主体、国内国际双循环相互促进”的新发展格局。五是分解“双碳”目标，逐步覆盖各行各业的所有企业。研究《中华人民共和国环境保护法》（以下简称《环保法》）会发现，2014 年新修订的内容中埋了“两条线”的伏笔：当地排放总量不增加的“上限”和生态功能不降低的“底线”。“碳达峰、碳中和”将通过信息披露、改革补贴、绿色投资、可持续采购和负责任消费等使工商企业可衡量的行动来达成。在此，提醒企业家要注重生物多样性丧失减缓和应对气候变化所具有的巨大效益，以及“基于自然的解决方案”对实现兼具“碳中和”和“社会公正”（如社区替代生计）综合价值的作用。

利用《公约》促进企业参与国际体系的“三个支柱”所提供的资源，有利于加快调整我国在不同产业、行业和生产部门存在的大量不利于生物多样性保护的政策。我国仍需借鉴《公约》在自然资本核算方面的方法和成果，加强在上文所述“五个政策杠杆”上的实施力度及效果，尤其在优化税费、罚款、赔偿、配额、管制和认证等市场激励机制方面。例如，绿色金融体系纳入生物多样性融资，征收农药和化肥税以减少对栖息地的不利影响，增加有利于生物多样性的补贴（生态旅游、有机农业、非木材林下经济产品、可持续渔业认证和税费减免），改革有害补贴（导致土地用途变化或不符合可持续标准的农、林、牧、渔和能源运输、基础设施、建筑等行业），以及林、渔、牧、野生生物部门的特许经营和许可证等。

除了上述由政府主导的政策举措，行业协会可采取的行动包括在部门规划及行业指引中纳入生物多样性，提出关于识别（环境影响）、计量（自然资本变化）和估值（社会成本）的有关要求及指标，运用《公约》推荐的技术工具、认证认可标准、方法学、研究成果和案例研究等知识产品，为企业提供培训。在企业层面，为管理生物多样性相关风险与机会，实现绿色化转型，具体实施中可采用自然资本方法，如“环境损益账户”是企业按照财务会计学方法，将直接运营及供应链对生态系统服务的依赖和影响进行计量和货币化估值后，核算相关成本与收益，并纳入公司财务分析和商业决策的具体应用。该方法可灵活应用于从单一原材料投入或产品到整个业务部门或集团公司。通常从定性开始，然后定量，最后估算企业对自然依赖和对社会影响的货币价值，循序渐进，下一步以前一步为基础：

（1）识别并计量企业从自然界获取的生产资料（依赖），以及各种排放（影响）的数量；

（2）计量企业对自然资本的依赖和影响，即步骤（1）导致生态系统服务数量（如渔获量）和质量（如Ⅰ类水）的变化；

（3）估算生态系统服务变化，即步骤（2）造成环境成本（如生态修复投入）和社会成本（如健康和收入损失）的货币价值。赋值的并不是商品价格，而是反映企业从自然中获得福利所等同的价值或相对重要性。

上述国内外政府和金融部门、行业与企业实施的多种举措都是将自然构筑为一种资产（资本）。生物多样性保护可以使自然资产更具生产力，使供应链更具适应力，使环境容量更具承载力，使生态系统更具韧性，使经济增长更具包容性，使社会制度更具公平性，使资源利用更具高效性，从而实现整个社会经济体系转型变革。本书认为转型变革的实施路径包括以下几个渐进阶段。

（1）将自然构筑为储存并向人们提供价值的一种资产形式。《自然资本议定书》（NCP）、“环境损益账户”（EP&L）、生态系统生产总值（GEP）、欧盟《环境核算通则》（eGAAP），以及联合国“生态系统和生物多样性经济学”（TEEB）和综合环境经济核算体系（SEEA）等标准化流程及方法学可为企业内部学习之用。政府推广综合环境经济核算，有利于融入“提气、降碳、强生态，增水、固土、防风险”的“十四五”目标，以及《关于构建绿色金融体系的指导意见》《绿色债券支持项目目录》等环境、社会和治理（ESG）绩效评价体系。

（2）将生物多样性根植为使自然资产更具生产力和恢复力的基本属性。企业要将生态环境投入视为一种能够产生持久社会回报的“战略投资”，而不是降低组织绩效的“成本负担”。由此可以“预测”在传统环境管理体系中考量自然和人为引起生物多样性和生态系统服务变化，导致自然资本价值发生改变后的潜在生态风险和社会后果。货币化核算有助于提高企业生物多样性保护和可持续利用的意识，激励企业通过技术、工艺和材料创新，或者增加投入降低生态影响和物料消耗。

（3）将生态系统视为自然资产的分解形式，使其价值在政策中清晰可见。自然资产的账户往往需要基于特定生态系统而建立。企业基于水账户建立水基金，基于森林账户优化碳管理，基于采购量管理影子价格，基于生态系统账户管理生态旅游的商业项目。印度尼西亚政府基于热带雨林和泥炭地应对气候变化（碳封存）的价值核算，对棕榈油用地转换作出禁令，直接影响了油棕产业的扩张计划，同时对产量和价格也产生影响。荷兰基于北海自然资本账户的实物量数据，对生态系统服务流量的价值量作出新核算，从而优化了北海渔业开发许可证的时限和范围。

（4）将自然资本方法作为识别、计量和估算经济对生态系统依赖和影响的权衡方法。在投资商业新项目、采取新工艺、选择新厂址或物流路线导致对生物多样性影响和依赖性质和规模变化的情景分析中，企业评估每一种情景的直接（如生态修复或损害赔偿）和间接的成本及效益（排放造成居民健康或收入损失的社会后果），研判潜在的风险与机会，有利于作出生态友好型，或者基于平衡发展与保护综合考量的权衡决策。

（5）将“2020 年后全球生物多样性框架”纳入自然资本方法应用，作为自然价值主流化的实施路径。当前将生物多样性价值融入整个社会所有决策的准备工作已完成，核算方法学、框架流程、适用标准和指标体系均已就绪。然而仍需在全球范围加强能力建设，加速扩大自然资本方法的推广应用，尤其在工商企业界，包括金融部门。COP15 制定的雄心勃勃的“2020 年后全球生物多样性框架”将是确保各国政府在商业、金融和公共政策中解锁生物多样性价值主流化所需技术工具和解决方案的关键，使履约工作能够成为在后疫情时代背景下，推动全球实现经济转型和社会变革的协力行动。

本章作者：生态环境部对外合作与交流中心高级工程师　赵阳

3

企业贡献生物多样性实践

电力行业篇

3.1 案例一　中国核电秦山核电基地：打造人与自然和谐共生的生态核电

3.1.1　案例背景

3.1.1.1　核电行业背景分析

2019 年《全球生物多样性和生态系统服务评估报告》指出：人类经济活动是造成生物多样性丧失的主要驱动力，因此亟须对现有模式进行转型变革。怎样才算转型变革？答案就是实现“碳中和”，因为“碳中和”对自然的正面影响有利于社会公正。国际社会的共识还包括 3 个社会经济体系亟须转型：粮食、土地和海洋利用；基础设施和建筑环境；能源和采掘业（WEF，2020c）。我国“十四五”规划提出“立足新发展阶段、贯彻新发展理念、构建新发展格局，推动高质量发展”，不但为“世界百年未见之变局”提供新的诠释视角，更在“双碳”目标承诺背景下展示出大国担当和应对之道。能源结构清洁化逐渐成为应对生物多样性丧失风险，实现“双碳”目标的重要法宝。

作为清洁能源，核电单机容量大，运行稳定，利用小时数高，改善环境的作用十分显著。据测算，每建成 4 000 万 kW 的核电，每年可替代标准煤消耗 1 亿 t。每 100 万 kW 的核电减少标准煤的消耗量分别相当于 200 万 kW 水电、350 万 kW 风电、470 万 kW 光伏发电。核电行业的快速发展也印证了核电的经济效应和环境效应。截至 2020 年年底，全球在运核电机组 440 台，装机容量 41 381.2 万 kW，在建机组 58 台，装机容量 6 592.5 万 kW，核能提供了全球约 10% 的电力，约占整个低碳电力的 1/3。2020 年，我国累计发电量为 74 170.40 亿 kW · h，其中运行核电机组累计发电量为 3 662.43 亿 kW · h。

与此同时，核电站的建设运行包括燃料供应商、设备供应商、电力辅业集团、发电企业、核输配电企业等多个环节，假如以不可持续的生产和消费方式回应市场需求，产业链上每个环节都有可能对生态环境造成破坏。从生产前铀矿资源的开采，发电过程中的核安全、核辐射、温排水，以及核电站退役和乏燃料后处理等，都不可避免会对生态环境产生扰动，从而有可能威胁到当地的生物多样性。因此，如何提高核电行业对生态环境的正面影响，降低负面影响，是全球核安全组织、国家核监管部门、核电行业企业等一直在思考的关键议题。

在此背景下，国际社会和各国政府陆续制定了一系列政策法规，涉及核电厂选址、核电站环境影响评价及检测、核电站废弃物管理和处置计划、与核设施相配套的放射性污染防治设施、核电站的退役等多个方面。例如，1994 年国际原子能机构发布《核安全公约》，规定缔约国必须制定核设施选址阶段评价其预定寿命期内可能影响安全的一切相关因素的相关制度。2017 年通过的《中华人民共和国核安全法》规定核设施营运单位应当对周围环境中所含的放射性核素的种类、浓度以及流出物中的放射性核素总量实施监测，对地质、地震、气象、水文、环境和人口分布等因素进行科学评估，并向主管部门提交安全分析报告。

3.1.1.2　核电行业对生物多样性的共性影响和依赖、挑战和风险

2018 年，《生物多样性公约》第十四次缔约方大会（COP14）通过了“将生物多样性纳入能源和采矿、基础设施、制造和加工部门的主流”决议，认识到能源和采矿、基础设施、制造和加工业部门一方面依赖生物多样性和生物多样性支撑的生态系统功能和服务，生物多样性的丧失可对这些部门产生不利影响，另一方面又对生物多样性有潜在影响，可能威胁到对人类和地球生命至关重要的生态系统功能和服务的提供；强调将生物多样性纳入能源和采矿、基础设施、制造和加工业部门的主流对于遏制生物多样性丧失，实现包括《2011—2020 年生物多样性战略计划》《联合国 2030 年可持续发展议程》《巴黎协定》在内的各项多边协定和国际进程的目标和目的，至关重要。本书站在整个产业链的角度，梳理核电企业与自然资本的关联，分析上下游和核电基地自身生产运营的核心环节对自然资本的影响和依赖，为自然资本核算奠定基础（表 3-1）。

表 3-1　核电行业对自然资本的影响和依赖

核电行业企业运营的价值链环节		与自然资本的关联	
		对自然资本的依赖	对自然资本的影响
上游	铀、锆、镉、银、铟等矿石开采	• 消耗矿产资源	• 开采过程对当地物种资源、生态系统造成影响
	核燃料组件加工	• 消耗铀等矿产资源	• 加工过程产生的噪声、温室气体
	核燃料运输	• 运输使用汽油、柴油等能源	• 运输产生温室气体排放
直接运营环节	核电基地建设	• 使用土地资源 • 使用淡水资源 • 使用建设原材料 • 建设人员食物消耗，如海产品、蔬菜、农作物等物料	• 产生温室气体 • 排放非放射性废物（固体废物、污水、废气） • 建设占用土地资源，对物种栖息地、生态系统带来影响
	反应堆内核裂变发电	• 一、二回路使用淡水传送核裂变产生的热能 • 三回路使用海水冷却	• 产生温排水排入海洋，对海洋生物生存环境产生影响 • 产生核辐射 • 产生噪声干扰 • 产生乏燃料

续表

核电行业企业运营的价值链环节		与自然资本的关联	
		对自然资本的依赖	对自然资本的影响
直接运营环节	废物处理与排放	• 使用活性炭吸附放射性气体 • 使用海水稀释放射性废液 • 使用化学药品 • 使用土地资源	• 排放放射性废物（固体废物、液态、气态） • 排放非放射性废物（固体废物、污水、废气） • 产生核辐射
日常	日常运营	• 清洁能源发电 • 办公能源消耗 • 员工食物消耗，如海产品、蔬菜、农作物等物料	• 产生温室气体 • 排放非放射性废物（固体废物、污水、废气）
	工业旅游	• 核电基地发展观光旅游产业依赖于生态系统的文化娱乐功能	• 保护当地生态环境 • 带动周边社区发展旅游等第三产业
下游	并网、输配电	• 输配电电缆、电塔消耗铝、铁、橡胶等自然资源	• 电网工程建设占用土地资源，对物种栖息地、生态系统带来影响 • 输配电损失产生温室气体排放 • 为社会生产生活提供必需的电力资源

在可持续发展已成为全球广泛共识的基础上，各行各业的环保政策要求越来越严已经成为不争的事实。核电行业企业需要结合整个产业链与自然资本的关联，进一步分析企业未来发展中可能面对的环境、社会方面的风险和挑战，从而控制风险、应对挑战，促进自身稳健经营，为社会创造更大的经济、环境、社会综合价值（表 3-2）。

表 3-2　核电行业面临的挑战和风险

类别	挑战和风险
运营	• 自然资源供应的安全性和可获取性难度上升 • 自然资源使用成本上升 • 新技术和技术改造应用风险 • 废弃物处置风险

续表

类别	挑战和风险
合规	• 环境补偿政策法规趋严 • 放射性污染处置规定更加细化 • 职业健康政策法规趋严
财务	• 资本市场和企业债融资与环境绩效挂钩 • 可能支付更多的环境成本
品牌形象	• 来自环保公益组织的压力 • 由邻避问题引发的社区压力 • 由环境与社会负面影响引发的舆情危机

3.1.2 企业生物多样性解决方案

3.1.2.1 企业简介

中国核能电力股份有限公司（简称中国核电），公司经营范围涵盖核电项目的开发、投资、建设、运营与管理，清洁能源项目的投资、开发，输配电项目投资、投资管理，以及核电运行安全技术研究及相关技术服务与咨询业务、售电等。公司以“奉献安全高效能源，创造清洁低碳生活”为奋斗目标，助力我国能源转型和污染防治，为建设美丽中国贡献力量。

秦山核电基地是我国大陆核电的发源地，位于浙江省嘉兴市海盐县，紧傍风景秀丽的杭州湾，地处华东电网负荷的中心地区。1985 年开工建设，1991 年并网发电，实现了中国大陆核电“零的突破”。截至 2020 年年底，秦山核电基地共有 9 台运行机组，总装机容量 654.6 万 kW，年发电量约为 500 亿 kW·h，是我国核电机组数量最多、堆型最丰富、装机最大的核电基地。30 多年来，秦山核电建设成为生态核电示范基地，一直保持安全稳定运行记录，其所在地海盐县是国家级生态县，浙江省环境最优先进县之一，周边的文溪坞等已成为美丽乡村旅游热点，工程取水源地南北湖，是华东地区最大的候鸟迁徙地。截至 2020 年年底，秦山核电基地已累计安全发电超过 6 400 亿 kW·h，减排二氧化碳相当于植树造林面积约 400 个西湖景区，为改善我国电力结构，保障能源供给安全，推进长三角区域大气污染防治做出了积极贡献（图 3-1、图 3-2）。

图 3-1　秦山核电基地俯瞰

图 3-2　核电厂区白鹭栖息

3.1.2.2 企业生物多样性管理及实践

长期以来，秦山核电基地捍卫和发扬“国之光荣”的秦山精神，以“奉献安全高效能源，创造清洁低碳生活”为使命，坚持与自然和谐共生，采取多种有效措施积极保护陆生生态、水生生态以及水域环境，最大限度地降低电站对生态环境的影响，努力做有高度责任心的核电工作者，向世界一流的核电基地迈进。

（1）加强环境管控：严格执行国家及核电行业关于环境保护的相关法律法规，如缴纳弃置费、合理合规处置乏燃料，做好自然灾害防治及环保技术改造等工作，确保核安全及核环保。

（2）监测环境影响：建立完善的环境监测体系，对运行核电厂周围环境进行定期检测与分析，及时公开主要监测数据，接受社会公众监督。经过生物多样性本底调查，发现核电厂在正常运行或换料检修期间，未对周围环境产生可察觉的影响。

（3）提升能源使用效率：制定《核燃料领域管理导则》等管理制度，研发技术可靠、经济效益高的燃料循环模式和换料模式，延长燃料运行周期，保障燃料的高效利用。

（4）减少放射性废弃物：完善放射性废物管理制度，严格审批排放申请，加强排放监测和监督，有效控制并尽可能减少放射性废物流出。积极推进废物最小化专项行动，与中核环保有限公司签署放射性废物运输处置框架协议，统筹推进放射性固体废物外运工作，降低废物贮存风险。

（5）促进社区发展：秦山核电在为社会提供大量清洁电力的同时，还积极融入地方经济社会发展，主动承担企业社会责任，缴纳税金、吸纳就业、吸引核电企业入驻核电小镇，带动海盐县实现快速发展。

3.1.2.3 秦山核电基地自然资本核算

为了量化秦山核电基地运营和生物多样性保护实践产生的生态效益，下面将通过自然资本核算方法对典型影响和依赖进行定性、定量或货币化评估。

（1）评估方法、目标和范畴

1）评估方法：本研究项目采用自然资本联盟于2016年发布的《自然资本议定书》方法学，识别、计量秦山核电基地对自然资本影响与依赖，估算带来的自然资本状态和趋势变化，以定性、定量和货币化的方式评估影响和依赖的价值。

2）评估目标：

①规避运营风险。识别由于企业过度依赖或排放导致重大影响的“自然资本变化”和相关运营风险，为企业制定战略、管理或运营决策提供参考，避免对企业自身的风险。

②提高财务绩效。分析企业生产运营中自然资本的有利影响价值化，或在财务报表“损益表”中列支。

③吸引责任投资。自然资本核算有利于更准确地反映企业的总值、市值，反映无形资产和品牌价值。从自然资本总值角度分析生物多样性保护成本和效益，为有效地吸引可持续投资提供数据资料支撑。

④改善社会关系。评估结果可用于企业发布报告、披露信息、利益相关方沟通活动，获得更广泛的利益相关方的认可和支持，树立中国核电品牌绿色形象，提升品牌价值。

3）评估范畴：本次评估以项目级别作为组织焦点，即以秦山核电基地（包括秦山核电站一期、二期、三期，以及扩建项目方家山核电工程）运营作为研究对象。核算的价值链边界包括秦山核电基地价值链上游原材料供应与核电基地直接运营环节（表3-3）。

表3-3　利益相关方分析

目标受众	诉求与期望
内部目标受众	
中国核电	• 拓展国内外核电业务 • 控制核电业务运营风险，确保核安全 • 提升企业品牌美誉度和品牌价值 • 充分获得政府、国内外投资者、公众、公益机构等利益相关方理解和支持

续表

目标受众	诉求与期望
秦山核电基地	• 确保核电安全运行 • 规避生态环境风险 • 指导环境及生物多样性管理策略调整 • 减小核电运营对自身和社会的负面影响 • 增加核电运营对自身和社会的正面影响 • 控制成本，提高收益
秦山核电基地员工站员工	• 获得安全、生态环境优美的工作环境 • 职业健康得到保障
外部目标受众	
政府	• 积极配合政府监管 • 确保核电企业遵守安全、环保相关标准 • 避免核电运营破坏生态环境、损害居民健康 • 提供清洁电力，促进能源结构转型 • 创造税收，带动当地发展
客户（电网企业）	• 稳定运营与持续供电 • 核电运营零风险、零事故
用户（上海、浙江）	• 稳定运营与持续供电 • 不因核电站运营受到健康损害
周边社区 （居民、学校、其他企业）	• 避免核电运营对自身健康产生不利影响 • 避免核电运营对自身生计产生不利影响 • 核电站创造更加宜居的生态环境 • 带动当地经济发展 • 核文化科普教育
环保组织和专家	• 控制、减少核电业务活动对环境的影响 • 为企业开展环境和生物多样性保护提供建议 • 开展自然资本核算研究与应用

（2）基线、场景、空间范围和时间范围

1）基线：秦山核电站一期正式投入并网运营发电时间为 1991 年 12 月，为了便于核算，本项目以 1992 年年初为基线。

2）场景：本项目主要针对当下情境的评估和分析，采用探索式场景进行评估。

3）空间范围：秦山核电基地（包括秦山核电站一期、二期、三期，以及扩建项目方家山核电工程）。

4）时间范围：由基线时段至2020年年底秦山核电基地自然资本的变化情况。

本次评估采用定性、定量和货币化估值相结合的方式。对于无法量化的指标采用定性描述的方式；对于可以量化但无法货币化估值的指标，则以物理单位进行定量分析；若可以量化并能进行货币化估值的指标，则采用货币化估值。最后，对所有货币化数据进行核算，得到本次自然资本核算结果。

（3）影响和依赖实质性分析及自然资本变化识别

通过梳理秦山核电基地的自然资本的影响和依赖路径，并结合相关方意见，对自然资本的影响、依赖进行重要性排序、审核，最终确定自然资本实质性影响与依赖。

明确实质性指标筛选原则如下：

1）可能产生较大成本或效益的影响和依赖，应当纳入；

2）可能引起内外部相关方重大关切的影响和依赖，应当纳入；

3）在1）和2）两个前提原则下，为提高自然资本评估量化分析的可行性，优先将可获取定量、货币化所需数据的影响和依赖纳入实质性考量；

4）在1）和2）两个前提原则下，为尽可能多地以货币化指标评估生物多样性保护实践成效，优先将能通过市场估值法、价值替代法等直接估算方法获得货币化结果的影响和依赖纳入实质性考量。

①秦山核电基地运行对自然资本的影响路径分析

影响路径显示了企业生产用的物料投入、各种排放和“非产品产出”（统称影响驱动因子）如何导致自然资本发生变化，以及这些变化又如何进一步对利益相关方造成后果，影响企业的成本效益。

在本案例中，影响驱动因子包括以下多个方面，这些“非产品产出”导致秦山核电基地周围生态环境、民生福祉和生物多样性状况发生变化。

——核辐射：放射性固气液废物排放可能会带来土壤辐射、水体污染、空气污染，进而导致人类健康和福祉方面的变化。

——温排水：核电发电过程中会产生温排水，有可能导致海水温度的升高，引起海洋物种数量和种类的变化。

——生产噪声：核电站运行产生的噪声可能对员工及周边居民日常生产生活造成影响。

——减缓气候变化：核电站发出的清洁能源，间接会导致社会火力发电量及使用量的下降，从而减少碳排放；核电基地种植了大量植被，能够吸收二氧化碳，释放氧气，改善空气质量。

——增强社区福祉：与周围社区的融合增强，带动关联产业发展，为周边居民提供就业机会，带动周边核电关联产业及旅游业的发展，促进当地经济发展。

导致企业在以下两个方面增加投入和成本：

——环境合规：政府对核电行业监管趋严，增加企业的运营成本和环境合规风险，如支付环境保护费、弃置费、乏燃料处理服务费等。

——绿色运营：极端天气的增加使企业需要投入更多的自然灾害防止成本，确保核电机组的正常运行；利益相关方生态环保诉求使企业的绿色运营成本增加。

②秦山核电基地运行对自然资本的依赖路径分析

依赖路径显示企业如何依赖自然资本，包括自然资本的变化引起企业当前或潜在的运行成本或收益的变化。

在本案例中，核电站运行离不开土地、淡水、海水等资源，然而若不能处理好企业运行与核电站周围自然环境、社区生境之间的关系，则可能会影响企业在获得用地、淡水及海水资源利用审批方面的资质，并受到生态损害赔偿、环境诉讼和生态补偿等其他方面的潜在威胁和成本支出。核电站运行必需的铀矿资源的开采难度变化，也会导致铀矿资料使用成本上升，对企业造成重大影响。同时，秦山核电基地坐落在海边，海平面上升、水温升高、干旱加剧、洪水暴雨侵袭等都将影响核反应堆发电的能力，进而影响秦山核电基地运行。

秦山核电基地对自然资本的依赖主要体现在以下两个方面：

——原材料供给：核电站运营需要土地、铀矿、淡水、海水等资源。

——气候调节服务：核电站运行对气候稳定有较强依赖性。

对于自然资本变化进行识别主要从两个维度开展：一是识别与核电站运营等因素和影响驱动因子相关的自然资本变化；二是识别与外部因素相关的自然资本变

化。将自然资本状态变化计量分析选择的指标与相应的影响驱动因子一一对应匹配，来确定自然资本在未来可能会发生的变化（表 3-4）。

表 3-4　具有实质性的自然资本影响和依赖

影响驱动因子 / 依赖	造成自然资本变化	企业采取措施后导致的影响 / 依赖
乏燃料排放量 弃置费	可利用土地面积减少	• 缴纳弃置费和改进综合处理方法的资金和技术投入使合规成本增加 • 使企业继续拥有核电运营资质
自然灾害防治设备	生态环境改善	• 绿色运营 • 符合国家“十四五”发展规划
环境整治技术		
放射性固体废物排放量	土壤中放射物质含量增加	• 企业资金和技术投入使放射性废物排放符合国际和国家标准，降低核辐射风险 • 使企业继续拥有资质
经过滤处理后排入海洋的低放射性废液量	海水中放射物质含量增加	• 企业资金和技术投入使放射性废物排放符合国际标准和国家标准，降低核辐射风险 • 使企业继续拥有资质
经吸附、过滤处理后排入大气的低放射性废气量	空气中放射物质含量增加	
发生核安全事故次数	核电基地周边居民、海洋物种生存环境发生重大变化	• 采取增加核安全投入成本的措施，使核安全成本增加 • 使企业继续拥有资质
温排水量	海水温度升高 海洋生态系统扰动	• 采取减少温排水，降低对海洋生态系统的影响
运营产生的噪声分贝值	噪声污染 员工及周边居民听力变化	• 采取加强噪声检测，设置降噪设施、用具等，使噪声符合国际标准和国家标准 • 使企业继续拥有资质
核电站厂区绿化面积 清洁能源发电量	大幅度减少二氧化碳排放	有效减缓气候变化

续表

影响驱动因子 / 依赖	造成自然资本变化	企业采取措施后导致的影响 / 依赖
社区帮扶投入	贫困人口减少	社区福祉增加
带动产业升级	促进经济发展	
助力疫情防控捐赠投入	社区居民健康改善	
带动旅游人数	社区居民环保意识增强	促进核科普旅游
生产设施建设用地占地面积	土地获批难度降低	促使企业进一步增加技术创新和合规成本的投入，采取绿色化措施，获得监管机构和投资机构的认可，从而降低对自然资源的依赖性
铀矿采购量	铀矿使用成本下降	
淡水消耗量	淡水利用获批难度降低	
海水消耗量	海水利用获批难度降低	
气候条件是否稳定	企业对气候的依赖性降低	企业采取了保护生态系统的措施，减少极端天气发生的概率，从而降低了企业对气候的依赖性

（4）确定要计量的影响驱动因子和依赖

对影响驱动因子和依赖的计量既可以是定性的，也可以是定量的。定性指标计量可能涉及高、中、低等级，也可能是以其他定义为标准的主观评估；定量指标通常以物理单位表示。为了更好地完成秦山核电基地自然资本成本效益分析，本书选取尽量多的定量指标进行分析核算（表 3-5）。

表 3-5　影响驱动因子 / 依赖和计量指标

影响驱动因子 / 依赖	影响 / 依赖	计量指标
乏燃料排放量 弃置费	环境合规成本增加	乏燃料深埋费用 / 万元 弃置费 / 万元
自然灾害防治成本	绿色运营	自然灾害防治投入 / 万元
环境整治技术改造成本		入海排污口综合整治技术改造投入 / 万元

续表

影响驱动因子 / 依赖	影响 / 依赖	计量指标
放射性固体废物排放量	核辐射风险降低	放射性固体废物排放量 /m^3
经过滤处理后排入海洋的低放射性废液量		放射性废液排放量 /L
经吸附、过滤处理后排入大气的低放射性废气量		放射性气体流出物排放量 /TBq
发生核安全事故次数	核安全成本增加	核安全投入 / 万元
温排水量	海洋生态系统扰动	定性描述
运营产生的噪声分贝值	噪声污染	定性描述
核电站厂区绿化面积	减缓气候变化	植被绿化价值 / 万元
清洁能源发电量		清洁电力二氧化碳减排价值 / 万元
社区帮扶投入	社区福祉增加	社区福祉增加 / 万元
带动产业升级		
助力疫情防控捐赠投入		
带动旅游人数	促进核科普旅游	核电科技馆接待游客人数 / 人
建设用地占地面积	对自然资源的依赖性降低	建设用地面积成本 / 万元
铀矿采购量		浓缩铀使用成本 / 万元
淡水消耗量		淡水使用成本 / 万元
海水消耗量		海洋冷却水使用量 /m^3
气候条件是否稳定	对气候稳定的依赖性降低	定性描述

（5）对具有实质性的影响和依赖估值

为了明确秦山核电基地对自身的影响、对社会的影响和对自然资本的依赖的价值，综合影响和依赖后果分析，考虑指标实质性以及数据的可获得性，对已梳理出的影响和依赖进行价值估算，方法包括定性估值、定量估值和货币化估值。

在对秦山核电基地运营自然资本价值变化进行定量估算及货币化核算之前，首先需要明确每年秦山核电基地核电机组装机容量，在此基础上依据比例对相关影响和依赖进行估算（表 3-6）。

表 3-6　秦山核电基地机组装机容量

时间	时间长度 / 年	运行机组	装机容量 / 万 kW	占比 /%
1992—2001	10	一期	30	4.76
2002	1	一期 + 二期 1 号	95	15.08
2003	1	一期 + 二期 1 号 + 三期 1 号 +3 期 2 号	235	37.3
2004—2010	7	一期 + 二期 1 号 + 二期 2 号 + 三期 1 号 + 三期 2 号	300	47.62
2011	1	一期 + 二期 1 号 + 二期 2 号 + 二期 3 号 + 三期 1 号 + 三期 2 号	365	57.94
2012—2014	4	一期 + 二期 1 号 + 二期 2 号 + 二期 3 号 + 二期 4 号 + 三期 1 号 + 三期 2 号	430	68.25
2015—2020	5	一期 + 二期 1 号 + 二期 2 号 + 二期 3 号 + 二期 4 号 + 三期 1 号 + 三期 2 号 + 扩建 1 号 + 扩建 2 号	630	100

1）对自身影响的定性、定量和货币化估算

①环境合规成本增加

乏燃料处理：根据秦山核电基地财务部统计数据，2019 年，核电基地投入乏燃料处理费用为 80 816.70 万元，依据比例测算，1992—2020 年，秦山核电基地累计投入乏燃料处理成本 ≈ 80 816.70 × 12.960 1 ≈ 1 047 393（万元）。

弃置费：根据秦山核电基地财务部统计数据，2019 年，秦山核电基地投入弃置费 122 207.12 万元，依据比例测算，1992—2020 年，秦山核电基地累计弃置费投入 ≈ 122 207.12 × 12.960 1 ≈ 1 583 817（万元）。

②绿色运营

自然灾害防治：根据秦山核电基地财务部统计数据，2019 年，秦山核电基地防灾减灾成本 5 324.05 万元，依据比例测算，1992—2020 年，秦山核电基地累计投入自然灾害防治费用≈5 324.05×12.960 1≈69 000（万元）。

环保技术改造：2017—2019年，秦山核电基地秦山核电深入贯彻落实《浙江省近岸海域污染治理实施方案》的要求，通过削减入海排污口数量，在非排放废水集中处理、雨废分离、入海排污口上安装在线监测装置等举措，开展入海排污口综合整治工作，累计投入930万元。

2）对社会的影响的定性、定量和货币化估算

①核辐射风险降低

在运营过程中，可能产生核辐射的主要因素是排放放射性废物（固体废物、液态、气态）。根据秦山核电基地统计数据，2019年，核岛废液排放系统（TER）液体排放量为 7.01×10^4 m^3，惰性气体排放量为 3.13×10^{12} Bq，2020年，秦山核电完成700 m^3 放射性固体废物外运工作。根据比例估算，1992—2020年，秦山核电基地累计放射性液体流出物排放量≈$7.01\times10^4\times12.960\ 1$≈$90.85\times10^4$（$m^3$），累计放射性气体废物排放量≈$3.13\times10^{12}\times12.960\ 1$≈$40.57\times10^{12}$（Bq），累计放射性固体废物排放量≈700×12.960 1≈9 072（m^3）。

根据《核动力厂环境辐射防护规定》（GB 6249—2011）的规定，对于3 000 MW热功率的反应堆，惰性气体年限值为600 TBq=600×10^{12}（Bq），秦山核电基地惰性气体排放量 40.57×10^{12}（Bq）远小于国家标准。

②核安全成本增加

据统计，自1991年年底秦山核电站开始运行以来，未发生过等级以上核电站运行事件。根据秦山核电基地统计数据，2019年，核安全相关投入为13 358.70万元，依据比例估算，累计核安全投入≈13 358.70×12.960 1≈173 130（万元）。

③海洋生态系统扰动

据统计，核电基地及周边海域物种种类变化不显著。

④噪声污染

截至2020年年底，秦山核电基地员工没有噪声相关职业病的发生。

⑤减缓气候变化

厂区绿化产生的生态效益：据测算，秦山核电基地厂区绿化面积近30 hm^2。参考浙江林草局《2019年浙江省森林资源及其生态功能价值公告》，浙江省林地平均

每公顷年生态效益为 9.71 万元，则秦山核电基地 1992—2020 年植被绿化的生态效益 $=30\times9.71\times28\approx8\ 156$（万元）。

清洁电力减少碳排放：截至 2020 年年底，秦山核电累计安全发电超过 6 400 亿 kW · h。参考中电联《中国电力行业年度发展报告（2020）》，全国单位火电发电量二氧化碳排放约 838 g/（kW · h），以此估算秦山核电基地上网核电替代火电而减少的二氧化碳排放量。减少二氧化碳排放量 = 累计核电上网总量 × 全国单位火电发电量二氧化碳排放 $=6\ 400\times10^8\times838=53\ 632\times10^4$（t）。采用英国政府对温室气体排放估值的货币化系数（727 元 /t）估算，温室气体减排收益 = 二氧化碳减排量 × 货币化系数 $=53\ 632\times10^4\times727\approx38\ 990\ 464$（万元）。

⑥社区福祉增加

结合自然资本核算的主体要求，采用替代成本法，以秦山核电基地对周边社区的直接投入进行社区福祉的货币化估算，据不完全统计，秦山核电基地通过社区帮扶、助力疫情防控等手段为社区创造福祉价值 1 100 万余元。

⑦促进核科普旅游

秦山核电基地核电科技馆累计接待 40 多个国家和地区的外宾，年接待超过 5 万人次，展示了中国核电良好形象。核电科技馆于 2017—2020 年运行 4 年累计接待游客近 15 万人。

3）对自然资本依赖的定性、定量和货币化估算

①对自然资源的依赖性降低

秦山核电基地组织生态环境保护专项活动，了解在运营土地上、水域上的生物多样性情况，开展生物多样性保护行动。同时，践行责任采购，节约淡水资源使用，严格温排水管理，保证排放符合相关规定和要求。由于环保业绩突出，未来地方政府在企业申请土地、淡水、矿产、海水等自然资源利用等方面的审批将变得容易，企业对自然资源的依赖性风险降低。

土地资源利用：秦山核电基地占地约 7 200 多亩（约 480 万 m^2），参考《中国金融和投资机构自然资本成本分析——以中国商业银行为例》研究成果，南部沿海经济区土地利用状态改变的成本为 0.24 元 /m^2，则秦山核电基地占用土地的自然资本成本为 $0.24\times480\approx115$（万元）。

矿产资源利用：2019 年，铀矿采购金额为 192 119.42 万元，依据比例测算，1992—2020 年，秦山核电基地累计铀矿采购金额 =192 119.42 × 12.960 1 ≈ 2 489 887（万元）。

淡水资源利用：2019 年，核电基地消耗淡水 11 286 182 m^3，依据比例测算，1992—2020 年，秦山核电基地累计消耗淡水 ≈ 11 286 182 × 12.960 1 ≈ 14 627（万 m^3）。根据《中国金融和投资机构自然资本成本分析——以中国商业银行为例》，水消耗成本按 9.73 元 /m^3 折算，依赖的淡水资源价值 = 淡水资源使用量 × 单位水资源消耗成本 =14 627 × 9.73 ≈ 142 321（万元）。

海水资源利用：2019 年，核电基地消耗淡水 791 730.965 万 m^3，依据比例测算，1992—2020 年，秦山核电基地累计使用海水量 =791 730.965 × 12.960 1 ≈ 10 260 913（万 m^3），核电站运行中海水资源可以重复循环使用，自 1992 年运行至今，海水使用暂时不需要缴纳相关费用，因此该指标暂不需要进行货币化核算。

②对气候稳定的依赖性降低

秦山核电基地委托专业机构进行长期气象监测，对可能发生的自然灾害进行预警，并加大自然灾害防治投入力度，确保核电站安全运行，减少极端天气发生频率，提升了企业应对气候变化的能力。近年来，秦山核电基地所在地周边气候条件基本稳定，企业对气候条件的依赖性降低（表 3-7）。

表 3-7　秦山核电基地自然资本核算核心指标评估

实质性议题	影响 / 依赖	指标	定性	定量	货币化
对自身的影响	环境合规成本增加	乏燃料深埋费用 / 万元	—	—	−1 047 393
		弃置费 / 万元	—	—	−1 583 817
	绿色运营	自然灾害防治投入 / 万元	—	—	−69 000
		入海排污口综合整治技术改造投入 / 万元	—	—	−930
对社会的影响	核辐射风险降低	放射性固态废物排放量 /m^3	—	8 372	*
		放射性废液排放量 /m^3	—	90.85×10^4	*
		惰性气体排放量 /Bq	远小于相关排放限值	40.57×10^{12}	*

续表

实质性议题	影响 / 依赖	指标	定性	定量	货币化
对社会的影响	核安全成本增加	核安全投入 / 万元	—	—	−173 130
	海洋生态系统扰动	定性描述	变化不显著		
	噪声污染	定性描述	未发生相关职业病		
	减缓气候变化	厂区植被绿化面积 / 万 m^2	—	30	+8 156
		清洁核电减少 CO_2 排放 / 万 t	—	53 632	+38 990 464
	社区福祉增加	社区福祉增加 / 万元	—	—	+1 100
	促进核科普旅游	接待游客 / 人	—	150 000	—
对自然资本的依赖	对自然资源的依赖性降低	建设用地面积 / 万 m^2	—	480	−115
		浓缩铀使用成本 / 万元	—	—	−2 489 887
		淡水用水量 / 万 m^3	—	14 627	−142 321
		海洋冷却水使用量 / 万 m^3	—	10 260 913	—
	对气候的依赖性降低	定性描述	企业在当地的环保措施稳定了当地的气候条件，使企业自身和周围民众受益		

注：表中“—”表示此项不需填写，“*”表示此项内容暂缺，带“+”表示具有正效益，带“−”表示具有负效益。此外，因本自然资本核算项目正在执行过程中，部分指标待测量、收集和完善数据后核算。

受限于数据底稿不全、评估指标较少、理解、认识和经验的不足，本次秦山核电基地自然资本核算有一定局限性，有待进一步征求专家和利益相关方意见进行补充和完善。

3.1.3 秦山核电基地自然资本核算结果分析

本案例的自然资本价值分析包括两部分：自然资本评估形成的货币化价值分析和暂时无法定量评估的非货币化价值分析。

3.1.3.1 对企业的影响—成本 / 效益分析

秦山核电基地建设运营付出了 2 874 270 万元的成本，其中包括行业监管的不断加强以及贯彻企业绿色发展战略带来的弃置成本 1 583 817 万元、乏燃料处理成本 1 047 393 万元、自然灾害防治成本 69 000 万元、环境整治技术改造成本 930 万元等自然资本对企业的影响，还包括企业为了降低对自然资本的不利影响所开展的活动成本，如核安全投入 173 130 万元。

3.1.3.2 对社会的影响—成本 / 效益分析

企业采取生物多样性保护措施，投入资金和技术后，企业对自然资本的影响降低，并创造了更多的价值，产生了价值 38 999 720 万元的社会正效应。其中包括清洁核电减少二氧化碳排放价值 38 990 464 万元、厂区植被绿化生态价值 8 156 万元、社区福祉增加 1 100 万余元。

3.1.3.3 对自然环境的依赖—成本 / 效益分析

企业投入资金和技术，虽然提高了合规成本，但因企业对气候变化、资源短缺等问题应对能力提升，从而降低了企业对自然资本的依赖，使企业获得资质、资源和投资的难度下降。本项目中，对自然资源的依赖产生了 2 632 323 万元的成本。其中包括土地用途改变成本 115 万元、浓缩铀使用成本 2 489 887 万元、淡水使用自然成本 142 321 万元。

3.1.3.4 总成本 / 效益

综合对自身的影响、对社会的影响和对自然资本的依赖三要素下所有货币化核算结果，本项目产生企业成本 2 874 270 万元，产生社会成本 2 632 323 万元，产生社会效益 38 999 720 万元。社会总效益远大于企业及社会总成本，说明本项目取得了可持续的积极成效（表 3-8）。

表 3-8　自然资本核算成本效益汇总

企业成本效益			
成本 / 效益归属	**影响 / 依赖**	**指标**	**货币化 / 万元**
企业成本	环境合规成本增加	弃置费	−1 583 817
企业成本	环境合规成本增加	乏燃料深埋费用	−1 047 393
企业成本	绿色运营	自然灾害防治投入	−69 000
企业成本	绿色运营	入海排污口综合整治技术改造投入	−930
企业成本	核安全成本增加	核安全投入	−173 130
企业成本合计			−2 874 270
社会成本效益			
成本 / 效益归属	**影响 / 依赖**	**指标**	**货币化 / 万元**
社会成本	对自然资源的依赖性降低	土地用途改变成本	−115
社会成本	对自然资源的依赖性降低	浓缩铀使用成本	−2 489 887
社会成本	对自然资源的依赖性降低	淡水使用自然成本	−142 321
社会成本合计			−2 632 323
社会效益	气候变化	清洁核电减少二氧化碳排放价值	+38 990 464
社会效益	气候变化	厂区植被绿化生态价值	+8 156
社会效益	社区福祉增加	社区福祉增加	+1 100
社会效益合计			+38 999 720
社会成本效益合计			+36 367 397

3.1.3.5　风险与机遇

从风险角度来看，秦山核电基地的运营会带来核电生产所需的自然资源的减少或占用，从而导致企业运营成本的上涨；核电站的核辐射影响、核安全风险等也会致使监管政策趋严、社会公众对核电站信息披露等要求的增多，带来法律合规风险成本、环境成本、品牌利益相关方沟通成本的上升。

从机遇角度来看，能源结构清洁化是未来全球的重要趋势，核电等清洁能源社会需求潜力巨大；重视生物多样性保护和自然资源的合理利用，不仅对保护自然环境起到了显著的效果，改善了企业的运营环境，也为企业带来了新的发展机会，如旅游业、核电关联产业发展等。同时，还可以为企业与利益相关方的沟通提供了丰富的正面素材，强化环境友好的品牌形象，提升企业品牌价值，促进企业可持续发展。

3.1.4 未来趋势

在当今世界威胁人类生存的十大环境问题中，生物多样性、全球气候变暖和臭氧层破坏被联合国认为是最主要的三大挑战。中国提出“努力争取 2030 年前实现碳达峰，2060 年前实现碳中和”的应对气候变化新目标。这为核电行业的快速发展带来了新的契机，同时也对核电企业的环境保护和生物多样性保护提出了更高的要求。秦山核电基地以可持续的方式利用自然资源，以清洁能源服务生产生活、提升生计福祉，应对气候变化，保护生物生存环境，减缓生物多样性丧失的行动，为“生态文明：共建地球生命共同体”交出了一份优秀的答卷，也将指引秦山核电基地未来朝着可持续发展的方向继续前进。

在秦山核电基地自然资本评估研究的基础上，从企业的决策管理和日常管理、利益相关方合作等角度，对中国核电下一步管理提升提供一些参考和建议，帮助提升风险和机遇管理水平。

建议一：在“十四五”高质量发展要求背景下，将自然资本融入企业决策及管理。生物多样性是将生态价值向产品品质、品牌价值和企业无形资产转化的关键要素，深刻理解自然的价值有利于企业规避风险，抓住商业机会，实现供应链管理和可持续发展。建议开展自然资本评估实践，并在所属企业中进行推广和应用，构建生态文明建设和绿色发展的利益导向机制。

建议二：在国内外“转型变革”背景下，系统开展生物多样性管理。建立一套符合业务生产特性和周边生态环境特征的生物多样性指标体系和包括生物多样性监测、保护、可持续利用、监督评价在内的管理体系，完善生物多样性管理相关数据台账，提升企业内部生物多样性保护意识。

建议三：在生物多样性成为当今世界威胁人类生存的重要环境问题背景下，多方协作开展生物多样性保护。“生态文明：共建地球生命共同体”既是COP15的主题，也意味着生物多样性保护需要全社会的共同努力。企业可以与政府、研究与咨询机构、NGO等外部利益相关方建立合作关系，发挥各自优势，共同开展生物多样性保护实践，共同携手打造人类命运共同体。

建议四：在企业自身长期发展的战略背景下，采取“综合资本方法”。以自然资本为基础，采取综合环境经济核算，展示企业生物多样性保护行动的多重社会、经济价值，提升企业品牌价值及在利益相关方心中的好感度。

3.2 案例二 中国广核集团磨豆山风电场：发展清洁风能，打造生态学园

3.2.1 案例背景

3.2.1.1 风力发电行业背景分析

伴随着电力需求的日益增长、生态文明建设新要求以及可持续发展的全球共识，能源结构清洁化逐渐成为解决环境问题的重要法宝。自20世纪末，风力发电

发展成为现代风能最主要和最广泛的利用形式。相较于火力发电、核能发电等，风力发电是环境效益与安全最好的发电方式之一，具有广阔的发展前景。

我国可开发利用的风能资源总量在 10 亿 kW 左右[1]，是世界范围内风能资源比较丰富的国家之一，集中分布在我国北方的草原、戈壁和东部沿海区域及其附近岛屿上。近年来，全国各地利用当地风能资源的优越性，积极发展风电工程事业，在解决了区域用电需求的同时，缓解了电力供应矛盾，并有效减少了温室气体排放，对促进当地社会经济发展和改善群众生活具有深远影响。

自 2006 年《中华人民共和国可再生能源法》颁布以来，我国在以风能为主的可再生能源方面取得了蓬勃的发展。我国在 2017 年发布的《可再生能源发展"十三五"规划》指出，实现并完成传统能源体系向低碳新能源体系转变是全球能源体系结构转型及能源转型的重要趋势，并最终进入以可再生能源为主要能源的可持续发展时代。我国风能发电增长迅速，2020 年并网风电发电量为 4 665 亿 kW · h，居世界首位[2]。

风电事业快速发展的同时也引发了一些区域范围生态环境遭到破坏的问题，某些风电项目的建设由于不采取恰当的环境保护措施，造成诸如鸟类伤害、生态破坏和水土流失等对生态环境有负面作用的影响。怎样在风电工程建设施工及运营的个别环节处理好风电工程与当地生态环境两者间的关系，如何在有序开发风电工程造福地方经济的同时保证生态环境不被破坏，这些成为在风电工程生态环境影响评价领域所关注的主要问题。

为引导风电行业安全发展，妥善解决经济、环境、社会协调发展的问题，我国政府陆续采取了一系列措施。2020 年 12 月 29 日，生态环境部制定印发了《生态保护红线监管指标体系（试行）》，并同步发布了 7 项生态保护红线标准，规定"新建风电、光伏等设施应避让生态保护红线"[3]。电力规划设计总院发布《中国能源发

1 张恩国 . 我国风电资源利用效率分析 [J]. 农村经济与科技，2020，31(4): 3–4.

2 中电联电力统计与数据中心 . 2020—2021 年度全国电力供需形势分析预测 [J]. 中国电力企业管理，2021(4): 91–94.

3 姚岚，丁庆龙，俞振宁，等 . 生态保护红线研究评述及框架体系构建 [J]. 中国土地科学，2019，33(7): 11–18.

展报告 2020》预测，未来 3 年风电发展有望在“十三五”平均水平基础上进一步提速，随着源网荷储一体化、多能互补等集约化开发项目与海上风电的加快推进实施，全国年均新增规模有望达到 3 000 万～5 000 万 kW 的较高水平[1]。同时特别强调，在风电快速发展的同时，需要关注中东部和南方地区的土地与环保受限因素，以及重点地区的消纳问题，保障项目的合理利用率。

3.2.1.2 风电行业对生物多样性的共性影响与依赖

站在整个产业链的角度，梳理风电行业企业与自然资本的关联，分析风电行业企业生产运营对自然资本的影响和依赖，为自然资本核算奠定基础（表 3-9）。

表 3-9 风电行业企业对自然资本的影响和依赖

影响 / 依赖分类	风电行业企业对自然资本的影响 / 依赖
对自然资本的依赖	• 使用风能发电，开展业务 • 依赖健康稳定的气候环境生产 • 临时或永久使用土地 / 海洋 • 建设期原材料和资源的采购和使用
对风电行业企业的影响	• 对风电产业链企业当前和未来潜在的财务成本或收益产生影响 • 新政策和法规出台带来的运营成本提升
对社会的影响	• 项目开发会向大气排放温室气体（二氧化碳） • 建设期噪声和气体、固体、液体等污染物排放 • 企业在输电过程中会产生一定电磁辐射 • 供应链直接或间接影响和依赖自然资本，招致的损失或实现收益

在可持续发展已成为全球广泛共识的基础上，各行各业的环保政策要求越来越严已经成为不争的事实。风电行业企业需要结合整个产业链与自然资本的关联，进一步分析企业未来发展中可能面对的环境、社会方面的风险机遇，从而实现控制风险、抓住机遇拓展业务，为社会创造更大的经济环境社会综合价值（表 3-10）。

1 电力规划设计总院：《中国能源发展报告 2020》。

表 3-10　风电行业企业面临的风险和机遇

类别	风险	机遇
运营	• 生产要素（如土地、原材料、水和能源）获取难度增加 • 风电项目运营安全风险上升	• 推动采用生物多样性管理措施解决保护和可持续利用问题
	—	• 推动绿色运营、可持续发展意识提升
合规	• 环境政策法规趋严	• 推动企业合规发展意识提升，保证产品质量
财务	• 通过资本市场融资难度加大	• 采取措施使自然资本增值提升投资者投资意愿
	• 可能支付更多的环境成本	• 保护生物多样性和生态系统规避经济损失风险
	—	• 发展第三产业带来收益
市场	• 客户价值或偏好变化，对产品质量要求提升，导致没有竞争力的产品市场份额降低	• 消费者对绿色、有机产品需求提升，增加相应产品市场份额
品牌形象	• 由于邻避效应引发的公益组织和社区压力	• 树立绿色、负责任的品牌形象
	• 舆情危机	• 拓宽利益相关方沟通渠道

3.2.2　企业生物多样性解决方案

3.2.2.1　企业简介

中国广核集团（以下简称中广核）成立于 1994 年，是一家总部位于深圳的特大型清洁能源企业，核心业务涵盖核电、风电、太阳能等清洁能源发电。中广核以“优化能源结构，驱动绿色生活”为企业使命，将生态环境保护纳入公司战略并制定短期、中期、长期环境保护目标，建立完善的环境管理体系，对项目所在地周围环境开展持续监测。2021 年，中广核在发布年度企业社会责任报告的基础上，发布基于自然资本核算的《中国广核集团生物多样性保护报告》，对企业在生物多样性保护方面的行动和成效进行了专项信息披露。

中广核以生态核电为发展理念，在建设与运营过程中致力于与周边自然环境、社会环境“共生、互生和再生”。核电作为“友善者”，要在保持原生态自然平衡的基础上，与其共生融合；核电作为“参与者”，通过项目建设带动周边村镇发展，与环境交互作用，实现与环境互生共享和新的更好的生态平衡；核电作为“贡献者”，通过提供清洁电力能源等优质的生态产品，构建绿色、和谐、繁荣的核电产业链生态圈。

在达成中长期环境保护目标的框架下，中广核启动对所属磨豆山风电场的自然资本核算研究项目，采用自然资本联盟于2016年发布的《自然资本议定书》方法学对磨豆山风电场进行自然资本量化与货币化的评估，项目成果将为中广核在风电运营与生物多样性管理、环境风险管理等相关决策提供参考依据。

3.2.2.2 生物多样性解决方案

磨豆山风电场位于云南高原中北部玉溪市华宁县和江川区交接的山脊上，其地形属于滇中红土高原区地貌单元。磨豆山风电场是2012年经由云南省发展改革委批准，中广核在玉溪市建设的首个风力发电场。磨豆山风电场建设规模为48 MW，安装单机容量2 MW的风力发电机组24台，配套建设1座110 kV升压站，以1回110 kV线路送出，接入220 kV江川变电站。磨豆山风电场理论年发电量为21 927.6万kW·h，年上网电量为11 035万kW·h，年满负荷运行小时数2 299 h，年上网电量约相当于节约标准煤4.86万t/a，节约淡水约40万m^3/a，减少二氧化碳排放9.26万t/a（图3-3）。

（1）做好植被修复与绿化。磨豆山风电场在建设期占用了一定植被面积，造成占地区植物个体数量的减少。为恢复场区内的自然环境，磨豆山风电场采取了一系列积极措施进行植被恢复。风电企业向政府缴纳了森林植被恢复费，对于弃渣场、道路边坡、风机吊装平台等临时占地覆土绿化，恢复植被，付出了一定治理成本，并逐渐恢复了野生动物生境。此外，为减少水土流失，风电企业修建了挡墙及截水沟、边沟等排水设施。这些措施减少了企业对生态系统服务价值的负面影响。

图 3-3 磨豆山风电场分布在山脊的发电机

（2）保护动植物和栖息地。磨豆山风电场在运营过程中充分考虑风机扇翅对鸟类的潜在影响，在项目选址阶段开展物种和栖息地保护相关调研和评估，避开候鸟迁徙路径，在项目运营期开展长期生物监测和相关救助工作。

（3）保护水源和清洁用水。风电场所处地区分属抚仙湖、星云湖和青龙河流域。抚仙湖水质达到《地表水环境质量标准》（GB 3838—2002）Ⅰ类标准，星云湖水质为劣Ⅴ类，因此水环境较为敏感，污水处理回用要求较高。磨豆山风电场主动投入成本，修建了生活污水处理设施，包括隔油池与化粪池，处理后供给项目区内绿化和附近居民灌溉农作物使用。污水处理回用可以降低风电企业排放的水体污染物对自然资本的影响，合理利用再生水灌溉可有效提升土壤肥力。

（4）打造清洁能源教育基地。磨豆山风电场厂区内修建了科普场馆，展示风力发电机机翼、多种小型风力发电机等展品，通过展板介绍风力发电和其他新能源发电的相关知识。磨豆山风电场于 2018 年 11 月 7 日被中国能源研究会授予“能源科普教育基地”称号，成为全国最大新能源科普教育基地。中国广核新能源控股有限公司云南磨豆山新能源科普教育基地于 2019 年 11 月 13 日获“2019 年度电力科普教育基地”授牌。

3.2.2.3　磨豆山风电场自然资本核算研究

磨豆山风电场自然资本核算研究采用《自然资本议定书》方法学，通过识别、计量风电场对自然资本影响与依赖，评估业务带来的自然资本状态和趋势变化，以定性、定量和货币化的方式评估对于自然资本的影响和依赖程度。

（1）评估方法、目标和范畴

1）评估方法：本书采用自然资本联盟于2016年发布的《自然资本议定书》方法学，磨豆山风电场对自然资本影响与依赖，估算带来的自然资本状态和趋势变化，以定性、定量和货币化的方式评估影响和依赖的价值。

2）评估目标：

①评估风险和机会。评估磨豆山风电场对自然资本影响和依赖的性质和程度，以及相关风险与机会，帮助企业从自然资本总值角度分析成本和效益，为企业制定战略、管理或运营决策提供参考。

②评估对利益相关方的影响。评估磨豆山风电场业务活动导致的自然资本变化对利益相关方的影响以及规模，帮助企业解决与受影响利益相关方有关的管理决策问题。

③为利益相关方沟通提供参考和支持。通过信息披露，向内部、外部利益相关方传达、沟通企业开展的生物多样性保护行动及其价值，获得更广泛的利益相关方的认可和支持，树立磨豆山风电场绿色形象，提升品牌价值。

3）评估范畴：结合磨豆山风电场经营特点和项目实际情况，本次核算将价值链边界限定于本项目将包含风电企业的选址、建造和风机运转发电运营过程。价值链上下游对自然资本的影响和依赖不纳入本次评估范畴。

项目目标受众分析见表3-11。

表 3-11 项目目标受众分析

目标受众	诉求与期望
内部利益相关方	
中国广核集团	• 进一步拓展风电业务市场 • 控制风电业务运营风险 • 提升集团可持续品牌价值 • 充分获得政府、国内外投资者、公众、公益机构等利益相关方的理解和支持
磨豆山风电场	• 增加风电运营对自身和社会的正面影响 • 减小风电运营对自身和社会的负面影响 • 规避风电运营风险 • 在安全、环保前提下控制成本，提高收益
磨豆山风电场员工	• 获得安全、生态环境优美的工作环境 • 职业健康得到保障
外部利益相关方	
政府	• 积极配合政府监管 • 确保风电项目遵守安全、环保相关标准 • 避免风电运营破坏生态环境、损害居民健康
客户	• 稳定运营与持续供电 • 运营零风险、零事故
国内外投资者	• 持续盈利，为投资者创造价值 • 提升信用评级等级 • 不断提升风险控制能力
周边社区	• 避免风电运营对居民健康产生不利影响 • 避免风电运营对居民生计产生不利影响 • 依托风电场创造更加宜居的生态环境
环保组织和专家	• 控制、减少风电业务活动对环境的影响 • 推动开展自然资本核算研究与应用

（2）基线、场景、空间范围和时间范围

本次核算以磨豆山风电场开工建设前（2012 年 10 月 16 日）的自然资本状态为基线。应用“探索式”场景，评估与磨豆山风电场建设与运营相关自然资本未来的变化，识别其带来的潜在风险。

本项目评估的时间范围起始于2012年10月16日。其中，建设期对自然资本的影响与依赖主要发生在2013年，运营期对自然资本的影响与依赖主要发生在2014—2019年年底。因此，为便于后续收集资料及计算，选取2013—2019年作为本研究的时间范围，其中2013年作为项目建设期，2014—2019年作为项目运营期。评估的空间范围为磨豆山风电场区域。风电场地理坐标为东经102°54′～103°02′、北纬24°14′～24°30′，海拔高程为2 050～2 661 m，场地面积约为18.2 km^2。

本次评估采用定性、定量和货币化估值相结合的方式。对于无法量化的指标采用定性描述的方式；对于可以量化但无法货币化估值的指标，则以物理单位进行定量分析；若可以量化并能进行货币化估值的指标，则采用货币化估值。最后，对所有货币化数据进行核算，得到本次自然资本核算结果。

（3）影响和依赖实质性分析

首先，梳理磨豆山风电场对自然资本的影响和依赖路径，识别磨豆山风电场对自然资本潜在实质性影响和依赖；其次，结合相关方意见，对自然资本的影响、依赖进行重要性排序、审核；最后，确定自然资本实质性影响与依赖。

1）明确实质性指标筛选原则：

①可能产生较大成本或效益的影响和依赖，应当纳入；

②可能引起内外部相关方重大关切的影响和依赖，应当纳入；

③在①②两个前提原则下，为提高自然资本评估量化分析的可行性，优先将可获取定量、货币化所需数据的影响和依赖纳入实质性考量；

④在①②两个前提原则下，为将尽可能多地以货币化指标评估生物多样性保护实践成效，优先将能通过市场估值法、价值替代法等直接估算方法获得货币化结果的影响和依赖纳入实质性考量。

2）磨豆山风电场对自然资本的影响路径：

①依赖方面主要表现为对风力资源和土地资源的依赖；

②影响方面包括风电场建设和运营带来的污染物排放、温室气体排放、电磁辐射、噪声排放、人类活动增加带来的生态影响等（表3-12）。

（4）确定要计量的影响驱动因子和依赖

通过将业务与影响驱动因子和依赖进行对应匹配，确定需要计量哪些影响驱动因子和依赖。结合可掌握的一手数据材料，选取具有代表性的指标进行直接定量分析。

表 3-12　具有潜在相关性的影响和依赖

影响驱动因子类别	影响 / 依赖路径	
	导致自然资本变化	自然资本的变化导致的影响
土地占用	风电场临时或永久占用了部分林地、草地等，植被减少	生态系统服务功能降低，企业缴纳了森林植被恢复费并付出额外成本开展生态环境保护工程
用水	水资源消耗	购买员工生活用水、风机冷却水
风机转动	风资源消耗；风机转动易使鸟类与蝙蝠碰撞死亡	风机尾流效应引起局部气候变化；生物多样性降低
温室气体	风力发电可以减少温室气体排放；风电场的建造和运行中也会排放一定的温室气体	对全球气候变化产生影响
空气污染物	风电场建设期排放扬尘、车辆尾气；风力发电可以减少空气污染物排放	风电场建设期排放影响人员健康；风力发电提升环境质量
水体污染物	水质下降，降低环境质量	企业付出额外成本修建污水处理设施
固体废物	产生固体废物、污染环境	企业付出额外成本收集垃圾，运往填埋场
噪声	产生噪声影响周边人员与野生动物，降低环境质量	影响人员健康与野生动物栖息地
电磁辐射	产生电磁辐射影响周边人员与野生动物，降低环境质量	影响人员健康与野生动物栖息地
公益设施	修建旅游设施提升风电场景观、旅游价值	提升公众环保意识

在磨豆山风电场生产运营中，土地占用、用水、风机运转、温室气体、空气污染物、水体污染物、固体废物、噪声、电磁辐射、公益设施类别的影响驱动因子会影响自然资本，影响环境质量或降低自然生态服务功能。而风资源、水资源、食物、物理环境、生物环境是企业对自然资本的依赖。物理环境和生物环境具体为企业盈利需要依赖于良好的气象条件、稳定运营和风电场景观依赖于良好的生态环

境。若物理、生物环境不稳定，可能造成极端天气等公共安全事件，对风电场运营造成影响，使企业承担额外的损失（表 3-13、表 3-14）。

表 3-13 磨豆山风电场对自然资本的潜在影响

风电场投入或输出	影响驱动因子类别	具体影响
投入	土地占用	风电场临时或永久占用了部分林地、草地 缴纳了森林植被恢复费并付出额外成本在场区内采取了恢复植被覆盖，建设排水沟、挡墙等水土保持措施
	用水	购买员工生活用水、风机冷却水，使水资源储量减少
输出	风机转动	风机转动易使鸟类与蝙蝠碰撞死亡 风机尾流效应引起局部气候变化
	温室气体	风力发电可以减少温室气体排放
	空气污染物	风电场建设期排放扬尘、车辆尾气 风力发电可以减少空气污染物排放
	水体污染物	付出额外成本修建污水处理设施 再生水少量灌溉提升土壤肥力，大量灌溉可能使土地盐渍化
	固体废物	定期收集生活垃圾、捡拾游客垃圾，并付出额外成本运往填埋场 垃圾填埋占用部分土地 厂区内残留少量垃圾影响景观
	噪声	产生噪声影响周边人员与野生动物
	电磁辐射	产生电磁辐射影响周边人员与野生动物
	公益设施	修建旅游设施提升风电场景观价值 修建科普场馆提升公众环保意识

表 3-14 磨豆山风电场对自然资本的依赖

风电场投入或产出	依赖类别	具体的依赖
消费层面	风资源	风电场消耗风资源获取电力
	水资源	需要员工生活用水、风机冷却水
	食物	依赖于农业园为员工提供部分食物
非消费层面	物理环境	风电场盈利依赖于良好的气象条件
	生物环境	风电场的稳定运营和风电场景观依赖于良好的生态环境

（5）识别自然资本变化和估值

对于自然资本变化进行识别主要从两个维度开展：一是与磨豆山风电场业务活动和影响驱动因子相关的自然资本变化；二是识别与外部因素相关的自然资本变化。将自然资本状态变化计量分析选择的指标与相应的影响驱动因子一一对应匹配，来确定自然资本在未来可能会发生的变化（表 3-15）。

表 3-15　磨豆山风电场对自然资本影响 / 依赖和自然资本变化识别

要素	影响 / 依赖	影响驱动因子 / 依赖	自然资本的变化 / 自然资本变化对企业依赖性的影响	指标
对自身的影响	风机发电	发电量	气候变化进程	年发电收益 / 万元 减少煤炭消耗 /t
对社会的影响	温室气体	温室气体减排	气候变化	二氧化碳减排当量 /t
	空气污染	空气污染物排放	大气环境变化	空气污染物减排量 /t
	水资源	节约水资源 污水处理	淡水资源变化	水资源节约量 /t 污水处理投入 / 万元
	固体废物	固体废物处置	用地资源变化	垃圾运输及填埋投入 / 万元
	生态系统服务	植被补偿 生态系统服务功能损失	植被覆盖率变化	植被补偿投入 / 万元 生态系统服务功能损失 / 万元
	旅游与宣传教育	旅游价值 科普宣传价值	社区福祉提升	旅游 / 人次 科普宣传 / 人次
依赖	淡水资源利用	水资源消耗	可利用的地表水或地下水减少	淡水用水量 /m^2
	土地资源利用	生产设施建设用地	土地资源存量变化	用地面积 /hm^2

综合上述分析，按照实质性重要程度和数据的可获得性与易获得性，选取部分指标进行定性、定量或货币化评估。

1）风机发电——货币化评估采用市场和金融价格法与价格转移法。

从 2014 年投入运营到 2019 年，磨豆山风电场依赖风力资源转化为动能进行发电，由此获得发电收益。

累计获得风机发电企业收益 40 914.87 万元[1]，获得风力资源价值 40 914.87 万元。

获得二氧化硫减排社会收益 105 万元，氮氧化物减排社会收益 638.04 万元，烟尘减排社会收益 0.85 万元[2]。

减少煤炭消耗社会收益 3 122.97 万元，减少水资源消耗社会收益 6 804.19 万元。

2）温室气体排放——货币化评估采用价格转移法。

温室气体来源主要是在建设期和运营期产生的运输车辆尾气排放，磨豆山风电场采取系统的环境管理措施，合理规划交通和物流路线，采用符合国五标准的机动车辆，确保污染物达标排放。

累计造成温室气体排放损失 0.38 万元。

通过清洁能源发电累计减少煤炭消耗获得企业收益 3 122.97 万元，清洁能源发电累计减排二氧化碳 364 611.44 t，为社会创造温室气体减排净收益 29 333.30 万元[3]。

3）空气污染物排放——货币化估值采用价格转移法。

空气污染物来源主要是在建设期车辆运输产生的少量扬尘和烟尘，影响施工人员和附近居民健康，并在短期内影响风电场景观。磨豆山风电场采用规范的工程管理，严格控制扬尘产生量，对已产生的扬尘采取必要措施，减少扬尘、烟尘对周边居民和环境造成的负面影响。

累计造成氮氧化物排放社会成本 0.04 万元[4]，颗粒物排放社会成本为 0[5]。

4）水资源——货币化估值采用价格转移法。

磨豆山风电场用水主要来自员工生活用水、风机冷却水、循环农业园中鱼塘用

1　根据 2014—2019 年磨豆山风电场逐年发电量和发电收益数据加总获得。

2　将磨豆山风电场的年发电量设定为中间指标，通过南方电网每千瓦时发电产生的二氧化硫、氮氧化物与烟尘排放量计算得到影响驱动因子指标当年二氧化硫减排量、当年氮氧化物减排量、当年烟尘减排量，在此基础上进行累计加总。

3　根据 2014—2019 年磨豆山风电场逐年发电量换算温室气体减排收益，核算建设和运营期间产生温室气体排放成本，温室气体减排净收益 = 温室气体减排收益 − 温室气体排放成本。

4　氮氧化物排放量 = 车辆运输里程数 × 单位里程氮氧化物排放量。

5　颗粒物排放量 = 车辆运输里程数 × 单位里程颗粒物排放量。

水和灌溉用水，对于生产运营过程中产生的生活污水，磨豆山风电场主要采取建设污水处理基础设施的方法避免污水流入地下水造成对风电场附近土壤及地下水质影响。

累计产生污水处理设施修建企业成本 40.49 万元。

累计产生化肥合成社会收益 0.70 万元[1]，造成用水社会成本 1.21 万元[2]。

5）固体废物——货币化估值采用市场和金融价格法与价格转移法。

磨豆山风电厂的固体废物主要是工作人员产生的生活垃圾和游客丢弃的垃圾，此外，风电机组运行中需要润滑油、润滑脂、冷却油等油性物质，存在不同程度的漏油情况，产生油渍垃圾。磨豆山风电场及时处理油渍垃圾、废油桶、废油手套、游客丢弃的生活垃圾，进行垃圾转移填埋。

累计支付员工垃圾运输费企业成本 7.96 万元，游客垃圾捡拾运输费 23.88 万元。

累计造成垃圾填埋社会成本 2.48 万元[3]。

6）生态系统服务——货币化评估采用市场和金融价格法与价格转移法。

企业占用土地会引起生态系统服务价值下降使社会利益受损，而政府代社会向企业收缴了森林植被恢复费，弥补了一定损失。磨豆山风电场在厂区和风机所在山脊区域采取措施，在施工区域复种树木、绿色植被和开花植物，修复退化植被、增加绿化面积，弥补土地占用导致的生态损失，提高厂区美观性，保护物种及其栖息地。

累计支出森林植被恢复费企业成本 112.82 万元，植被恢复成本 2 091.97 万元，获得社会收益 112.82 万元[4]。

造成生态系统服务价值社会成本如下：调节水量损失成本 857.45 万元[5]，净化水

---

1 $U_{合成化肥}=\left(\frac{M_N}{R_2}+\frac{M_P}{R_2}\right)C_1$。

2 用水成本 = 用水量 × 水价。

3 垃圾填埋成本 =（员工垃圾量 + 游客垃圾产生量）× 单位垃圾处理成本。

4 企业支付给政府的森林植被恢复费将用于绿化等社会公益事业，植被恢复社会收益 = 森林植被恢复费。

5 $U_{调}=10A\times P_{水}\left(1-\theta\right)\times C_{库}$。

质损失成本 43.32 万元 [1]，固土损失成本 161.16 万元 [2]，保肥损失成本 298.25 万元 [3]，固碳损失成本 3.86 万元 [4]，释氧损失成本 103.61 万元 [5]，净化大气环境损失成本 25.59 万元 [6]。

7）旅游与教育宣传——货币化估值采用旅行成本法和价值转移法。

磨豆山风电场为游客修建了观景平台、栈道等设施方便游客参观游玩，提高了风电场的景观价值。2018 年，在场区内修建科普馆，通过展览介绍风力发电和其他清洁能源发电知识，对公众进行生态文明、绿色发展科普教育，发挥沟通作用减少新能源发电邻避效应。

累计产生旅游社会价值 102.04 万元 [7]，产生科普教育社会价值 33.66 万元 [8]。

磨豆山自然资本核算成本效益分析见表 3-16。

表 3-16　磨豆山自然资本核算成本效益分析

实质性议题	指标	企业成本 / 万元	企业效益 / 万元	社会成本 / 万元	社会效益 / 万元
风机发电	年发电收益	—	40 914.87	—	—
	减少煤炭消耗	—	—	—	3 122.97
温室气体	温室气体减排	—	—	—	29 333.30
空气污染物	空气污染物减排	—	—	—	743.89
	空气污染物排放	—	—	0.41	—

1　$U_{净}=10A\times P_{水}(1-\theta)\times K_{水}$。

2　$U_{固土}=A(X_2-X_1)\times\frac{C_{土}}{\rho}$。

3　$U_{肥}=A(X_2-X_1)\left(\frac{NC_2}{R_2}+\frac{PC_2}{R_2}+\frac{KC_2}{R_2}\right)$。

4　$U_{碳}=1.63AC_{二氧化碳}B_{年}$。

5　$U_{氧}=1.19AC_{氧}B_{年}$。

6　$U_{净}=K_{二氧化碳}Q_{二氧化硫}A+K_{滞尘}Q_{滞尘}A$。

7　风电场旅游价值 = 旅游人次 × 游客旅行成本。

8　参考云南省基层科普场馆获得的国家财政补贴（云科发〔2017〕53 号，2017），取值为 16.5 万元 / 年。

续表

实质性议题	指标	企业成本 / 万元	企业效益 / 万元	社会成本 / 万元	社会效益 / 万元
水资源	节约水资源	—	—	—	6 804.19
	污水处理	40.49	—	—	0.70
	水资源消耗	—	—	1.21	—
固体废物	垃圾运输及填埋	31.84	—	2.48	—
生态系统服务	植被补偿	2 204.80	—	—	112.82
	生态系统服务价值损失	—	—	1 493.25	—
旅游与宣传教育	旅游价值	—	—	—	102.04
	科普教育价值	—	—	—	33.66
总体		2 286.13	40 914.87	1 497.35	40 253.57

受限于评估指标较少、数据底稿不全面，理解、认识和经验不足等原因，本次磨豆山风电场自然资本核算有一定局限性，有待进一步征求专家和利益相关方意见进行补充和完善。

3.2.3 磨豆山风电场自然资本核算结果分析

3.2.3.1 对企业影响—成本 / 效益分析

磨豆山风电场由于自然资本的变化获得的商业价值全部来自其产品收益。风电企业由于自然资本承担的成本与其产品收益的比值为 5.56%，说明企业为自然资本变化承担的成本是其一项较为重要的支出。企业为自然资本变化承担的成本中，2 204.80 万元（占 96.82%）来自土地占用方面，40.49 万元（占 1.78%）来自用水与污水处理方面，31.84 万元（占 1.40%）来自固体废物方面。土地占用方面中，企业植被恢复成本（2 091.97 万元）这一项占企业承担成本（2 204.80 万元）的 91.87%，说明恢复场区植被是风电企业为恢复自然资本最重要的支出。

3.2.3.2　对社会的影响—成本 / 效益分析

社会由于磨豆山风电场引起的自然资本变化获得较多收益。其中，40 004.34 万元（占 99.38%）来自风机运转方面，112.82 万元（占 0.28%）来自土地占用方面、0.007 万元（占 0.002%）来自用水与污水处理方面，35.70 万元（占 0.34%）来自旅游教育方面。由此可见，风电企业使用清洁能源发电代替火电等其他发电方式引起的自然资本变化会为社会带来巨大的收益。另外，风电开发附加的旅游与科普教育价值也十分重要。

3.2.3.3　对自然环境的依赖—成本 / 效益分析

社会为磨豆山风电场引起的自然资本变化承担了部分成本。其中，1 493.25 万元（占 99.73%）是由于风电场的土地占用导致的生态系统服务价值下降，2.48 万元（占 0.16%）是由于垃圾填埋，1.21 万元（占 0.08%）是由于企业运营期消耗水资源，0.41 万元（占 0.03%）是由于风电场运营期运输车辆排放的温室气体和空气污染物。可见土地占用导致的生态系统服务价值下降是社会为风电场引起的自然资本变化所承担的主要成本。

3.2.3.4　总成本 / 效益

总体上，磨豆山风电场于 2012—2019 年共使自然资本价值增加 77 393.97 万元。其中，企业由于自然资本的变化获得效益 40 914.87 万元，由于自然资本的变化承担成本 2 277.13 万元；社会由于自然资本的变化获得效益 40 253.57 万元，由于自然资本的变化承担成本 1 497.35 万元。无论是企业还是社会都从磨豆山风电场引起的自然资本变化中获利，说明磨豆山风电场生物多样性管理和保护实践成效显著。

3.2.3.5　风险机遇分析

磨豆山风电场对自然资本的影响和依赖带来企业可能的风险与机遇。风机运转方面引起的自然资本收益远大于其他方面，风机运转的温室气体和空气污染物减排效益会带来享受国家清洁能源扶植政策和享受碳减排相关政策的企业发展机遇。土地占用方面引起的自然资本成本远大于其他方面，土地占用会导致生态系统服务功能降低，对周围的环境影响会导致周围环境质量降低，进而导致物理环境和气象的变化，会带来社会治理成本增加的风险，但企业开展生态恢复和治理也会得到国际和地方相关政策及资金的支持的机遇。温室气体和空气污染物、用水与污水处理和固体废物方面的自然资本成本大于收益，企业对水污染、废弃物污染等积极治理会带来企业品牌提升等机遇。极端天气频率的增加会为企业带来潜在的风险。

3.2.4 未来趋势

燃烧化石能源导致的温室气体排放已被公认为是全球变暖的主要原因之一。发展绿色能源能够减少环境污染并节约资源，是实现可持续发展理念和人类命运共同体担当的有效途径。与传统的化石能源相比，风力发电是绿色无污染的新能源技术，不产生二氧化碳等温室气体和空气污染，社会从自然资本变化中获得的收益要比成本更高。

磨豆山风电场未来将从以下几个方面继续深化生物多样性保护和可持续利用工作：

（1）开展生态修复和补偿工作。遵循“节约、自然、有限、宏观”原则，借鉴“基于自然的解决方案”（Nature based Solution，NbS）理念，采用同等条件替代修复，或者多倍修复等，遵循生态规律，利用当地的乡土植物，使其生态功能最大化，景观与周围环境相协调。

（2）加强环境监测、保护、治理。完善厂区内部及周边电磁辐射、地表地下水水质等监测，保证厂区内部环境质量和水质可达到相应环境质量标准。定期开展噪声、光强、电磁辐射监测，确保达到相应环境标准。确保厂区污染排放对于内部及周边环境无负面影响。

（3）持续开展生物多样性保护。开展野生动物巡护，在风电场及周边区域若发现受伤鸟类或其他野生动物，及时开展帮助、救治行动，以尽可能保护鸟类等动物。

（4）将自然资本融入决策及管理。自然资本核算结果能将生物多样性保护价值量化和凸显化，分析企业在生物多样性及环境方面面临的风险与机遇，为企业决策提供参考。磨豆山风电场将开展自然资本评估实践，构建生态文明建设和绿色发展的利益导向机制。

石油化工行业篇

3.3 案例三 中国石化集团燕山石化：生态型人工湿地浸润绿色发展

3.3.1 案例背景

3.3.1.1 石油化工行业背景分析

（1）石油化工行业产业发展现状

石油化工是以石油为原料生产有机原料、合成树脂、合成橡胶等重要化学制品，产品广泛应用于国防、农业、生产及生活各领域，是关系国家安全和命脉的支柱产业。

根据英国石油2020年发布的“Statistical Review of World Energy”统计数据，石油在过去20年是中国第二大一次能源[1]，且呈逐年上升趋势，2019年国内原油表观消费量达6.96亿t[2]。进入2020年，尽管国家经济结构的调整、新冠肺炎疫情影响和“碳中和、碳达峰”目标等宏观因素的影响使得化工产品需求增长逐步放缓，中国成品油需求逐渐疲软，但石油化工产品需求量将在较长时间内保持巨大基数。2020年，国内原油表观消费量7.36亿t，比2019年增长5.6%，增速较2019年回落1.7个百分点，对外依存度73.5%，其中成品油表观消费量2.9亿t[3]。

与成品油消耗稳定的趋势不同，我国坐拥世界最大的石化产品市场，也是世界石化产品生产大国，乙烯、聚丙烯等石油化工产品消耗量同比快速增长[4]，自给率始终不足。在产业规模方面，我国石油加工量、乙烯、丙烯产量稳定保持在世界第二位，合成树脂、合成纤维、合成橡胶产量稳定在世界首位。在石油原料对外依存度高和全球化进程的综合作用下，中国石油化工行业面临的外部竞争也日趋激烈。然而，全球石油产业供应链格局的改变、地缘政治的不稳定性等问题使原油安全问题成为我国石油化工类企业难以避免的挑战[5]。

与石油化工终端产品供给严重不足矛盾的是我国石油化工上游炼油产能存在严重过剩问题，每年有13%～18%的成品油无法被消费。造成该石油供需矛盾的原因之一是我国石油化工的技术水平和资源利用效率整体不高，产业总体上处于全球价值链的中低端，多数炼油厂由于技术和设备的限制，难以满足乙烯和芳烃等产品生产，产品附加值较低，突出的产能结构矛盾使得“高端产品依赖进口，中低端产品产能过剩”的问题越发严重。

（2）石油化工企业的环境安全风险

石油的开采、运输以及加工利用环节均会对生态环境造成影响，石油炼化企业面临严重的资源制约和环境约束问题。据《中国炼油化工设备行业产销需求与投资

1 https: //www.bp.com/en/global/corporate/energy-economics/statistical-review-of-world-energy/downloads.html.

2 http: //finance.sina.com.cn/stock/relnews/cn/2020-05-08/doc-iircuyvi2047110.shtml.

3 https: //www.sinofi.com/c/2021-03-23/673392.shtml.

4 https: //bg.qianzhan.com/report/detail/459/190611-1b843c6e.html.

5 王成龙，杨芳 . 我国石油化工产业的发展现状与竞争力分析 [J]. 智富时代，2018(12).

预测分析报告》的分析，我国炼油行业正向规模化、大型化、集中化发展，我国千万级别炼厂数量达到28家，合计炼油能力占全国总量的44.5%[1]，但中小炼厂产量占比仍过半数。中小炼厂加工路线多以催化裂化为主，所使用的原料多为中质、重质含硫、含酸原油，石化行业环境污染治理任务严峻。

仅以石化废水为例，石油炼制过程、化肥生产、石油化纤和石油化工平均每吨产品的废水量分别为2.86 t、4.25 t、161.8 t和117 t[2]。由于生产过程中需不断投入破乳剂、水质稳定剂等物质，使得石化废水具有污染物浓度高、种类多、难降解的特征，甚至可能由于废水中物质间的生化反应产生副产物，增加处理难度。现阶段石化废水多经工厂预处理，除去石油类物质、有机物质和无机物后，与居民生活污水混合进入市政污水管网处理[3]，石化废水排放对市政污水处理系统存在潜在威胁。

环境具有一定的自我调节能力以应对人类生产、生活产生的负面影响，即环境承载力[4]，若石化废水处理未达标直接排放，在生态环境中累计，超过环境承载力阈值，将会严重威胁水体、土壤、动植物安全，并沿食物链传递最终威胁人类健康。石化废水中的悬浮油将会隔绝空气影响气体交换，削弱水中植物光合作用能力，降低水中含氧量，造成水体中生物大量死亡，最终使水质恶化。石化废水中的氮、磷和大分子有机物也是水体富营养化的潜在成因；石化废水中的过量酸碱不但会导致水体失稳还会深入土壤加速土壤矿化或盐碱化。未合理处置的废气、废渣的毒理性将直接威胁人类健康，造成大气污染、水域污染、土壤污染等。

近年来，石化企业的安全问题也逐步进入公众视野，有毒有害和易燃易爆物质的泄漏严重影响人身安全。若石化产品储罐发生泄漏将会对周围生产厂区及远处住宅小区造成严重危害。

---

1 https: //bg.qianzhan.com/report/detail/300/190924-b0e3ab9d.html.

2 关卫省 . 石油烃废水处理技术及数值模拟 [D]. 西安：西安建筑科技大学，2001.

3 王猛 . 石油炼化废水厌氧氨氧化脱氮技术研究 [D]. 北京：北京工业大学，2016.

4 孙洪海 . 石化企业生态效率评价及提升策略研究 [D]. 大庆：东北石油大学 .

（3）石油化工企业高质量发展的政策环境

基于对石化行业对环境安全潜在负面影响的了解，为系统防范重大环境安全事故，维护社会稳定，我国近年连续颁布多部法律法规。2016 年，工业和信息化部正式公布《工业绿色发展规划（2016—2020 年）》对推进能效提升、减少污染物排放、加强资源综合利用提出了发展任务，该规划明确指出将使绿色发展成为全行业的普遍要求，要求高风险污染物排放大幅削减。同年 9 月《石化和化学工业发展规划（2016—2020 年）》发布，该规划要求石化工业结构调整和转型升级需坚持“创新驱动、安全发展、绿色发展、开放合作”原则。2017 年，国务院办公厅发布《关于推进城镇人口密集区危险化学品生产》“倒逼”在人口密集区环保不达标化工企业易地搬迁改造。同年 12 月，国家发展改革委、工业和信息化部发布的《关于促进石化产业绿色发展的指导意见》要求石化产业需深化供给侧结构性改革，实施安全环保系统技术改造，全面提升安全环保风险管理和控制能力。2018 年，《关于京津冀大气污染传输通道城市执行大气污染物特别排放限值的公告》对京津冀及周边地区的二氧化硫、氮氧化物等大气污染物执行严格的排放限值。2020 年，生态环境部印发《2020 年挥发性有机物治理攻坚方案》强调将挥发性有机物治理作为蓝天保卫战收官战的重要任务。

公众持续聚焦和政策法规的不断收紧给石油炼化行业带来了巨大的生存压力。为抓住生存机遇，减少公众“石化”恐慌，正确回应各利益相关方期望，石化企业应主动识别对生态环境的依赖和影响，在产业结构优化的同时推进生态保护，减少对生态环境的潜在负面影响。

3.3.1.2　石油化工行业对生物多样性的共性影响与依赖

站在整个产业链的角度，梳理石油化工企业与自然资本的关联，分析上下游和石油化工自身生产运营的核心环节对自然资本的影响和依赖，为自然资本核算奠定基础（表 3-17）。

表 3-17　石油化工行业对自然资本的影响和依赖

石油化工行业企业运营的价值链环节		与自然资本的关联	
		对自然资本的依赖	对自然资本的影响
上游	石油资源开采	• 消耗石油资源	• 开采过程破坏地理结构、产生固结物、钻屑等对当地物种资源、生态系统造成影响
	原油运输	• 运输消耗油、气、电等能源	• 运输产生温室气体、大气颗粒物、硫化物、氮氧化物等
直接运营环节	石油化工厂建设及现有厂区产业调整和结构升级	• 使用土地资源 • 使用淡水资源 • 使用金属、水泥等建材 • 建设人员资源消耗	• 产生温室气体 • 产生建筑三废（固体废物、污水、废气） • 建设占用土地资源，对生态系统产生影响
	石油炼制生产	• 回路冷却水 • 消耗原油资源 • 催化裂化过程消耗空气 • 催化裂化过程消耗氢气 • 炼油装置及辅助系统能源消耗 • 自有污水厂化学药品使用	• 生产废水含有各种溶剂、助剂、添加剂、烃类及其衍生物、重金属、硫化物、氰化物等对水生生态环境和土壤生态系统产生影响 • 产生含硫、氮氧化物等污染物的废气，威胁大气环境 • 自热电热厂产生的粉煤灰，常减压、催化车间产生的废碱渣，自有污水处理厂产生的废渣等固体废物对生态系统的影响
日常	日常运营	• 环保政策收紧对未来潜在财务成本或收益的影响，如合规成本（为减少排放而对污染设备的投资）等 • 日常办公能源消耗	• 产生温室气体 • 排放生活三废
下游	运输	• 石油运输消耗油、气、电等能源	• 运输产生温室气体、大气颗粒物、硫化物、氮氧化物等排放影响大气环境

在可持续发展已成为全球广泛共识的基础上，各行各业的环保政策要求越来越严已经成为不争的事实。石油化工行业企业需要结合整个产业链与自然资本的关联，进一步分析企业未来发展中可能面对的环境、社会方面的风险机遇，从而实现控制风险、抓住机遇拓展业务，为社会创造更大的经济环境社会综合价值（表 3-18）。

表 3-18　石油化工行业面临的风险和机会

类别	风险	机会
运营	• 地缘政治等国际问题导致的原油供应的不确定性 • 生产要素（如土地、原材料、水和能源）获取难度增加 • 土地等自然资源使用成本上升 • 在人口稠密地区运营炼厂的安全成本增加	• 恢复湿地，以植被实现水源深度净化，降低运营成本 • 产业结构升级，减少废弃物排放，提高资源利用效率
合规	• 合规成本或新法律法规的执照花费增加（如为产业升级和结构调整增加的投资、废弃物处理的费用更高） • 由于许可证被拒或延迟而增加的成本或生产损失 • 因环境安全政策收缩导致的罚金、罚款、赔偿或法律费用增加	• 提高环境合规意识，将环境合规融入企业战略 • 升级技术，提高石化中间产物利用率，减少污染，降低合规成本 • 通过预测、判断和规避负面影响等方式减少罚款、赔偿或法律费用
财务	• 全球经济增速放缓，融资成本增加 • 受疫情影响，大宗商品市场交易增速放缓 • 中低端产品产能过剩，资金链紧张	• 创新内部财物结算服务，集中管理企业内部资金 • 通过融资租赁和绿色金融等方法获取融资 • 通过提高资源使用效率降低原材料使用成本 • 优化产业结构，通过研发高精尖产品增强投资者信心
市场	• 客户倾向绿色环保产品，可能导致市场份额降低	• 研发新兴产品开拓新兴市场，增加收入来源 • 满足市场对绿色环保产品持续增加的需求 • 提升高精尖产品差异化和定价能力 • 利用环境的生态服务价值，发展第三产业创造新收益
品牌形象	• 非政府组织施加的环保压力 • 环境安全风险引发的舆情危机和邻避效应 • 环境安全突发事件引发的舆情危机	• 依法开展生态保护和生态补偿活动，树立负责任的品牌形象 • 加强社区沟通，获得社区理解

3.3.2 企业实践

3.3.2.1 企业简介

中国石油化工集团有限公司（以下简称中国石化），是总部位于北京市的中国最大的成品油和石化产品供应商、第二大油气生产商。中国石化秉承“为美好生活加油”的企业使命，致力于为社会提供先进的技术、优质的产品和周到的服务；坚持走绿色低碳的可持续发展道路，构建有利于节约资源和保护环境的产业结构和生产方式；坚持合作共赢的发展理念，为各利益相关方带来福祉。2019 年，中国石化发布了《中国石化绿色企业行动计划污染防治工作三年实施方案》率先启动绿色企业行动计划，致力于将绿色低碳打造成为中国石化的核心竞争力。

中国石化燕山石化公司（以下简称燕山石化）位于北京市房山区，隶属中国石化集团，是具有千万吨炼油能力、80 万 t 乙烯生产能力的大型炼化一体化企业，拥有主要生产装置 63 套、辅助装置 68 套，可生产 94 个品种 431 个牌号的石油化工产品，是我国重要的合成橡胶、合成树脂、有机化学品和高品质成品油生产基地。

50 余年来，燕山石化持续进行产业优化与升级改造，不断研发高端产品，主要产品覆盖高品质成品油、合成橡胶、合成树脂、苯酚、丙酮等。燕山石化长久以来秉承“生态文明、服务首都、共建共享”的发展战略，勇争第一、勇扛红旗、勇创一流，致力于建设世界一流绿色能源化工企业。燕山石化作为中国石化驻京窗口企业，始终坚持绿色低碳发展理念，持续增加科技投入，率先投用新技术、新工艺，使北京地区的汽油车和柴油车颗粒物、氮氧化物等排放量显著下降，带动中国油品质量升级，是保证首都能源安全的骨干企业。燕山石化坚持“资源节约型、环境友好型、科技创新型、本质安全型”发展道路，先后荣膺中华环境友好企业、中国节能减排功勋企业、国家职业卫生示范企业、“中华宝钢环境奖”、最具影响力绿色企业品牌等荣誉称号，获评中国能源绿色企业 50 佳、国家级绿色工厂、全面质量管理推进 40 周年杰出推进单位。

3.3.2.2 燕山石化生物多样性解决方案

燕山石化积极落实中国石化于2018年下发的“绿色企业行动计划”，围绕绿色发展、绿色能源、绿色生产、绿色服务、绿色科技和绿色文化，全面建设清洁、高效、低碳、循环的绿色企业。长期以来，燕山石化积极参与生态文明建设，涵养区域生态，采用国际流行的天然湿地设计理念，在首都率先实践“达标排放的工业污水处理＋湿地自然生态修复系统”的生态型工业污水净化方案。

（1）牛口峪湿地自然概况

牛口峪湿地公园位于北京市房山区城关西南约2 km，地处太行山与华北平原交界的山前丘陵地带，前身为牛口峪水库。牛口峪水库始建于1960年，占地1.4 km^2，汇水面积80万 m^2，主要用于储存燕山石化达标排放后的炼化装置工业用水、生活废水，并实现工业废水的二次处理，污水处理量2 500 m^3/h，水力停留时间约47天[1]。2017年经升级改造后，成为免费对外开放的湿地公园，具有4个功能分区，分别为湿地区、休闲区、游园娱乐区、文化展示区，可满足市民休闲娱乐的不同需求。同时牛口峪湿地公园也是野生动物的重要栖息地，现有鸟类140多种，其中有国家一级重点保护野生动物黑鹳和国家二级保护野生动物鸳鸯、白鹭、雀鹰、红隼、凤头鹏鹛等珍稀鸟类，物种数目达50余种[2]。随着牛口峪湿地的不断优化，高体鳑鲏、麦穗鱼、黄黝鱼、青鳉、子陵吻虾虎鱼等原生鱼类重现牛口峪湿地公园，现已被北京市生态环境局评为“北京市生态环境教育基地”（图3-4、图3-5）。

1　吴志刚．轻工业废水与石化工业废水人工湿地处理简介 [J]. 皮革制作与环保科技，2020(4): 43-45.

2　https: //baijiahao.baidu.com/s?id=1680718248081444506&wfr=spider&for=pc.

图 3-4　改造前的牛口峪湿地功能区旧貌

图 3-5　改造后的牛口峪湿地

（2）生物多样性解决方案

1）环保治理能力综合提升

燕山石化积极融入京津冀协同发展战略，持续开展“碧水蓝天”专项治理，投资近 8 亿元实施近百项环保隐患治理项目。燕山石化对所有装置生产、排污、后期治理、环保管理等各个环节进行全面梳理和系统诊断，确保每一个环保治理均符合新版排污许可证申领要求。

燕山石化投入 2 000 余万元，通过了罐区尾气、锅炉等改造、修复泄漏点等实现大气污染源头治理，并在原有的 3 个空气质量监测站和 43 个人工监测点基础上建设 46 个挥发性有机物（VOCs）监测点，配置国际一流水平的测量分析仪器，实现监测点网格化分布，实时精准掌握排放源头的排放数据、综合治理使各类气体污染物排放显著减少。燕山石化深入开展废气提示、水生态优化、固体废物减量化、土壤地下水治理等课题研究，实施 16 项能效提升计划，在生态环境保护和能效提升方面展开积极探索。2020 年，燕山石化累计节电量约 29.6 万 kW · h，热效率提高 1.5%。

2）工业污水处理升级改造

2016 年起，燕山石化开始升级工业污水处理相关流程并投资建设两套国内技术领先的污水回用装置，分别用于燕山石化公司炼油、化工和生活污水处理以及污水回用生产。同时，燕山石化应用国际先进的“超滤 + 反渗透膜”技术，使处理后的准一级脱盐水相关指标比肩饮用水，无臭排放，变成“能喝的污水”。2020 年，燕山石化累计增加回用水量约 86.8 万 t，通过新型节疏水器节能率约为 8%。同时，燕山石化启用国际先进治理工艺升级污水排放控制水平，处理后的污水化学需氧量（COD）浓度从 60 mg/L 降至 30 mg/L 以下，氨氮浓度从 5 mg/L 降至 1.5 mg/L 以下，远优于国家标准。

3）人工湿地创新建设

2017 年 6 月起，燕山石化继续投资 2 000 余万元，携手燕山威立雅公司实施“达标排放工业污水处理 + 湿地自然生态修复系统”生态型工业污水综合净化方案，对 8 万 m^2 的原停用氧化塘进行改造和修复，升级改造为北京牛口峪湿地公园，并于 2017 年将升级改造为湿地的公园向公众开放。

该项目采取国际流行的“天然处置湿地”的设计理念，同时兼顾为多种生物提供庇护、达标污水深度处理和发挥湿地景观价值创造社会效益。在前期规划中燕山石化综合考虑牛口峪地形、水系特点、地理优势等地理因素，通过地形整理、清淤疏浚、岸坡修复，复原牛口峪湿地原貌。燕山石化对库区内约 8 万 m^2 的原停用氧化塘进行了改造和修复，先后清淤 1.4 万 m^3，修缮坝口 24 个，重新配置水利系统，将牛口峪库区内的水和外排水引入湿地区域作为生态补水，重新灌溉湿地氧化塘，增加过水面积，减少外排水量，现牛口峪湿地公园面积为 1.4 km^2。此外，燕山石化为实现工业外排水深度净化，在梯塘里种植了芦苇、水葱和香蒲等多根系绿色植物，形成近万平方米的湿草甸与漂浮植物交替错落的绿色面积。植被具有高净化能力和高耐受力，可促进有氧微区形成、有效处理水体中的有害物质，同时也形成了鸟类理想的生存环境。此外，湿地还建设木塑桥栈道（长 334 m、宽 2 m）、观景平台、步行道、休憩和儿童娱乐区，满足游客参观游玩的需求（图 3-6）。

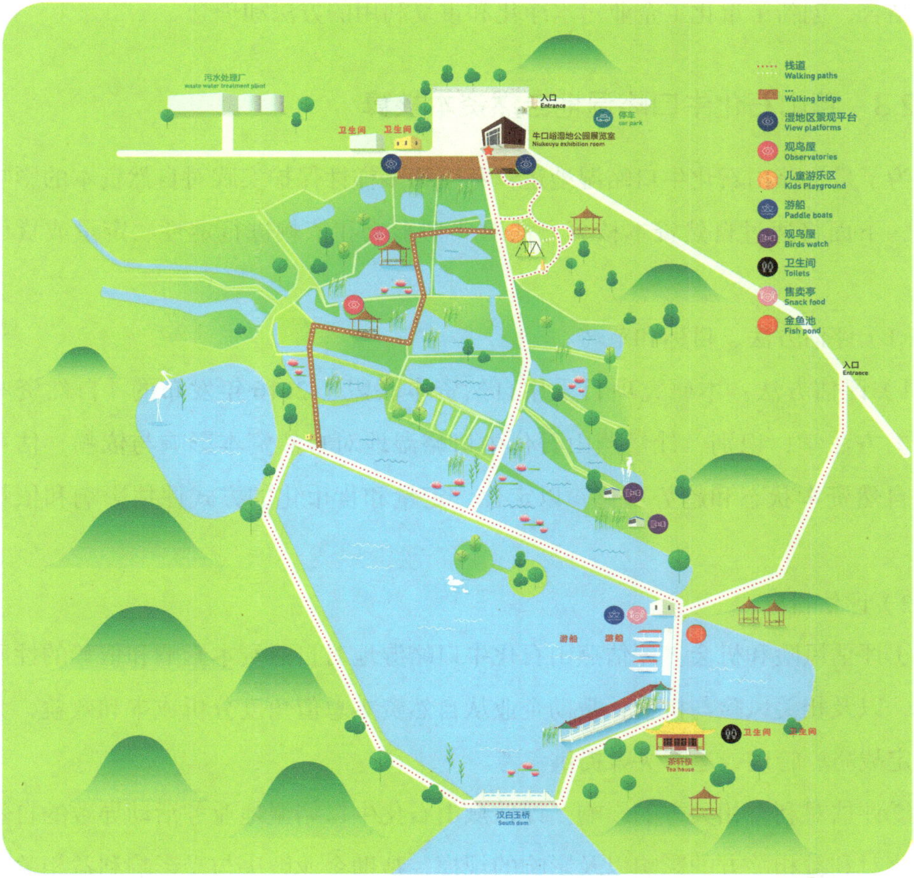

图 3-6　牛口峪湿地公园

4）人工湿地生物多样性研究

湿地生态系统是水陆相互作用形成的独特的生态系统，在抵御洪水、调节径流、补充地下水、改善气候、控制污染、美化环境和维护区域生态平衡等方面发挥重要作用。其中独立的湿地生态系统在沉积营养物质方面具有重要作用，还将为鸟类和其他生物提供觅食机会，是其重要的栖息地。

2013 年，燕山石化与清华大学、中材地质工程勘察研究院等高校和科研院所对牛口峪湿地生态环境展开生物多样性、土壤指标全面取样分析等研究，为牛口峪湿地生态恢复提供参考。2017 年，与法国威立雅集团合作，在原牛口峪生态中心的基础上建设牛口峪湿地公园，实现了污水达标排放同域内生态环境恢复与保护的有机结合，创新了重化工企业污水净化和重复利用的方法和理念。

3.3.2.3 燕山石化牛口峪湿地自然资本核算

为了量化燕山石化牛口峪湿地运营和生物多样性保护实践对自然资本的影响和依赖，下面将通过自然资本核算方法对典型影响和依赖进行定性、定量或货币化评估。

（1）评估方法、目标和范畴

1）评估方法：本研究项目采用自然资本联盟于2016年发布的《自然资本议定书》方法学，识别、计量燕山石化牛口峪湿地对自然资本影响与依赖，估算带来的自然资本状态和趋势变化，以定性、定量和货币化的方式评估影响和依赖的价值。

2）评估目标：

①评估风险和机会。评估燕山石化牛口峪湿地对自然资本影响和依赖的性质和程度，以及相关风险与机会，帮助企业从自然资本总值角度分析成本和效益，为企业制定战略、管理或运营决策提供参考。

②评估对利益相关方的影响。评估燕山石化牛口峪湿地业务活动导致的自然资本变化对利益相关方的影响以及影响的规模，帮助企业解决与受影响利益相关方有关的管理决策问题。

③为利益相关方沟通提供参考和支持。通过信息披露，向内部、外部利益相关方传达、沟通企业开展的生物多样性保护行动及其价值，获得更广泛的利益相关方的认可和支持，树立燕山石化绿色形象，提升品牌价值。

3）评估范畴：

考虑燕山石化运营特点、牛口峪湿地公园及相关景区的生态环境，本案例将自然资本核算的价值链边界界定为燕山石化在牛口峪湿地公园及其相关景区的直接运营活动，价值链上下游对自然资本的影响和依赖将不纳入本次评估范畴（表3-19）。

表 3-19　利益相关方分析

目标受众	诉求与期望
内部目标受众	
中国石化集团	• 了解石化废水排放对生物多样性的影响 • 降低在京石化企业运营风险 • 结合生物多样性的风险和机遇制定战略 • 提升集团可持续发展价值 • 获得政府、投资者、公众等利益相关方支持
燕山石化公司	• 了解燕山石化废水排放对生物多样性的影响 • 根据牛口峪湿地生物多样性发展需求进行运营规划调整 • 深度处理石化废水，规避外排水对经济、生态和社会产生的风险 • 避免公司陷入环保纠纷事件
燕山石化公司员工	• 获得安全、舒适的工作环境 • 获得职业健康保障
外部目标受众	
政府机构与监管机构	• 消除城市建成区黑臭水体 • 调整退出一般制造业和污染企业，引导排污单位主动加强污染治理，督促石化企业建立污染防控长效机制 • 解决人口资源环境矛盾，补齐生态环境短板，建设生态文明 • 加强油品质量监督检查 • 创造税收，解决就业问题，带动当地发展
周边社区（居民、学校、其他企业等）	• 减少水体、土壤污染风险 • 避免环境问题对自身健康和生计的影响
消费者	• 关注燕山石化负责任的品牌形象 • 获得高品质油品
环保组织和专家	• 改善湿地生态环境，涵养区域生态 • 保护珍稀物种多样性 • 修复停用氧化塘生态环境，减少燕山石化废水污染的累积效应和滞后效应

（2）基线场景和时空范围

1）基线：本项目以燕山石化在牛口峪水库开展“达标排放工业污水处理＋湿地自然生态修复系统”生态型工业污水综合净化方案之前的自然状态为基线，即2016年年初。

2）场景：本项目主要针对当下情境进行评估和分析。

3）空间范围：北京牛口峪湿地公园。

4）时间范围：由基线时段至2020年年底燕山石化牛口峪湿地自然资本的变化情况。

本次评估采用定性、定量和货币化估值相结合的方式。对于无法量化的指标采用定性描述的方式；对于可以量化但无法货币化估值的指标，则以物理单位进行定量分析；若可以量化并能进行货币化估值的指标，则采用货币化估值。最后，对所有货币化数据进行核算，得到本次自然资本核算结果。

（3）影响和依赖实质性分析及自然资本变化识别

本案例首先梳理燕山石化牛口峪湿地“达标排放工业污水处理＋湿地自然生态修复系统”生态型工业污水综合净化项目对自然资本的影响和依赖路径，识别其对牛口峪湿地的自然资本的潜在实质性影响和依赖，并基于实质性分析对影响和依赖进行重要性排序、审核，最终确定自然资本实质性影响与依赖。

1）明确实质性指标筛选原则

①可能产生较大成本或效益的影响和依赖，应当纳入；

②可能引起内外部相关方重大关切的影响和依赖，应当纳入；

③在①②两个前提原则下，为提高自然资本评估量化分析的可行性，优先将可获取定量、货币化所需数据的影响和依赖纳入实质性考量；

④在①②两个前提原则下，为尽可能多地以货币化指标评估生物多样性保护实践成效，优先将能通过市场估值法、价值替代法等直接估算方法获得货币化结果的影响和依赖纳入实质性考量。

2）影响和依赖产生路径分析

①燕山石化生态型工业污水综合防治方案对自然资本的影响路径

a. 废水排放：废水直接或间接排入水体后排放造成水体污染，难降解有毒污染物存留在水体中对生物产生毒害作用，通过食物链富集最终影响人类健康。

b. 温室气体排放：牛口峪湿地中水生植物通过固碳作用，固定大气中的温室气体，贡献于“碳中和”。

c. 区域环境：通过地形整理、清淤疏浚、岸坡修复，复原牛口峪湿地原貌，恢复牛口峪湿地恢复生态调节功能，使湿地具有调蓄水源、调节气候、净化水质等功能。

d. 生物多样性：种植多种水生植物，提高湿地初级生产力，植被面积增加为动物提供了栖息地，进一步增加了湿地的生物多样性。

e. 社区沟通：通过恢复牛口峪湿地公园并在其中建设休闲娱乐区，布设含有生态环境保护等基础知识的宣传栏，提升公众生态环境保护意识，号召公众参与生态环境保护行动。

②燕山石化生态型工业污水综合净化项目对自然资本的依赖路径

a. 水资源消耗：牛口峪湿恢复需要水资源补充，燕山石化工厂运作依赖于水资源。

b. 土地资源使用：土地资源是燕山石化污水处理、牛口峪湿地恢复等过程的重要依赖因子。

c. 湿地生态系统服务价值：燕山石化外排达标污水深度净化依赖于湿地植物和湿地形成的氧化塘。牛口峪湿地公园所提供的休闲娱乐服务（如旅游观光）和关系景区工作人员直接收入对牛口峪湿地的自然景观具有依赖性。

（4）确定要计量的影响驱动因子和依赖

通过将业务与影响驱动因子和依赖进行对应匹配，确定需要计量哪些影响驱动因子和依赖。结合可掌握的一手数据材料，选取具有代表性的指标进行直接定量分析。

（5）识别自然资本变化和估值

对于自然资本变化进行识别主要从两个维度开展：一是识别与燕山石化“达标排放工业污水处理 + 湿地自然生态修复系统”生态型工业污水综合净化工程相关活动和影响驱动因子相关的自然资本变化；二是识别与外部因素相关的自然资本变化。将自然资本状态变化计量分析选择的指标与相应的影响驱动因子一一对应、匹配，来确定自然资本在未来可能会发生的变化（表 3-20）。

表 3-20　自然资本影响 / 依赖和自然资本变化识别

要素	影响 / 依赖	影响驱动因子 / 依赖	自然资本的变化 / 自然资本变化对企业依赖性的影响	指标
对燕山石化的影响	环境合规管理	环境政策和税收规定	生态环境中污染物浓度变化	• 环境合规投入 / 万元 • 污染物管理（定性） • 环境安全事故率 /% • 环境安全事故造成的经济损失 / 万元
	牛口峪湿地改造	生态环境改造成本	湿地生态系统变化	• 技改成本 / 万元
	达标废水深度处理	技术改造	水体污染物浓度变化	• 投入项目资金 / 万元 • 升级水污染处理系统后工业污水达标等级 • 升级水污染处理系统后工业污水排放量 /t
	人工湿地生物多样性研究	为人工湿地生物多样性保护提供参考意见	生物多样性变化	• 研究活动资金投入 / 万元
对社会的影响	温室气体排放	水生植物固碳作用	气候变化 物种多样性减少、	• 二氧化碳当量 /t
	淡水资源	涵养水源	水资源存量变化	• 湿地蓄水情况 /m^3
	湿地自然生态	恢复湿地功能，净化污水	改善湿地生态系统	• 湿地面积 /hm^2
	物种多样性	工业生产 日常运营	物种多样性变化	• 物种数量变化（定性） • 生物多样性变化造成湿地初级生产力的变化（定性）
	社区福祉	社区基础设施建设投资，改善人居环境，创造就业机会带动生计，促进旅游业发展	旅游资源变化 生计变化	• 改善人居环境，创造就业机会带动生计 / 万元 • 生态环境保护科普宣传（定性） • 促进旅游 / 万元

续表

要素	影响 / 依赖	影响驱动因子 / 依赖	自然资本的变化 / 自然资本变化对企业依赖性的影响	指标
对社会的影响	湿地生态系统服务功能	达标污水深度净化 湿地旅游	生态服务价值变化	• 固定二氧化碳、调节区域气候、水土保持、水文调节、为多种生物提供生境、生态旅游等湿地生态服务功能的价值 / （万元 /a）
燕山石化对自然资本的依赖	淡水资源利用	公用事业用水 自然水资源	可利用的地表水或地下水减少	• 年均水资源循环利用量 /t • 年均鲜水消耗量 /t
	土地资源利用	生产设施建设用地	土地资源存量变化	• 建设该项目占用的土地 /m^2

综合上述影响和依赖后果分析，按照实质性重要程度和数据的可获取性，本案例选取部分指标进行定性、定量或货币化评估，其中负值代表投入 / 成本，正值代表产出效益。

1）对自身影响的定性、定量和货币化估算

①生态型工业污水综合净化工程建设成本[1]= 工程建设总投入 =2 000 万元。

②牛口峪湿地运营成本 = 年均运营成本 ×5 a=435 万元 ×5 a=2 175 万元。

2）对社会的影响的定性、定量和货币化估算

①湿地生态系统服务价值 =∑ 生态系统各项服务功能价值系数 × 湿地面积 × 时间范围[2]（表 3-21）。

②创造社区福祉的价值 =∑ 创造就业机会带动生计创造的价值 +∑ 促进旅游创造的价值 =∑（创造就业岗位数 × 时间范围 × 人均月工资）+∑（累计吸引游客

1　依据《城镇国有土地使用权出让和转让暂行条例》第 12 条规定，使用用途为商业、旅游、娱乐用地，土地使用权出让最高年限为 40 年，因而本案例中工程建设成本 = 项目总投资 / 土地使用年限 × 时间范围。

2　刘晓辉，吕宪国，姜明，等 . 湿地生态系统服务功能的价值评估 [J]. 2008，28(11): 5625-5631.

数量 × 单次旅游成本）=35 人 ×12 月 ×5 a×0.69 万元[1]+2 053 125 人次[2]×20 元[3]=1 449 万元 +4 106.25 万元 =5 555.25 万元。

③通过牛口峪湿地水回用创造的价值 = 回用水量 × 北京市工业用水价格 × 时间范围 =695.5 t/a×2.2 元 ×5 a=7 650.5 元。

表 3-21　生态系统服务价值核算

生态系统服务功能类型	生态系统服务功能价值系数 /［元 /（hm^2/a）］	湿地面积 /hm^2	时间范围 /a	价值 / 万元	占比 /%
气体调节	1 593	140	5	111.51	2.87
气候调节	15 131			1 059.17	27.27
水源涵养	13 715			960.05	24.72
土壤形成与保护	1 513			105.91	2.73
废物处理	16 087			1 126.09	28.99
生物多样性维持	2 212			154.84	3.99
食物生产	266			18.62	0.48
原材料	62			4.34	0.11
娱乐文化	4 911			343.77	8.85
总计				3 884.3	100

1　根据 2021 年北京市薪资水平报告，北京市人均工资约为 0.69 万元。

2　以 2018—2021 年度牛口峪湿地公园参观总人次 1 642 500，对 2016—2020 年参观总人次进行估算，共计 2 053 125 人次。

3　牛口峪湿地公园票价免费，旅游成本只计算采用公交车作为交通工具的往返行程过程的平均消费。

表 3-22　自然资本核算核心指标评估

要素	影响 / 依赖	影响驱动因子	指标	评估指标数量	货币化 / 万元
对自身的影响	环境合规管理	废水排放管理	污水处理费 / 万元	—	*[1]
		环境合规成本支出	污染泄漏事故行政处罚款 / 万元	—	−259[2]
		环保奖励或补贴	环境优异表现收到的政府奖励或补贴 / 万元	—	200
		环境安全事故赔偿	清污费等损失赔偿 / 万元	—	0[3]
	生态型工业污水综合净化工程建设	达标排放工业污水处理系统升级 湿地自然生态修复系统 牛口峪湿地内原停用氧化塘进行改造	工程建设成本 / 万元	—	−2 000
	牛口峪湿地公园运营	长期对牛口峪湿地进行管理运营	运营成本 / 万元	—	−2 175
对社会和自然资本的影响	湿地生态系统服务	气体调节[4]	生态服务价值 / 万元	140 万 m^2	111.51
		气候调节[5]			1 059.17
		水源涵养			960.05
		土壤形成与保护			105.91
		废物处理			1 126.09
		生物多样性维持			154.84

1　废水排放管理升级措施的成本已纳入“达标排放工业污水处理 + 湿地自然生态修复系统”生态型工业污水综合净化工程建设成本中，故本处不重复计算。

2　2020 年燕山石化的牛口峪环保税为 259 万元。

3　2016—2020 年，唯一披露的中国石化燕山石化泄漏致水源污染产生的环境安全事故赔偿发生在 2014 年，未在本案例的时间范围内，故不做考虑。

4　在生态系统中不同空间尺度上对大气化学成分产生的效应，有利于生物的生存。

5　气候调节是生态系统服务的一种生态系统服务，即在全球和区域尺度内调节与大气化学组分、温室效应、臭氧层、降水、空气质量、温度变化和天气规律（包括云层形成）相关的过程。

续表

要素	影响 / 依赖	影响驱动因子	指标	评估指标数量	货币化 / 万元
对社会和自然资本的影响	湿地生态系统服务	食物生产	生态服务价值 / 万元	140 万 m^2	18.62
		原材料			4.34
		娱乐文化			343.77
	社区福祉	促进就业	社会效益 / 万元	35 人	1449
		促进旅游	旅行价值 / 万元	2 053 125 人次	4 106.25
	节约水资源	牛口峪湿地水资源回用	节约水资源成本 / 万元	3 475 t	0.765 05
对自然资本的依赖	水资源	水资源消耗	耗水量 / 万 t	*	*
合计 / 万元					5 206.31

注：本次燕山石化“达标排放工业污水处理 + 湿地自然生态修复系统”生态型工业污水综合净化工程的自然资本核算受限于评估指标较少、数据收集不全面等问题，核算结果有待进一步补充数据和征求专家与利益相关方意见后进行补充和完善。

3.3.3 结果分析

3.3.3.1 总成本 / 效益的分析

通过自然资本核算发现在 2016—2020 年“达标排放工业污水处理 + 湿地自然生态修复系统”生态型工业污水综合净化工程在牛口峪湿地公园产生了较为显著的积极影响。建设该工程期间燕山石化累计投入约 2 000 万元，所产生的主要社会效益如下：

通过对原停用氧化塘进行改造和修复，复原牛口峪湿地原貌，重新配置水利系统和种植多种绿色植物，在气候调节、气体调节、涵养水源、保护土壤、废物处理、保护生物多样性和社会福祉等方面产生了积极影响。5 年内，该工程累计产生的社会效益高达 5 206.31 万元。且过去 5 年中在所产生的生态系统服务价值中，气候调节、涵养水源、废物处理的价值占比分别为 27.27%、24.72%、28.99%，货币化后所产生的服务功能价值分别为 1 059.17 万元、960.05 万元、1 126.09 万元。然而，湿地生态系统在提供原材料、生产食物方面的贡献较小，所产生的服务价值仅为 4.34 万元、18.62 万元。此外燕山石化对该工程的投入为一次性投入，但是所产生的社会效益是长期的，随着时间的延长社会价值将进一步累加。

3.3.3.2　局限性分析

本案例对燕山石化“达标排放工业污水处理 + 湿地自然生态修复系统”生态型工业污水综合净化工程的价值估算的准确度和精确度受限于数据来源。首先计算合规影响时考虑到燕山石化过去几年的社会责任报告披露显著高于国家标准，且通过网络检索并无违法处罚信息披露，因而假定其环境合规方面的支出为 0 元。同时，在核算对环境产生的效益时因缺少促进就业等相关数据，社会效益核算存在不准确的问题。

对于湿地生态系统服务功能的价值的评估，由于缺少植被覆盖面积、物种多样性、水土保持等方面的详细数据，本案例以牛口峪湿地公园的面积为基数，参考刘晓辉等（2008）所总结的全国尺度范围内的各项服务功能的价值系数进行核算。然而当大小、生物量、结构及生态系统空间组合存在差异时，同一类型的生态系统服务价值也会存在差值，换言之，生态系统服务价值与空间具有相关性且会随着时间动态变化。因而区域的差异性会使结果准确性存在问题。

3.3.3.3　风险及机遇与分析

联合国 17 个可持续发展目标的发布旨在以综合的方式解决社会、经济和环境 3 个维度的发展问题，走可持续发展的道路。燕山石化建设牛口峪湿地公园与其中的目标 3（良好健康与福祉）、目标 9（产业、创新和基础设施）、目标 11（可持续城市和社区）、目标 13（气候行动）、目标 14（水下生物）和目标 15（陆地生物）密切相关。换言之，燕山石化在尽到必尽责任、满足环境合规性的基础上，正追求综合效益最大化，贡献环境保护、创造社会价值。因而，尽管石化企业通常面临环境合规风险和邻避效应等风险，但是燕山石化开展“达标排放工业污水处理 + 湿地自然生态修复系统”生态型工业污水综合净化工程等相关行动，经生态环境保护融入企业的日常经营，不但使企业规避了这些风险，使环境类相关指标显著高于国家标准，还通过创造社区福祉等为企业塑造良好品牌形象奠定了基础。

3.3.4 未来趋势

通过本案例的分析可以发现燕山石化“达标排放工业污水处理＋湿地自然生态修复系统”有效提高了自然环境生态环境服务功能。本案例也证明了燕山石化坚定不移走生态优化、绿色发展之路的进程中在生态环境保卫战中取得了卓越成效，有效助力了燕山大地构建天蓝水净、人与自然共生的和谐环境。尽管因环境及社会效益的信息披露尚不完善，自然资本核算的准确度和精确度还可提升，燕山石化在后续制订环境管理工作计划中应注意强化信息披露，持续优化环境管理工作机制，有针对性地调整相关工作以满足利益相关方的期望与诉求。

3.4 案例四 bp 公司唐固气田：打造生态净零影响新路径

3.4.1 案例背景

3.4.1.1 油气行业背景分析

减缓乃至解决全球变暖、环境退化等长期挑战，亟需跨部门的多边协作，开展与《巴黎协定》目标一致的行动。其中，能源部门扮演着不可或缺的重要角色。《bp世界能源统计年鉴》（2022 版）数据显示，2021 年全球天然气需求增长 5.3%，恢复到 2019 年疫情前的水平之上，且首次突破 4 万亿 m^3 大关。2021 年天然气在一次能源中所占份额与 2020 年持平，仍为 24%。天然气作为清洁能源的发展势头依然强劲。

天然气产业链分为上游勘探生产、中游运输以及下游分销等多个环节。合理管控天然气生产中的环境问题，提升行业对自然资本的正向影响，降低负面影响，是全球石油天然气能源组织、行业企业共同思考并致力于践行的重要议题。

3.4.1.2　油气行业对生物多样性的共性影响与依赖、问题与挑战

站在整个产业链的角度，本案例梳理了油气企业与自然资本的关联，分析上、中、下游和油气项目基地自身生产运营的核心环节对自然资本的影响和依赖（表 3-23）。

表 3-23　油气行业对自然资本的影响和依赖

<table>
<tr><th colspan="2" rowspan="2">油气行业企业运营的价值链环节</th><th colspan="2">与自然资本的关联</th></tr>
<tr><th>对自然资本的依赖</th><th>对自然资本的影响</th></tr>
<tr><td rowspan="2">上游－勘探生产</td><td>天然气基地建设</td><td>• 使用土地 / 海洋资源
• 使用淡水资源
• 使用钻井液
• 使用建设原材料
• 建设人员食物消耗，如海产品、蔬菜、农作物等物料
• 运输使用汽油、柴油等能源</td><td>• 钻探过程对当地物种资源、生态系统造成影响
• 产生温室气体
• 钻探泥浆对土壤环境、地下水、地表水带来影响
• 排放固体废物、污水、废气等
• 建设占用土地资源，对物种栖息地、生态系统带来影响
• 海上钻探对海洋生物多样性带来影响</td></tr>
<tr><td>天然气基地运营</td><td>• 使用淡水资源
• 运营人员食物与能源消耗</td><td>• 产生温室气体
• 排放固体废物、污水、废气等
• 产生噪声（陆地 / 海洋）</td></tr>
</table>

续表

油气行业企业运营的价值链环节		与自然资本的关联	
		对自然资本的依赖	对自然资本的影响
中游 - 运输与储存	天然气运输管道铺设	• 使用土地资源 • 使用淡水资源 • 使用建设原材料 • 运输使用汽油、柴油等能源 • 天然气加压 / 冷却使用能源	• 建设占用土地资源，对物种栖息地、生态系统带来影响 • 产生温室气体 • 运输中途泄漏或逸散给环境带来影响 • 管道杂质（如水、液态烃、机械杂质和铁锈等）对土壤环境、地下水、地表水带来影响
	交通工具运输	• 运输船舶 / 车辆使用汽油、柴油等能源 • 运输人员食物消耗 • 天然气加压 / 冷却使用能源	• 产生温室气体 • 运输中途泄漏或逸散给环境带来影响
	储气库 /LNG 场站建设	• 使用土地资源 • 使用建设原材料 • 运输使用汽油、柴油等能源 • 使用淡水资源	• 建设占用土地资源，对物种栖息地、生态系统带来影响 • 产生温室气体
下游 - 分销	天然气并网	• 天然气管道建设原材料 • 使用土地资源	• 工程建设占用土地资源，对物种栖息地、生态系统带来影响 • 输送逸散产生温室气体排放 • 为社会生产生活提供必需的资源
日常	工业旅游	• 发展观光旅游产业依赖于生态系统的文化娱乐功能	• 提升公众生态核电科普知识 • 带动周边社区发展旅游等第三产业

在可持续发展已成为全球广泛共识的基础上，各行各业的环保政策要求越来越严已经成为不争的事实。油气行业企业需要结合整个产业链与自然资本的关联，进一步分析企业未来发展中可能面对的环境、社会方面的风险机遇，从而实现控制风险、抓住机遇拓展业务，为社会创造更大的经济环境和社会综合价值（表 3-24）。

表 3-24　油气行业面临的风险和机会

类别	风险	机会
运营	• 自然资源供应的安全性和可获取性 • 自然资源使用成本上升 • 新技术和技术改造应用风险 • 废弃物处置风险	• 进一步完善废弃物排放处理 • 采用基于自然的方式解决污染物排放问题
合规	• 环境补偿政策法规趋严 • 污染物处置规定更加细化 • 职业健康政策法规趋严	• 提升环境合规意识 • 环保绩效达标获得政府奖励
财务	• 资本市场和企业债融资与环境绩效挂钩 • 可能支付更多的环境成本	• 保护生物多样性和生态系统规避经济损失风险 • 采取措施使自然资本增值提升投资者投资意愿
品牌形象	• 来自环保公益组织的压力 • 由环境与社会负面影响引发的舆情危机	• 树立可持续品牌形象 • 通过沟通传播获得社区与公众理解和支持 • 优美的工作环境提升员工满意度

3.4.2　企业生物多样性解决方案

2022 年 12 月 19 日举办的《生物多样性公约》第十五次缔约方大会（COP15）第二阶段会议上，各方代表终于就“昆明 - 蒙特利尔全球生物多样性框架”（以下简称框架）达成一致。框架规定了 23 个以行动为导向的全球目标，其中目标 15 强调，采取法律、行政或政策措施，鼓励和推动商业，确保所有大型跨国公司和金融机构定期监测、评估和透明地披露其对生物多样性的风险、依赖程度和影响，包括对所有大型跨国公司和金融机构及其运营、供应链和价值链与投资组合的要求。bp 公司唐固气田于 2010 年投运，其生产的天然气主要向中国出口，是中国福建省天然气资源的重要供应方之一。关注供应链中的生物多样性影响与保护，也是企业履行社会责任的重要行动。本案例中企业“打造生态净零影响新路径”的具体实践由 bp 中国公司提供，责扬天下与 bp 中国公司共同应用自然资本评估方法评估企业在唐固气田项目中开展生物多样性管理与实践的效益。本案例对油气行业企业系统化开展生物多样性管理具有较好的借鉴意义。

3.4.2.1 企业简介

bp 由威廉·诺克斯·达西于 1909 年创立，后由前英国石油、阿莫科、阿科和嘉实多等公司整合重组形成，是世界主要能源巨头之一，在全球超过 65 个国家从事生产和经营活动。主要业务领域包括：油气探勘与生产；油品炼制与销售；石化产品生产与销售；润滑油业务；航空燃料供应、未来移动出行、地区事务与企业低碳解决方案和风投业务。bp 在全球拥有 63 600 名员工[1]，股票在伦敦和纽约证券交易所挂牌交易。

bp 越来越重视私营部门在管理生物多样性影响方面的作用，要求私营部门必须证明对生物多样性没有净损失或有净积极影响。2020 年，bp 推出了新的生物多样性定位，旨在增强生物多样性，并采取行动恢复、维护和增强自然。bp 承诺不在联合国教科文组织正式命名的世界遗产地边界内进行任何新的石油和天然气勘探或生产活动。如果考虑在缓冲区或世界遗产地附近开展任何此类项目，将与联合国教科文组织协商，努力避免任何可能对世界遗产地的价值和完整性产生直接残余影响的相关活动。同时，bp 还承诺不在 2020 年 1 月 1 日所列的严格自然保护区（IUCN Ⅰa）或荒野地区（IUCN Ⅰb）边界内进行任何新的油气勘探或生产活动。如果进入其他保护区，bp 打算与相关利益相关者和生物多样性专家合作，帮助管理任何潜在影响，并评估改善现场管理的机会。

3.4.2.2 唐固气田扩建工程项目

（1）唐固气田简介

唐固气田是一个丰富的天然气矿床，bp 于 2010 年 7 月全面投入运营印尼唐固液化天然气，拥有有效期至 2035 年的 3 份生产共享合同。该液化天然气由两个天

1 bp 官网 ESG 数据表 ESG statistics at bp.com.

然气处理平台和液化列车组成，海上生产的天然气通过海底管道输送到液化天然气设备，随后进行净化和液化，用于液化天然气出口。

bp及其合作伙伴计划通过开发3号液化天然气列车和额外的配套设施（以下简称唐固扩建工程）来扩建唐固液化天然气设施，以提高唐固液化天然气的产能。初步扩建计划包括液化天然气3号列车、两个平台（ROA和WDA）、13个新开发井、2条海底管道、1个合并的液化天然气和凝析油码头以及其他配套设施（图3-7）。

图3-7　唐固气田项目

（2）唐固气田周围生物多样性情况

唐固气田位于巴布亚岛宾图尼湾南岸，地处偏远，周围环绕着低地热带森林、红树林和丰富多样的动植物群。唐固气田附近唯一的保护区是宾图尼湾自然保护区，位于唐固液化天然气扩建工程以东约80 km处。唐固气田周围的主要陆地和沿海栖息地有低地热带森林、海滩森林、稀树草原、红树林和沼泽林。所有这些栖息地，除了人为的稀树草原斑块，都是自然原始植被类型（图3-8）。

Note: A: Lowland Forest; B: Savannah; C: Beach Forest; D: Swamp Forest; E: Mangrove

图 3-8　主要生境类型的照片

由于气田周围的生物多样性丰富，bp 及其合作伙伴进行了广泛的生物多样性基线调查和评估，以帮助制定必要的缓解措施，以减少其对生物多样性的影响。自 2003 年以来，对气田周围 10 多年的调查发现：

1）植物超过 980 种，其中共有 19 种植物是受保护的物种；

2）鸟类 210 种，其中 62 种已被确定为受保护物种；

3）哺乳动物 80 种，其中有 13 种已被确定为保护问题，包括一些海洋哺乳动物；

4）爬行动物和两栖动物超过 110 种，其中有 17 个已经被确认为有保护价值的物种，包括 3 个以前未知的物种；

5）发现鱼类近 100 种，其中，3 种淡水鱼被认为是西巴布亚特有。

（3）企业生物多样性管理及实践

1）编制行动计划

由于项目可能对生物多样性产生影响，bp 制订了详细的生物多样性行动计划（BAP）。BAP 明确了项目实施的详细管理措施和缓解措施，以确保项目实现长期内生物多样性无净损失。通过应用缓解层次结构，确保项目采取适当措施，实现生物多样性长期保护和养护。

延伸阅读

缓解层次是一个旨在帮助管理对生物多样性的潜在影响的工具（CSBI，2015），它涉及 4 个关键行动的应用：

①避免——在采取可能导致生物多样性影响的行动或决定之前，为预测和防止对生物多样性的不利影响而采取的措施。

②最小化——采取措施以减少不能完全避免的影响的持续时间、强度、重要性和 / 或范围。

③恢复——在无法完全避免或尽量减少项目影响之后，为修复特定生物多样性特征和令人关切的生态系统服务的退化或损害而采取的措施。

④抵消——对不受项目影响的地区采取的行动所产生的可衡量的养护成果，这些行动补偿了无法避免、尽量减少和 / 或恢复的项目的重大不利影响。

缓解层次结构的总体目的是确保项目首先旨在避免对生物多样性的任何潜在影响，并且只有在影响无法单靠预防性措施加以管理的情况下才采取恢复或抵消措施（图 3-9、图 3-10）。

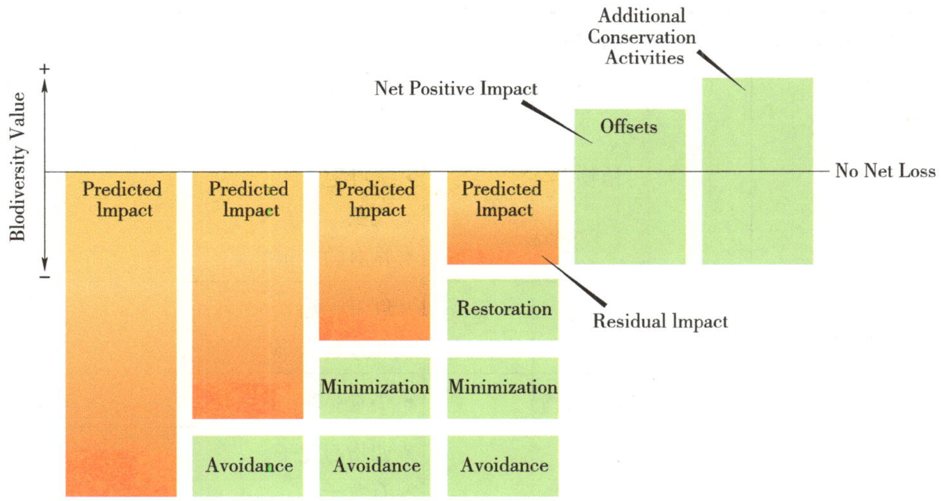

图 3-9　应用缓解层次结构实现无净损失

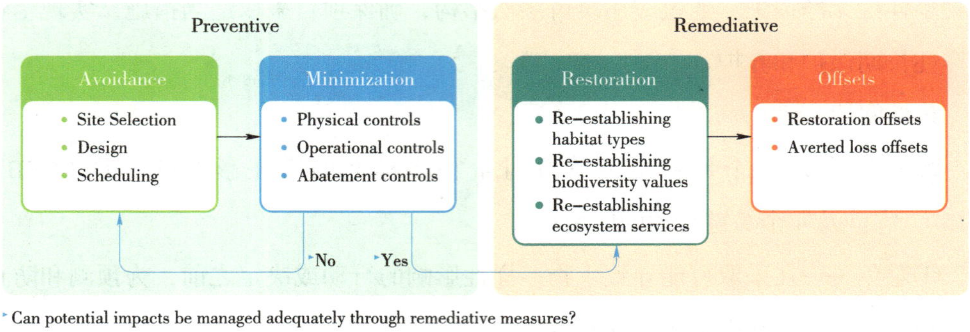

图 3-10 缓解层次结构中的 4 个关键操作

2）开展生物多样性基线探查

唐固扩建工程自 2003 年制订原始生物多样性行动计划开始，唐固的业务部门定期在其区域内进行动植物调查，包括在宾图尼湾周围进行海洋哺乳动物调查，这些基线调查有助于了解唐固扩建工程对生物多样性的潜在影响。

为了不造成净损失，每个优先物种的数量和这些物种所依赖的生态系统的生存能力必须维持在有利的养护状态。BAP 将优先考虑以下物种和相关栖息地的保护（表 3-25）。

表 3-25 关键栖息地及相关物种

关键栖息地	物种	生物
低地森林	植物群	• 岛叶藻 • 肉豆蔻 • 大叶冠 • 飞蓟 • 特有兰科植物群
	鸟类	• 红嘴火鸡 • 北方食火鸡
	哺乳动物	• 小管鼻蝙蝠
	两栖动物	• 四指石龙子 • 石龙子 • 苗圃蛙 • 马瓦塔蛙

续表

关键栖息地	物种	生物
沼泽森林	植物群	• 扇形棕榈
	鸟类	• 暗色草鸡 • 西部蓝凤冠鸠
	哺乳动物	• 小管鼻蝙蝠
河口	鸟类	• 大滨鹬
	两栖动物	• 丽龟 • 红海龟 • 驼背中华白海豚

表 3-26　生境区域面积估计

栖息地类型	覆盖面积 /hm^2
低地森林或旱地森林	30 170
沼泽森林	9 305
红树林	6 853
稀树草原	6 547
河口	528 200

3）行动方案

bp 雇用一名林业专家到现场指导，以确保正确执行土地清理和随后的植被重新种植活动。在施工前，测量及初步清理树木期间，聘用生态学家对植物品种、苗圃管理、施工后测量规划及入侵物种管理等方面给予现场协助。在建造工程期间，安排环境小组在工地内确保对植物、动物和海洋哺乳动物有恰当的环境管理；提供与环境问题有关的日常建议。就优先保护的动植物群在开始阶段与砍伐树木承办商进行沟通，了解优先保护物种信息，明确在砍伐树木过程中保护优先物种。所有在工地上工作的承包商都需要参与生态工具箱讲座培训，以确保所有工人都了解工地上的生态问题，以及如果在建筑工程中发现任何受保护的物种或野生动物，必须采取保护行动。

10 多年的调查结果表明，虽然项目活动在关键生境内进行，优先物种也会在建造活动期间受到影响，但这些影响对生境和优先保护物种是暂时的、可逆转的和局部的。只有少于 0.3% 的动植物生境将会丧失，而 56% 被清除的森林生境将会在较长期内得到恢复，唐固 1 号和 2 号列车的存在和活动对唐固缓冲区和宾图尼湾地区的生物多样性影响很小，并且不会对优先保护物种产生长期不利影响。

3.4.2.3 唐固扩建工程自然资本核算

为了量化唐固扩建工程运营中生物多样性保护实践对自然资本的影响和依赖，下面将对典型影响和依赖进行定性、定量或货币化评估。

（1）评估方法、目标和范畴

1）评估方法：本次评估依据自然资本联盟发布的《自然资本议定书》，识别、评估唐固扩建工程对自然资本的影响与依赖，分析带来的自然资本状态和趋势变化，以定性、定量和货币化的方式评估影响和依赖的价值。对于无法量化的指标采用定性描述的评估方式；对于可以量化但无法货币化估值的指标，则以物理单位进行定量分析；若可以量化并能进行货币化估值的指标，则采用货币化估值。最后，对所有货币化数据进行汇总，总结本次评估的成本和效益。

2）评估目标：

①评估风险和机会。评估唐固扩建工程对自然资本影响和依赖程度，以及相关风险与机会，帮助企业从自然资本总值角度分析成本和效益，为企业制定战略、管理或运营决策提供参考。

②评估对利益相关方的影响。评估唐固扩建工程业务活动导致的自然资本变化对利益相关方的影响，以及影响的大小，帮助企业解决与受影响利益相关方有关的管理决策问题。

③为利益相关方沟通提供参考和支持。通过信息披露，向内、外部利益相关方传达、沟通企业开展的生物多样性保护行动及其价值，获得更广泛的利益相关方的认可和支持，树立品牌绿色形象，提升品牌价值。

表 3-27　项目目标受众分析

目标受众	诉求与期望
内部目标受众	
bp	• 天然气业务开发与拓展 • 控制运营风险，确保项目安全顺利实施 • 控制生态环境影响，达成生物多样性保护战略目标 • 提升企业品牌美誉度和品牌价值 • 充分获得政府、国内外投资者、公众、公益机构等利益相关方的理解和支持
唐固扩建工程	• 确保扩展项目顺利实施 • 避免生态环境被破坏的风险 • 降低油气项目对生物多样性的负面影响 • 针对性的生物多样性风险分析和策略 • 增加项目运营对自身和社会的正面影响
项目基地员工	• 安全、生态优美的工作环境 • 职业健康得到保障
外部目标受众	
政府（巴布亚巴拉特、法克地方政府、中央政府、环境部）	• 积极配合政府监管 • 企业运营遵守安全、环保相关标准 • 避免破坏生态环境、损害居民健康 • 减少温室气体排放，促进能源结构转型 • 创造税收，带动经济发展
客户（天然气消费者）	• 安全、稳定、清洁的能源供应
周边社区（居民、学校、其他企业）	• 避免对生态环境造成负面影响 • 避免对自身健康造成负面影响 • 安全、生态环境优美的工作生活空间 • 带动当地经济发展
环保组织和专家	• 控制、减少项目活动对环境的影响 • 为企业开展环境和生物多样性保护提供建议 • 开展自然资本核算研究与应用

（2）基线场景和时空范围

1）基线：bp 在唐固扩建工程正式投建、运营前（2010 年）对项目运营地进行了生物多样性调查。为了便于评估，本项目以 2010 年年底为基线。

2）场景：本项目主要采用“介入式”，通过生境损失和生态修复的对比来评估和分析。

3）空间范围：唐固扩建工程基地（包括 Tangguh Train 1 and 2，and TEP）。

4）时间范围：由 2010～2016 年年底唐固扩建工程自然资本的变化情况。

5）组织焦点：本次评估组织焦点是项目级别，以唐固扩建工程生态修复作为研究对象。评估的价值链边界覆盖唐固扩建工程项目建设中生态修复环节。

此外，为了保证对于本次核算案例分析的完整性，参照《自然资本议定书》指导，本次评估涵盖该运维场景下的活动对 bp 自身的影响、对社会的影响以及该运维场景下的活动对自然资本的依赖 3 个方面要素。

（3）影响和依赖实质性分析

梳理唐固扩建工程生态修复对自然资本的影响和依赖路径，并对自然资本的影响、依赖进行重要性排序、审核，最终确定具有实质性的影响与依赖。

1）影响和依赖产生路径分析

①自然资本对本项目的影响路径

- 环境合规：政府对行业监管趋严，增加企业的运营成本和环境合规风险。
- 绿色运营：企业自身与国际环保组织等利益相关方对生态环境保护的诉求，使得企业运营成本增加。

②本项目对自然资本的影响路径

- 陆地生态系统影响：对区域内动植物进行迁移或开展生态环境修复。

③本项目对自然资本的依赖路径

- 土地资源使用：项目建设需要腾退土地资源。

2）明确实质性指标筛选原则

①产生较大成本或效益的影响和依赖，应当纳入；

②引起内外部相关方重大关切的影响和依赖，应当纳入；

③在①②两个前提原则下，为尽可能多地以货币化指标评估生物多样性保护实践成效，优先将能通过市场估值法、价值替代法等直接估算方法获得货币化结果的影响和依赖纳入实质性考量。

表 3-28　自然资本影响 / 依赖和自然资本变化识别

影响驱动因子 / 依赖	自然资本的变化 / 自然资本变化对企业依赖性的影响	影响 / 依赖
环境合规成本支出	植被破坏更少	环境合规管理
	污染物泄漏对生态环境的影响	
生态环境改善投入	生态环境状况变化	绿色施工投入
栖息地修复	陆地生态系统改善	生态修复与物种保护
动植物迁移培育		
珍稀动植物保护		
建设用地	土地资源用途改变	土地资源利用

（4）对具有实质性的影响和依赖估值

综合上述分析，按照实质性重要程度和数据的可获得性和准确性，对影响和依赖进行定性、定量或货币化评估[1]。其中货币化估值方法主要是市场和金融价格法、价值替代法两类。

1）对自然资本的依赖

土地资源利用。唐固液化天然气项目占地面积为 3 266 hm^2，但只有 404 hm^2 被开发建设，其中只有 365 hm^2（11.18%）被开放用于 LNG 场地建设，39 hm^2 被清理以便在整个场地周围建造围栏，场地内尚未开发的其余区域称为“缓冲区”。根据土壤特性、湿度和主要植被，这片被破坏的土地可以归类为热带草原栖息地。建设用地所造成的生态价值损失为 126.02 万元[2]。

2）对自身的影响

环境合规。2010—2016 年，唐固扩建工程在建设运营期间并未有污染物泄漏致水源污染等泄漏事故发生，在此期间环境合规成本支出为 0 元。

3）对社会的影响

生态修复和物种保护。作为批准腾出唐固液化天然气项目林区的一部分的前

1　本项目正在执行过程中，一些定性、定量和货币化数据仍在持续测量、收集与完善中。以下仅对有估值资料的影响和依赖进行逐项分析。

2　404 × 3 119.4=1 260 237.6（元）=126.02 万元。

提条件，唐固必须对总面积为 6 984.40 hm^2 的林区进行恢复。其中，1 320 hm^2 的土地覆盖面积包括 80% 的沼泽森林和 20% 的红树林。其余 5 664.40 hm^2 的土地将位于 Teluk Bintuni Regency 或 Papua Barat 省，作为替代森林的一部分，有助于在更广泛的项目领域提高生物多样性的价值，并在一定程度上减少潜在的长期影响。

Costanza 等 1997 年在 Nature 首次系统性地提出对生态系统服务价值的估算方法，本书在计算时采用了 Costanza 等的包含 16 个生态系统类型的分类系统与十七大类生态系统功能的效益。采用陈仲新[1]等 1994 年的单位价值参数并将价格调整到 2010 年计算（表 3-29）[2]。

表 3-29　生态系统服务价值

生态系统	面积 /hm^2	生态价值 / 万元
红树林	264	3 546.10[3]
沼泽森林	1 056	27 800.85[4]
低密热带森林	5 664.40	15 285.61[5]
合计	6 984.40	46 632.56

考虑到腾挪替代区域原本的生态价值，生态修复应该是相对值，而不是这个生态的绝对值，因此需要减去原有棕地的生态价值 6 367.05 万元[6]，最终生态修复的价值为 40 265.51 万元。

土地清理。因为建设工人住所、码头、离岸设施的通道、养猪场、废物处理设施等建筑，将有 164 hm^2 的陆上栖息地将被清除占用，这些活动将导致自然和修改过的栖息地的丧失。为了减少生物多样性的损失，唐固扩建工程在施工前进行勘

1　陈仲新，张新时 . 中国生态系统效益的价值 [J]. 科学通报，2000，45(1): 17-22.

2　蔡中华，王晴，刘广青 . 中国生态系统服务价值的再计算 [J]. 生态经济，2014，30(2): 16-18，23.

3　1 320 × 20%=264 × 134 321.9=35 460 981.6（元）=3 546.10 万元。

4　1 320 × 80%=1 056 × 263 265.6=278 008 473.6（元）=27 800.85 万元。

5　5 664.40 × 26 985.4=152 856 099.76（元）=15 285.61 万元。

6　6 984.40 × 9 116.1=63 670 488.84（元）=6 367.05 万元。

察，对在清理范围内发现的植物品种，采集植物标本、种子、幼苗、幼苗或嫩枝，这些植物在专门的苗圃繁殖，随后在未受影响的森林地区和指定地区重新种植，树苗可以直接移植到邻近未受影响的森林（表 3-30）。

表 3-30　项目地区的生境损失

受影响栖息地	清理面积 /hm^2	恢复面积 /hm^2	损失面积 /hm^2	生态价值 / 万元
红树林	4	—	4	53.73[1]
灌木	27	5	22	20.06[2]
沼泽森林	26	9	17	447.55[3]
低地森林	107	77	30	80.96[4]
合计	164	91	73	602.80

表 3-31　自然资本核算核心指标评估

影响 / 依赖	评估指标	定性	定量	货币化 / 万元
环境合规管理	污染泄漏事故行政处罚款 / 万元		—	0
	清污费等损失赔偿 / 万元		—	0
绿色施工	生态环境改善投入 / 万元[5]		—	*
生态修复和物种保护	生态修复价值 / 万元		6 984.40 hm^2	+40 265.51
	栖息地损失 / 万元		73 hm^2	−602.80
土地资源使用	建设用地生境损失 / 万元		404 hm^2	−126.02
合计				+39 536.69

注：表中“—”表示此项不需填写，“*”表示此项内容暂缺，“+”表示具有正效益，“−”表示具有负效益。

1　4 × 134 321.9=537 287.6（元）=53.73 万元。

2　22 × 9 116.1=200 554.2（元）=20.06 万元。

3　17 × 263 265.6=4 475 515.2（元）=447.55 万元。

4　30 × 26 985.4=809 562（元）=80.96 万元。

5　因涉及商业，暂不对外披露。

3.4.3 结果分析

3.4.3.1 总成本 / 效益

通过自然资本核算发现 2010—2016 年唐固扩建工程生态修复产生了较为显著的积极影响。通过对生态环境修复进行改造和修复，唐固液化天然气项目占地面积为 3 266 hm^2，但只有 404 hm^2 被开发建设，其他区域尚未开发，保持原有样态。作为替代森林的一部分，唐固项目组对总面积为 6 984.40 hm^2 的林区进行恢复，这样有助于在更广泛的项目领域提高生物多样性的价值，并在一定程度上减轻潜在的长期影响。同时为了减少生物多样性的损失，唐固扩建工程在施工前对在清理范围内发现的植物品种，通过采集植物标本、种子、幼苗、树苗或嫩枝到专门的苗圃进行繁殖，随后在未受影响的森林地区和指定地区重新种植，树苗可以直接移植到邻近未受影响的森林，较好地保护了生态价值的损失。

在本次自然资本核算中，综合所有货币化指标数据，唐固扩建工程项目活动为自然环境中所有生物和非生物资源创造效益共计 39 536.69 万元。此外，唐固扩建工程的投入为一次性投入，但是所产生的社会和生态效益是长期的，随着时间的延长社会和生态价值将进一步累加。

3.4.3.2 局限性分析

本次自然资本评估未在项目起始时间 2010 年就开始评估工作，而是以回溯方式对已经完成的唐固扩建工程项目进行研究和分析，这使得评估结果存在一定的局限性，特此进行说明。

评估指标局限性。受限于评估工作执行周期及资源等因素，本次评估在实质性影响和依赖分析部分只进行了内部评估和小范围的相关方意见征询，未进行公开的大范围利益相关方调研。

评估数据局限性。由于是初次开展自然资本评估，并且是回溯形式分析已完成的项目，本次评估在数据获取上具有一定局限性。例如，生态环境改善成本和水资源使用相关指标，由于缺少相关数据及核算方法尚不成熟，为最大限度保证核算结果的客观和准确性，在本次评估中暂未核算其货币化价值。部分指标采取了定性或定量分析的方法，这在一定程度上导致自然资本核算的社会效益可能低于实际价值。对生态系统服务功能的价值的评估，由于缺少经济投入、物种多样性、资源损耗等方面的详细数据，本案例以 Costanza 等的包含 16 个生态系统类型的分类系统与十七大类生态系统功能的价值系数，并采用 2010 年人民币对美元汇率计算。然而当大小、生物量、结构及生态系统空间组合存在差异时，同一类型的生态系统服务价值也会存在差值，换言之，生态系统服务价值与空间具有相关性且会随着时间动态变化，因而区域的差异性会使结果准确性存在问题。

3.4.4 未来趋势

bp 将继续采取积极行动，设法恢复、保护大自然、增强大自然的生命力，致力于加强现有主要经营场所周围的生物多样性。从 2022 年起，bp 运营的新项目（其计划活动可能对生物多样性产生重大直接影响）将被要求为这些活动制定 NPI 行动计划，从生物多样性敏感地区的场所开始，加强当地的生物多样性，实现对生物多样性的净积极影响。这一要求将适用 bp 整个投资组合中的项目——从石油和天然气到可再生能源——只要是 bp 运营资产就必须实施行动计划。在 bp 现有和不断增长投资的国家，将致力于进一步保护和恢复生物多样性，并使当地社区可持续地利用自然资源。

（1）与知名保护组织合作。bp 致力于与全球性保护组织达成合作伙伴关系，以支持此类活动的支付。

（2）保持透明度。bp 计划定期披露净积极影响的进展，并在可能的情况下共享相关的生物多样性基准数据。

（3）确保生物多样性成为 bp 企业文化中的主流价值观。过去 15 年来，bp 一直致力于将生物多样性融入行业实践与企业文化。bp 计划强化这一价值观，作为其更广泛可持续发展战略途径的组成部分，并定期审核这一战略。

（4）持续与各方合作，强调针对生物多样性采取行动的必要性。bp 将与各国政府、行业协会以及供应商和合资企业在内的相关方进行合作，针对生物多样性发挥影响力，推动相关的集体行动。

（5）支持基于自然的气候解决方案。基于自然的气候解决方案（NCS）是《巴黎公约》目标不可或缺的组成部分。因此，bp 大力支持成立 NCS 联盟，且是创始成员之一。该联盟的宗旨是在利益相关方当中达成共识，以扩大 NCS 投资，并倡导相关国内国际政策。针对 NCS 进行投资时，bp 还将继续遵循严格的环境标准，尤其是针对促进碳减排、生物多样性、造福人类的公益项目。

后记

本书自2020年开始策划到现在得以顺利出版，经历了比较长的时间，期间，我们不断更新，记录了两年来国内最新的政策、企业实践动向。2019年6月，我们与多元资本联盟初次合作，在北京举办了企业自然资本培训研讨会，之后一批先锋企业率先行动，积极将《自然资本议定书》标准化框架及方法学应用于企业管理与业务运营，为评估、报告对生物多样性的依赖程度与影响，发挥了示范性价值。考虑到更多企业对自然资本评估概念、方法认知与应用操作上存在较多需求，我们开始策划出版一本总结企业生物多样性管理经验与价值创造先锋实践的书籍，以期推动更多企业加入生物多样性管理进程中来。两年来，COP15举办时间三度延期，这为我们不断充实和完善书稿提供了更多时间。

2022年6月，我们再次联合多元资本联盟、商业自然联盟共同举办“将自然保护纳入商业决策”论坛，这一次，我们与多元资本联盟共同成立多元资本联盟中国中心，构建了中国企业与多元资本核算机制沟通的桥梁，这将提高中国企业及社会对自然资本、社会资本、人力资本和生产资本等多元资本方法的认识，关注人和自然的价值，并在决策中增加对资本方法的应用。本书收录了我们与企业合作中应用自然资本方法开展自然资本影响与依赖评估的典型案例，可为更多企业开展多元资本核算、提升生物多样性管理水平提供经验借鉴。

本书是责扬天下同事集体智慧的结晶，凝结着团队的共同心血。全书最初由我和陈伟征提出策划方案，杨时惠、王倩、朱敏、刘现荣、王影等共同参与拟订了写作提纲和各章节核心问题，中国环境出版集团有限公司协助征集企业先锋实践案例并对书稿给予审校。各章作者如下：

第 1 章　中国企业生物多样性发展现状：殷格非、管竹笋、杨时惠；

第 2 章　中国企业参与生物多样性保护机制、平台与策略：赵阳；

第 3 章　企业贡献生物多样性实践：殷格非、王倩、朱敏、刘现荣、杨时惠、王影、杨丽群、景兴丽。

此外，我承担和组织了全书的修改和审稿工作，自然资源部经济研究院副研究员姚霖、生态环境部对外合作与交流中心高级经理赵阳、清华大学环境学院教授刘雪华参与了本书的专业审稿，并给予了大力支持。在此一并表示衷心的感谢！

限于时间和能力，书中观点不成熟、表述不妥当甚至错误的地方在所难免，欢迎各位专家、读者批评指正！如您对本书内容有意见或建议，欢迎随时与我们沟通。联系电话：010-62137913-8005。

最后，我代表全体作者向为本书出版付出辛勤劳动的各位同仁致以诚挚的谢意！

殷格非

2022 年 9 月

金蜜蜂丛书

企业贡献
生物多样性的
中国实践

BIODIVERSITY CORPORATE PRACTICE AND CONTRIBUTION IN CHINA

Chief Editor: Yin Gefei Chen Weizheng
Yang Shihui

Member: Wang Qian Zhu Min
Liu Xianrong Wang Ying

China Environment Publishing Group · Beijing

图书在版编目（CIP）数据

企业贡献生物多样性的中国实践 = Biodiversity Corporate Practice and Contribution in China：英文 / 殷格非，陈伟征，杨时惠主编 .—北京：中国环境出版集团，2022.11

ISBN 978-7-5111-5376-0

Ⅰ . ①企… Ⅱ . ①殷… ②陈… ③杨… Ⅲ . ①生物多样性—研究—中国—英文 Ⅳ . ① Q16

中国版本图书馆 CIP 数据核字（2022）第 243904 号

出 版 人 武德凯
责任编辑 田 怡
责任校对 薄军霞
封面设计 今亮後聲 HOPESOUND 2580590616@qq.com · 小九

出版发行 中国环境出版集团
（100062 北京市东城区广渠门内大街 16 号）
网 址：http：//www.cesp.com.cn
电子邮箱：bjgl@cesp.com.cn
联系电话：010-67112765（编辑管理部）
010-67112739（第六分社）
发行热线：010-67125803，010-67113405（传真）
印 刷 玖龙（天津）印刷有限公司
经 销 各地新华书店
版 次 2022 年 11 月第 1 版
印 次 2022 年 11 月第 1 次印刷
开 本 787 × 1092 1/16
印 张 12.75
字 数 216 千字
定 价 198.00 元（全二册）

Preface One

As a species, human constitutes a colorful symbiotic living system with the Earth's environment, together with the animals, plants, and most of the invisible microorganisms, such as bacteria, fungi, protozoal and viruses, hence the Earth's biosphere. It can be said that the reason why we are alive lies in the biodiversity on Earth. We must be very cognizant of the fact that without other organisms, human beings cannot survive. Man only is a part of the nature and the Earth's biosphere rather than a species that dominates above nature.

Currently, about 1 million plant and animal species are at risk of extinction due to human activities worldwide. The rate of species extinction is tens or even hundreds of times the average rate of the past ten million years and counting. According to the *New Nature Economy Report I, Nature Risk Rising* released by the World Economic Forum (WEF), all global industries are dependent on nature, directly or indirectly, and more than half of the GDP ($44 trillion) is heavily and moderately reliant on natural capital and ecosystem services and at risk of natural loss. How to curb biodiversity loss and achieve the transform that benefits nature has become a common global concern.

Of course, the biodiversity conservation does not mean that people cannot use biological resources. The UN *Convention on Biological Diversity* (CBD) emphasizes the sustainable use of biodiversity under the circustmances of conservation. The precondition for the use of biological resources in the wild is that the sustainable long-term survival of the species is ensured and that the health and integrity of the ecosystem is maintained. Immoderate used will result in natural losses, including biodiversity loss and ecosystem collapse, which will in turn affect all types of production activities to varying degrees, thus posing risks of businesses.

To better to reflect changes in quality of the natural environment, researches have been active over the last 30 years in areas related to natural capital, biodiversity and GEP accounting and assessment, especially the last one. In 20 Aichi biodiversity targets set by the CBD in 2010 to offer a framework, biodiversity values accounting was listed as Target 1 and 2. At the moment the Contract Parties are preparing for the negotiation of the *Post-2020 Global Biodiversity Framework*, which designates the assessment of biodiversity value as Objective 14 and Objective 15, and will probably pass at COP15. Driven by UN mechanisms, the *System of Environmental-Economic Accounting 2012*: *Central Framework* (SEEA-CF) was adopted during the 43rd Session of the UN Statistical Commission held in 2012, becoming an international accounting standard. The *System of Environmental-Economic Accounting*: *Ecosystem Accounting* (SEEA-EA) was adopted by the United Nations Statistical Commission at its 52nd session in March 2021 to measure the extent, condition and services of ecosystems with consistent standards of physical and monetary perspectives, which clarified the contribution to ecosystems to the economy and the well-being of the planet. However, the biodiversity parties have not agreed upon a specific accounting system and accounting indicators.

To achieve an ambitious, achievable and measurable post-2020 global biodiversity framework and further popularize biodiversity values, the United Nations, governments, international organizations and think tanks have been conducting researches and demonstrations on such areas as biodiversity value accounting and biodiversity economics. China has also carried out theoretical research and practical exploration on green GDP, China's forest resources accounting, natural capital and GEP accounting under the guidance of "ecological civilization thoughts", and released the *Opinions on Building a Sound Mechanism to Realize the Value of Ecological Products* in April, 2021 and the *Standard on Assessing the Total Value of Ecological Products (Trial)* in March, 2022.

This book gives readers a relatively comprehensive look into Chinese enterprises' performance in underscoring and participating in biodiversity conservation, and highlights the experiences and achievements of a number of advanced enterprises in biodiversity conservation. It provides references to global business and industry to incorporate natural capital into corporate strategic decision, operation and management. Furthermore, it makes the following contributions: the popularization of the concept and assessment methods of natural capital, the mainstream of biodiversity value accounting, and developing a model for economic transformation that benefits the nature and promoting high-quality development.

How long human beings can live on the earth depends very much on their attitude and practices towards biodiversity. We hope that this book can popularize some advanced concepts and successful practices to all walks of life, so that more enterprises, social organizations and individuals can protect the environment, sustainably use the biological resources and practice the ecological civilization, thus jointly promoting the conservation and sustainable development of biodiversity and building a better future for all.

Zhu Chunquan

China Head, Nature Initiative, World Economic Forum, Beijing, China

October 2022

Preface Two

We live in world of complex, interconnected systems, and yet, our decision making is often informed by a narrow concept of value-that of financial capital. Natural capital, social capital and human capital must also be included in our decision-making if we are to truly understand the value that we create, preserve, and erode and address the triple challenges of climate change, biodiversity loss and rising social inequality.

There are many, who can advise on value accounting, and the space can appear to be confusing and complicated. That is why the leading governments, businesses and organizations involved in this work have come together through the Capitals Coalition, to provide standardized, interconnected frameworks, tools, and resources. The Natural Capital Protocol-available in traditional Chinese-is an internationally accepted framework that harmonizes best practice and has been applied by tens of thousands of organizations around the world. This is complementary to the System of Environment Economic Accounting which has been applied at a regional and country level. The Social and Human Capital Protocol also harmonized practice and an integrated Capitals Protocol, uniting all of this work is now in development.

By working collaboratively the Capitals Coalition has accelerated momentum and leveraged participation to collectively drive transformative decision-making. This has also led to supplementary information on biodiversity and sector guidance for finance, forestry, water, and food. A wealth of tools have been developed to support application, and workshops and online training are available to provide skills and knowledge.

Global challenges should also be addressed to due consideration for local environment and conditions, which is why it is so important to Capitals Coalition to work with Chinese companies such as GoldenBee (Beijing) Management Consulting Co., Ltd. (GoldenBee). In July of this year, we launched the Capitals Coalition China Hub together with GoldenBee, aiming to address the concerns of the people in their regions. The Capitals Coalition hubs are communities of experts and practitioners, that focus on what is important to them in their specific areas, industries and sectors. The hubs critically feedback their experience to the Capitals Coalition which guides the formation of global strategies and new work.

Now, in the second phase of the fifteenth meeting of the CBD COP15, I offer my congratulations to GoldenBee for the release of *Biodiversity*: *Corporate Practice and Contribution in China*. The value of this book lies in that it answers the framework and some key questions on the incorporation of natural capital into accounting by enterprises through practical cases. It can help some enterprises put the theory of multiple capital accounting into practice and provide useful references and lessons for global related organizations to conserve biodiversity, carry out a capital accounting approach and incorporate environmental protection for business decisions.

I hope that the publication of this book will inspire more organizations to pay attention to the value of nature and people, and encourage them to join forces to move in the right direction to create an equitable, climate neutral and nature positive future for themselves and future generations.

Mark Gough

CEO, Capitals Coalition

Preface Three

Lucid water and lush mountains are invaluable assets. Biodiversity is the basis of human survival and development, the blood and foundation of the earth's life community, and provide human beings with rich and diverse production and living necessities, healthy and safe ecological environment and unique landscape culture. The 15th meeting of the Conference on the Parties to the *Convention on Biological Diversity*, known as COP15, kicked off in October 2021 in Kunming, which formally adopted the *Kunming Declaration*. The declaration includes 17 commitments to ensure the development, adoption and implementation of the effective post-2020 global biodiversity framework to reverse the current loss of biodiversity. In the meantime, the declaration vows to restore biodiversity by 2030 and ensure the full realization of the 2050 Vision of "Living in Harmony with Nature". At that time, the general office of the CPC Central Committee and the general office of the State Council issued the Opinions on Further Strengthening Biodiversity Conservation (hereinafter referred to as the Opinions). The aim was to ensure the comprehensive protection of important ecosystems, biological species and biogenetic resources, the integration of the concept of biodiversity conservation into the whole process of ecological civilization construction, the active participation in global biodiversity governance, thus building a harmonious and beautiful home in harmony for all. The Opinions emphasize that relevant departments should incorporate biodiversity conservation into industry development planning, strengthen sustainable management and information disclosure mechanisms, reduce negative impacts on ecosystem functions and biodiversity, and address public concerns of relevant hot issues in a timely fashion.

To make the CBD more widely and deeply implemented by further mainstream the relevant objectives of the *Convention on Biological Diversity* (CBD) into the development process, promoting and regulating the participation in the business circles has gradually become an important issue of the CBD and a consensus in recent years. The Global Partnership on Business and Biodiversity (GPBB) was founded by the Secretariat of CBD in 2014, comprised of 21 national and regional initiatives, including China. In 2022, the China Business and Biodiversity Partnership (CBBP) was founded to provide a platform for Chinese business and industry to participate in biodiversity conservation, sustainable use and benefit sharing.

GoldenBee (Beijing) Management Consulting Co., Ltd. (hereafter referred as GoldenBee) was among the first enterprises to promote social responsibility and sustainable development in China and to encourage Chinese enterprises' participation in biodiversity. It has been committed to promoting biodiversity as an important issue for CSR and sustainable development in China since 2012. In 2016, the enterprise was among the first Chinese enterprises to sign the *Cancun Business and Biodiversity Pledge*. In 2022, it officially joined the CBBP as one of the first members to contribute to biodiversity conservation, sustainable use and benefit sharing together with other organizations.

In order to implement the *Cancun Business and Biodiversity Pledge* and drive Chinese enterprises to pay attention to biodiversity issues and contribute to the biodiversity conservation, sustainable use and benefit sharing, GoldenBee has continued to carry out biodiversity-related research, promotion, capacity building and consulting work. The relevant results have been compiled into the *Biodiversity: Corporate Practice and Contribution in China*. This book contains 3 chapters. Chapter 1 analyzes the reliance and impact on enterprises on biodiversity, the main drivers of corporate involvement in biodiversity, the characteristics of corporate practices, and the status quo of information disclosure. Chapter 2 introduces the mechanisms, platforms and strategies of Chinese enterprises' participation in biodiversity. Chapters 3 handpicked the respective "mainstream" practices of enterprises in such fields as electric power, petrochemical industry. And with that, this chapter shares the application of the international cutting-edge natural capital accounting method to assess the impact and dependence on enterprises on nature, and explore the participation in enterprises in biodiversity conservation, sustainable use and sustainable development. By analyzing those cases, we will share the comprehensive results and experiences to provide references for global business and industry to incorporate natural capital into corporate management.

There are undoubtedly limitations of the preparation of this book, both in terms of the theory and the specific assessment techniques and methods. If you have any suggestions, please feel free to let us know.

Writing Group

January 2022

CATALOG

Chapter 1

The Development Status of Corporate Biodiversity in China

The 15th meeting of the Conference on the Parties to the *Convention on Biological Diversity*, known as COP15, kicked off in October 2021 in Kunming. In the keynote speech at the COP15 Leaders' Summit, President Xi Jinping stressed that biodiversity makes Earth full of vigor and vitality, and lays the foundation for human survival and development. Protecting biodiversity helps protect Earth, our common homeland, and contributes to humanity's sustainable development. In the same month, the general office of the CPC Central Committee and the general office of the State Council issued the Opinions on Further Strengthening Biodiversity Conservation, which amply demonstrates China's role as an important participant, contributor and leader in the construction of global ecological civilization. Biodiversity is no longer a mere conception of environmental protection, but a shared community, both nature-wise and culture-wise.

As biodiversity conservation is enhancing, the international community including government departments, investment sector and the public, has deeper insights into biodiversity and there are growing calls on enterprises to protect biodiversity. China is among the countries with abundant biodiversity. With the "30 · 60" decarbonization and carbon neutrality goals and the continuous promotion of ecological civilization, the biodiversity conservation requires the attention and action of the whole society. Businesses, as major micro entities in the market economy, play important roles in promoting biodiversity conservation. Some leading enterprises have begun to proactively follow the trend and taken up their duties.

Continued table

Factors Contributing to Biodiversity Loss in China	Impact on Biodiversity
Environmental Pollution	Affected by environmental pollution, among the 24 ecological monitoring areas in typical marine ecosystems such as estuaries, bays, mudflat wetlands, coral reefs, mangroves and seagrass beds, 16 areas are under sub-healthy state and 1 area, unhealthy state.[1] The discharge of large amounts of industrial wastewater and domestic sewage and the unreasonable use of pesticides and fertilizers have continued to deteriorate the water environment in key watersheds
Invasive Alien Species	More than 660 invasive alien species were found in China in 2020. Among them, 71 species that are considered to have posed or have the potential threat to natural ecosystems were listed in the *List of Invasive Alien Species in China* [2]
Climate Change	Flooding is one of the most frequent natural disasters in China. Climate change-induced changes from precipitation and temperature may lead to more frequent and heavier flooding.[3] In the past 10 years, coastal sea levels in China have reached record-high of the past 40 years[4], which has already affected marine and coastal zone biodiversity. The diversity of cold-water faunas in the Yellow Sea is significantly lower than half a century ago, [5]with a decrease in the number of cold-water species and populations. Melting glaciers on the Qinghai-Tibet Plateau had led to changes in alpine vegetation patterns and rising forest lines

1 Ministry of Ecology and Environment. Bulletin of Marine Ecology and Environment Status of China in 2020. http://www.mee.gov.cn/.

2 Ministry of Ecology and Environment. Bulletin of Ecology and Environment Status of China in 2020. http://www.mee.gov.cn/.

3 International Monetary Fund. People's Republic of China. Staff Report for 2020 Article Ⅳ Consultation. https://www.imf.org/zh/.

4 Ministry of Ecology and Environment. Bulletin of Ecology and Environment Status of China in 2020. http://www.mee.gov.cn/.

5 Liu Ruiyu. Status of Marine Biodiversity of the China Seas[J]. *Biodiversity*, 2011(6):614-626.

Businesses affect biodiversity in various ways, directly, indirectly or cumulatively[1]:

- Direct impacts often derive from local land use and waste during commercial practices, which can lead to loss of animal habitat, species extinction, and contamination of air, water, and soil runoff. The introduction to non-native species may also disrupt surrounding ecosystems. Businesses can reduce their impact on local communities by reducing their use of natural resources (e.g., the use of water by manufacturing) or by reducing damage to ecosystem services (e.g., erosion from deforestation).
- Indirect impacts are usually caused by the actions of others or indirectly triggered by business actions, which can occur to different places and at different times. Indirect impacts can pose significant risks of businesses for they are difficult to predict, manage and control. Changes in the behavior of local people and employees associated with a business can also affect biodiversity. As an example, a new investment may bring about increasing demand for natural resources, and an influx of foreign migrants may lead to larger natural resource wastage.
- Cumulative impacts are presented when several nearby companies begin to collectively affect biodiversity. Although individual business decisions or actions may have only a negligible direct impact on biodiversity, the consequences will likely be fatal when all of these impacts are combined.

1 Hu Wenjuan. What Can Companies Do to Contribute to Biodiversity [J]. *China WTO Tribune*, 2017(5):47-48.

1.2 Main Driving Forces for Chinese Enterprises to Engage in Biodiversity

There are mainly five elements driving Chinese enterprises to engage in biodiversity: policy and supervision, international influence and voluntary standard, investment and financing support, promotion and guidance of industry associations, and business response to the risk of biodiversity loss.

1.2.1 Policy and Regulation

Policy documents and supervision and guidance from relevant government departments are important driving forces for enterprises to engage in biodiversity, not only providing enterprises with policy guidance and support in biodiversity conservation, sustainable use of biological resources and benefits sharing, but also forcing enterprises to establish sound management and information disclosure mechanisms and driving their green transition.

China is making constant efforts to establish and improve policies, laws and regulations on biodiversity conservation, and has drafted mid-and long-term programs and action plans to provide policy guidance for enterprises to participate in biodiversity conservation and management. For example, China has promulgated and revised more than 20 laws and regulations pertinent to biodiversity conservation, including laws on forestry, grassland, fishery, seed, biosecurity as well as laws on the protection of wild animals, the environment, marine environment, and the Yangtze River, covering the protection of wildlife and important ecosystems, biosecurity, access to and benefit-sharing of biogenetic resources, thus providing legal guidance for enterprises to participate in biodiversity conservation and sustainable utilization of bio-resources. The *China National Biodiversity Conservation Strategy and Action Plan (2011-2030)* has been issued and implemented, offering substantial guidance of enterprises to carry out biodiversity management and actions in biodiversity conservation, sustainable utilization of bio-resources and benefits sharing. The "14th Five-Year Plan" emphasizes "promoting green development and ensuring harmony between humanity and nature" and advocates enterprises coordinating high-quality economic development with high-level ecological environment protection. Since the establishment of the carbon peaking and carbon neutrality goals, China has issued several supervision and regulation measures involving various industries, providing guidance of sustainable development with a focus on low-carbon transformation. In February 2021, the *Guiding Opinions of the State Council on Accelerating the Establishment and Improvement to a Green and Low-carbon Circular Development Economic System* was released, aiming to build a green economy and achieve low-carbon development by establishing specific targets for production, distribution and consumption.

In addition, requirements on environmental information disclosure and mandatory disclosure to strengthen citizens' right to know about the environment have become increasingly stringent. For the first time, "Information Disclosure and Public Participation" has been listed as a separate chapter in the *Environmental Protection Law of the People's Republic of China*, further clarifying the legal status of environmental information disclosure and strengthening public participation. The *Integrated Reform Plan for Promoting Ecological Progress* proposes that a mechanism will be established for the mandatory release of environmental protection information by listed companies. According to the report delivered at the 19th National Congress of the Communist Party of China, it is clarified that "see to it that polluters are held accountable. We will improve our systems for credibility assessment based on environmental protection performance, for mandatory release of environmental information…" The *Opinions on Strengthening Eco-environmental Protection and Pollution Prevention and Control*, issued by the State Council of the Central Committee of the CPC, proposes to improve the system for mandatory information disclosure. Meanwhile, in the *Civil Code of the People's Republic of China* adopted at the end of May 2020, "green principle" is established as the basic principle for a person of the civil law conducting a civil activity, and "responsibility for environmental pollution and ecological damage" is stipulated in a separate chapter.

1.2.2 International Influence and Voluntary Standard

China has always been enhancing international exchanges and cooperation and faithfully implementing relevant international conventions on biodiversity. In October 2021, the "Kunming Declaration" was officially adopted at the 15th meeting of the Conference on the Parties to the United Nations *Convention on Biological Diversity* (COP15) in Kunming, Southwest China's Yunnan province, encouraging the business and financial sectors and other stakeholders to participate in biodiversity and make voluntary commitments. In November 2021, 114 countries, including China, made joint statements at the 26th United Nations Climate Change Conference on the Parties (COP26) in Glasgow, committing to halting and reversing deforestation by 2030 to protect and restore forests on the earth, and promoting businesses in the value chain such as meat, soy, palm oil, paper and pulp, and timber to carry our commodities production and consumption in a sustainable manner, so as to promote global green value chains building and contribute to global forest conservation goals.

In fact, recognizing the close linkage between business and biodiversity at an early date, the international community has long promoted business participation in biodiversity conservation, sustainable use and benefit sharing through conventions and standards, etc. The *Convention on Biological Diversity* (CBD), which entered into force in 1992, stipulates in Clause (e), Article 10 that "each contracting party shall, as far as possible and as appropriate, encourage cooperation between its governmental authorities and its private sector in developing methods of sustainable use of biological resources". Clause 4, Article 16 stipulates that "each contracting party shall take legislative, administrative or policy measures, as appropriate, with the aim that the private sector facilitates access to transfer of technology that are relevant to conservation and sustainable use of biological diversity". In the *First Draft of the Post-2020 Global Biodiversity Framework*, there are eight specific targets of the action targets 3 (Tools and solutions for implementation and mainstreaming), all of which are directly related to businesses participation. The target 15 (2nd target in the action targets 3) directly states that "All businesses (public and private, large, medium and small) assess and report on their dependencies and impacts on biodiversity, from local to global, and progressively reduce negative impacts, by at least half and increase positive impacts, reducing biodiversity-related risks to businesses and moving towards the full sustainability of extraction and production practices, sourcing and supply chains, and use and disposal". ISO 26000: Guidance on Social Responsibility (2010) issued by International Organization for Standards explicitly includes biodiversity among the topics of environmental responsibility, requiring organizations to be more socially responsible by taking actions that include valuing and protecting biodiversity, using land and natural resource sustainably and valuing, protecting and restoring ecosystem services, specifically involving wildlife protection, invasive species prevention and control, habitats restoration and other hotspots in biodiversity today. *GRI Sustainability Reporting Standards (GRI Standards)*, issued by the Global Reporting Initiative in 2021, also include a variety of topics related to biodiversity, including "Significant impacts on activities, products and services on biodiversity", which is the focus on businesses participation in biodiversity management. What's more, many reliable international standards, such as the Forest Stewardship Council (FSC), Roundtable on Sustainable Palm Oil (RSPO), Good Agricultural Practices (GAP), and the Marine Stewardship Council (MSC), have all set requirements for businesses to participate in biodiversity in their certification rules.

In addition to the fulfillment of international conventions and standards, biodiversity is also included in the framework of sustainable development and fulfillment of social responsibility of Chinese enterprises. GB/T 36000-2015 *Guidance on social responsibility* and GB/T 36002-2015 *Guidance on classifying social responsibility performance*, jointly issued by the General Administration of Quality Supervision, Inspection and Quarantine of the PRC (AQSIQ) and the Standardization Administration of the PRC in 2015, have incorporated biodiversity content, including identifying and assessing the adverse impacts on activities on biodiversity and taking measures to protect biodiversity or reduce these impacts. GB/T 39653-2020 *Using GB/T 36 000 in management systems* and GB/T 39604-2020 *Social responsibility management systems-Requirements with guidance for use*, released and implemented in 2020, provide further guidance to promote the incorporation of biodiversity issues with business operation decisions and biodiversity management.

1.2.3 Investment and Financing Support

China has made great progress of green finance since 2015, with the establishment of a top-level framework system for green finance and the introduction of implementation programs. Financial institutions have provided financial support for biodiversity conservation in various ways, including green investment, green credit, green bonds, green insurance and green foundations. By the end of 2020, the balance of green loans in China was nearly 12 trillion yuan, the world's largest in stock size; the stock of green bonds was 813.2 billion yuan, the second largest in the world.

The *Guidelines for Green Credit*, released by the China Banking and Insurance Regulatory Commission (CBIRC) in 2012, points out that banking financial institutions should promote green credit at a strategic level and increase support for the green economy, low-carbon economy and circular economy. The People's Bank of China issued *Green Bond Endorsed Projects Catalogue* at the end of 2015 and updated it in 2021, promoting the emerging and development of China's green financial bond market. In 2018, the Asset Management Association of China issued the *Green Investment Guidelines (for Trial Implementation)*, proposing that fund managers should, based on their own conditions, gradually establish and improve the green investment system. In 2020, the National Green Development Fund Co., Ltd. (NGDF) was established, aiming to make key investments in pollution control, ecological restoration and greening of land space, energy and resource conservation and utilization, green transportation and clean energy, etc. The *Guidance on Promoting Investment and Financing to Address Climate Change*, jointly issued by multiple departments in October 2020, and the *Guiding Opinions of the State Council on Innovation of Investment and Financing Mechanisms in Key Fields to Encourage Social Investment* call for further innovation in investment and financing mechanisms in key areas such as public services, resources and environment, and ecological construction. [1]During COP15, by jointly signing the *Joint Declaration of Banking Sector to Support Biodiversity Conservation*, 36 Chinese banking financial institutions and 24 foreign banks and international organizations will work together to reverse the current trend of biodiversity loss by promoting a sustainable and inclusive economic and social development mode. Thus, the goal of restoring biodiversity can be achieved by 2030 at the latest, and then the 2050 vision of living in harmony with nature will be realized.

1.2.4 Promotion and Guidance of Industry Association

Industry associations are the bridge and link between government, enterprises and the public, and play an active role in promoting and guiding enterprises to participate in biodiversity conservation. Industry associations mainly promote and guide enterprises' biodiversity conservation practices by establishing relevant evaluation index systems and incorporating industry guidelines.

Associations in extractive industries, textiles, electronics, engineering contracting, banking, electricity and food are considered to be the most active promoters of social responsibility, releasing industry guidance on social responsibility one after another, demonstrating their level of involvement in biodiversity issues. For example, the *Management Directory of Chinese Industrial and Corporate Social Responsibility (2015)*

---

1 *Guidelines for Promoting Investment and Financing to Address Climate Change* issued by the Ministry of Ecology and Environment of the People's Republic of China. http://www.mee.gov.cn/xxgk2018/xxgk/xxgk03/202010/t20201026_804792.html.

and the *Guidelines on the Social Responsibility for Industries of China 2.0*, released by the China Federation of Industrial Economics explicitly propose biodiversity conservation; the *Chinese Due Diligence Guidelines for Responsible Mineral Supply Chains* and the *Guidelines for Social Responsibility in Outbound Mining Investments*, issued by China Chamber of Commerce of Metals, Minerals & Chemicals Importers and Exporters, propose biodiversity conservation and sustainable use; and *China Sustainability Reporting Guidelines for Apparel and Textile Enterprises (2008)*, issued by the China National Textile and Apparel Council, proposes to consider the impacts of enterprise site selection (or new investment area) and operation on local biodiversity, especially natural resources and endangered species.

1.2.5 Business Response to Risks of Biodiversity Loss

According to *New Nature Economy Reports series*: *Seizing Business Opportunities in China's Transition Towards a Nature-positive Economy*, businesses may face risks brought by operations and supply chains dependence on biodiversity. Biodiversity loss may also trigger direct and indirect regulatory, legal, reputational and market risks.

(1) Risks of Supervision and Compliance

In recent years, China has been promoting biodiversity conservation and management by gradually improving institutional mechanisms for biodiversity conservation, strengthening enforcement and inspection and accountability, and other policy measures. During the 13th Five-Year Plan period, China continued to strengthen the supervision and regulation of ecological and environmental enforcement, imposing 833 000 environmental administrative penalties and charging fines of nearly US$8 billion[1]. As the Chinese government continues to strengthen its actions to address biodiversity loss,

---

1 China implements 833 000 cases of environmental administrative penalties and fined 53.61 billion yuan during the 13th Five-Year Plan period, https://www.youth.cn/. (2021-04-28) [2021-11-17].https://baijiahao.baidu.com/s?id=1698277023701211384&wfr=spider&for=pc.

companies will also face higher regulatory risks. At the same time, with increasingly stringent requirements for food safety, labor standards, phytosanitary and environmental protection in producing or end consumption countries, the trend is likely to accelerate in the context of the COVID-19 pandemic. Global review and regulation of the legality of forestry, soy, palm oil and other products is advancing rapidly. Take forest products, many of the world's major forest product importing countries have recently enacted regulations on prohibiting illegal logging or banning the import of illegal wood products, and these countries account for 52% of total global imports of forest products. [1]Take another example, the European Union, China's second largest trading partner[2], has recently published a draft anti-deforestation law, aimed at banning the import of food products such as beef and coffee from areas at risk of deforestation.

(2) Risks of Reputation and Investor Pressure

As the concept of ecological civilization and sustainable development takes hold, more and more consumers have begun to reflect on the impact of their consumption behavior on the environment. Quitting animal fur products, using environmentally friendly materials, buying deforestation-free food, eating organic food, and preferring sustainability-certified products have all become the new shopping mindset in China. Rating agencies have also begun to incorporate natural information disclosure into their assessments. Institutional investors, for their part, are demanding that companies take more responsibilities for the environmental risks of their operations. Environmental, social and governance (ESG) performance is increasingly becoming an important basis for investors to assess corporate value. The Stock Exchange of Hong Kong Ltd (SEHK) published the new version of the *Environmental, Social and Governance Reporting Guide*

---

1 Special Policy Study on *Global Green Value Chains*: *Greening China's Soft Commodities Value Chains* by China Council for International Cooperation on Environment and Development (CCICED).

2 The EU intends to use a ban on food imports to curb deforestation. https://www.ftchinese.com/interactive/53769?exclusive.

national government departments and scientific research institutes are predominant in conserving and researching genetic diversity. Businesses that have potential impacts and dependencies on genetic resources set store by fully leveraging their expertise when participating in genetic diversity conservation, such as protecting species endemic to China, conducting technological research on genetic resource protection, and building germplasm resource banks and habitat corridors. For instance, CTG has established several protection bases and continues to carry out research on the protection for unique and rare resource plants and unique and rare fishes in the Yangtze River like Chinese sturgeon and Yangtze sturgeon. Furthermore, CTG dedicates to research on technologies including cryopreservation, in vitro conservation, seed preservation and specimen preservation, and the establishment of germplasm resource bank and DNA bank, striving to fulfill the genetic aspect of biodiversity conservation. [1]

In terms of species diversity conservation, business conservation practices are diverse and public-good-oriented. On one hand, they are diverse in business types and practical actions. On the other hand, being public-good-oriented suggests that businesses mainly participate in public services to conserve species diversity. For example, Zall, a representative of the advanced manufacturing industry, launched Zall Foundation in 2017, and cooperates with several organizations to conduct many species protection projects that highlight the protection for endangered flagship species in Yangtze River Delta, such as finless porpoise, Baer's pochard, Chinese sturgeon and Yangtze sturgeon. Besides, China Vanke Co., Ltd., a representative of the real estate industry, launched Vanke Foundation and determines biodiversity conservation as a top priority. In addition, the company establishes many protection projects for key species in cooperation with related organizations, which includes "Protection Project for the Snow Leopard in Mt. Qomolangma National Nature Reserve", protection project for Yangtze finless porpoise

1 *China Three Gorges Corporation Report on Biodiversity Conservation.*

and conservation project for coral. Moreover, HUAWEI Technologies Co., Ltd, a company the info communications industry, applies ICT technology to biodiversity conservation to boost innovation in management model and technology. An AI-based divert system is adopted to protect Atlantic salmon (known as salmon fish) from the harm to species invasion. The MindSpore, a whole-scene AI-based open source framework, is applied to the species identification via outdoor infrared camera (especially to the identification of the track of snow leopards). All such applications have significantly improved research on biodiversity conservation and the efficiency of related actions. HUAWEI also installs the "Guardian", a solar power sound surveillance system, based on HUAWEI Cloud AI, to identify unlawful felling tree, thus safeguarding the tropical forest. By the end of 2020, the "Guardian" could be seen in 22 natural reserves in 18 countries on five continents.[1] The final case is ZhongAn Insurance which provides insurance support for rangers protecting the endangered species black snub-nosed monkey and their family and many other guardians at the frontline. By doing so, the company is able to uphold species protection.

In terms of ecological conservation and restoration, China has rolled out a batch of major projects to conserve and restore ecology, which includes the construction of natural reserve system with the national park being the majority, protection of natural forest resources, reforestation, sand prevention and control, protection and restoration of rivers, lakes and wetlands and conservation of water and soil. Businesses conserve national ecological diversity mainly through afforestation, water and soil conservation, restoration of seriously degraded sites, acceleration of green urban infrastructure construction, etc. SEE Foundation launched the "One Hundred Million Suosuo" public welfare project to promote afforestation, and strives to plant a hundred million psammophytes as represented by suosuo, and restore 133 300 hm^2 of desert vegetation in 10 years (2014-2023), therefore improving the ecology there. From 2014 to 2021, the project contributed

1 Source: the sustainable development column on the official website of Huawei Technologies Company Limited, https://www.huawei.com/cn/sustainability/the-latest?category=stories&domain=protecting-environments.

to a total of 75.101 7 million newly-planted psammophytes represented by suosuo (about 106 553.25 hm^2). As the largest platform spontaneously organized by Chinese entrepreneurs to participate in environmental charity, SEE Foundation provides support for over 800 environmental NGOs and individuals, with a total investment of 1.1 billion yuan, among which 800 million yuan is allocated to the support of ecological restoration and biodiversity conservation[1]. The "Ant Forest" under Ant Group is a public welfare platform for ecological conservation launched in 2016. It has been participated in the ecological restoration campaign in 11 provinces since its establishment and helped plant 326 million trees in total. Besides, it establishes 18 public welfare protection bases in 10 provinces of China, bringing protection to over 1 500 wild plants[2].

(2) Businesses Dependent on Biodiversity Pay More Attention to the Sustainable Use of Biotic Resources

The biodiversity businesses are highly dependent on biodiversity. This type of business makes its profit mainly by utilizing biotic resources. It covers biomedical industry, food and health product industry, cosmetics industry, etc. With the acceleration of biodiversity loss and huge business operating risks, the biodiversity businesses are gradually shifting their traditional and coarse approaches to utilizing biotic resources, to adopt more scientific, reasonable and sustainable use models. They highlight the space and time for ecological restoration, push forward green upgrading and transformation of means of production and life and dedicate to the win-win situation between biodiversity conservation and high-quality economic development.

Considerable raw materials used in biochemical industry come from natural animals, plants and microbes. Businesses realize coexistence with biodiversity mainly by reducing use of wildlife resources, protecting endangered herbs, conducting substitution research on herb resources, upholding artificial breeding and other actions. For example, China

---

1 Information from "One Hundred Million Suosuo" on yongyi.weibo.com (https://gongyi.weibo.com/r/215867).

2 *100+ Biodiversity Conservation Actions Worldwide.*

Resources Sanjiu Medical & Pharmaceutical CO., LTD endeavors to reduce the potential impacts of its production and operation on biodiversity, protect the original vegetation and ecosystem at the operation site, and avoid using protected animals and plants as raw materials. It strives to build a breeding base for endangered herbs and support ecological restoration and governance. Another example is Qizheng Tibetan Medicine which cooperates with China Sustainability Tribune (formerly known China WTO Tribune) to publish the GoldenBee Global CSR 2030 Initiative. It attaches importance to the development of Tibetan medicine, protection of biodiversity on the plateau and sustainable use. The company is engaged in building a long-term beneficial business ecosystem through which Tibetan herb resources can be used in a more effective, reasonable and sustainable way throughout the whole process from procurement, research to production. The last one is Yunnan Baiyao. It initiated the "Wild-To-Homegrown" project in which large-scale cultivation is further developed by selecting and cultivating quality seeds, breeding improved variety and enhancing disease resistance, thereby meeting the herb demand. It is also engaged in responsible procurement, building sustainable supply chain and supporting the green transformation and sustainable development of biomedical industry.

The food and health product industry is highly dependent on genetic resources. Given the changing market and scientific technologies, the industry develops more innovative approaches to the use of biotic resources, such as new food forms, biological technologies, nanotechnology and biologically active ingredients, etc. Currently the food and health product businesses mainly focus on the biodiversity conservation in the source area of biotic resources and in the management of supply chain to achieve sustainable use. For instance, Maotai is an ecological product made from ecological endowment resources including the water, soil, microbes, climate and Kaoliang in Chishui River Basin. The KWEICHOW Maotai Group highlights the protection of the ecology along Chishui River, and cooperates with local legislative organs to formulate the Regulations on Protecting the Production Environment for KWEICHOW Maotai (Traft) (still in review process), so as to put in place special legislative protection of the production environment for

Maotai. Another case is Yihai Kerry Arawana Holdings Co., Ltd. The company vigorously advances sustainable procurement of raw materials to reduce the damage to forests caused by the planting of raw materials. It requires its bulk raw material growers to adopt the sustainable principle that includes avoiding cutting down forests with high conservation value or high carbon reserves, avoiding new development in peatlands and avoiding using fire to burn land to prepare for plantation.

The raw materials for cosmetics mainly come from plants. As more attention consumers pay for health and well-being, the gradients used in the cosmetics industry are becoming more natural. Currently, the cosmetics businesses mainly protect biotic resources, relevant traditional knowledge and promote sustainable use by research on wildlife, habitat protection, sustainable procurement, protection of traditional national knowledge and public popularization, etc. For example, DR PLANT launched the "UNDP-DR PLANT Biodiversity Conservation and Sustainable Utilization Project" with UNDP in 2020, aiming to conserve biodiversity by protecting alpine plants, carry forward and develop national biological culture and resources, and realize their sustainable use. Before the project was established, DR PLANT engaged in protecting alpine plants, established rare and endangered plant resource bank, wild alpine flower protection base and a demonstration park for national biological culture. In addition, the company developed garden demonstrated growers to protect and restore ecology on the plateau. Together with the public and party representatives, it also participated in biodiversity public welfare services, calling for social attention to biodiversity conservation and protection of alpine plants.

(3) Attaching Great Importance to Social and Environmental Benefits, Businesses Start to Explore How to Fairly Access, Utilize and Share the Benefits Generated From Biological Genetic Resources

China puts high on the agenda the protection, access to and benefit sharing of biogenetic resources and related traditional knowledge. Therefore, China has actively engaged in negotiations on relevant international rules and promoted legislation in this respect. In 2016, China became an official contracting party of *Nagoya Protocol on Access to Genetic Resources and the Fair and Equitable Sharing of Benefits Arising from Their Utilization to the Convention on Biological Diversity.* Since then, the Natural Ecosystem Protection Office of China's Ministry of Ecology and Environment had successively developed the *Administrative Regulations for the Acquisition and Benefit Sharing of Biological Genetic Resources (Draft)* and *Administrative Regulations for the Utilization and Benefit Sharing of Biological Genetic Resources (Draft for Comment)* to invite comments from all walks of life. However, at present, China does not have any laws, major departments, unified rules and legal procedures in this aspect, with relevant rules and regulations to be improved. As a result, businesses do not have a standard conduct code to follow when attempting to practice benefit sharing.

Despite the limitations of rules, when acquiring and utilizing biogenetic resources, businesses still focus on the social and environmental benefits of resource development, acquisition and utilization. For example, they supported the country's initiatives on poverty alleviation. As the leader in donkey-hide gelatin industry, Dong-E-E-Jiao Co., Ltd. proactively integrates resources from all parties by promoting the coordination between the industrial development and the government's poverty alleviation strategy. The company has created "live donkey circular development pattern" and an industrial aquaculture model featuring the cooperation between "government, finance, leading enterprises, cooperative society and donkey breeders". Besides, the company also developed Dong-E-E-Jiao Donkey Hope Village pattern to help develop the donkey breeding industry in poverty-stricken areas and contribute to industrial poverty alleviation.

From the perspective of industry practice, businesses act differently in terms of benefit sharing. Studies have shown that businesses in seed industry mainly focus on short-term benefits when acquiring raw materials[1]. They do not take effective measures

---

1 Gao Lei, He Qian and Wang Ying. How Corporate Practices Can Make a Difference in Access to Biogenetic Resources and Benefit Sharing[J]. *Sustainable Economy Tribune*, 2021: 1-2.

to cooperate with local communities and relevant authorities to gain long-term mutual benefits. In contrast, some leading enterprises in sectors such as biomedical industry, food and healthcare industry, and cosmetic industry have clearer understanding of the sustainable utilization of raw materials, intellectual property rights protection and "benefit sharing", etc. On the basis of that, they have engaged in benefit sharing and created rather sophisticated patterns for it. For instance, as one of the pilot enterprises of the United Nations Development Programme-Global Environment Facility (GEF) "Developing and Implementing the National Framework on Access to and Benefit Sharing (ABS) of Genetic Resources and Associated Traditional Knowledge" Project, Novozymes (China) Biotechnology Ltd. signed ABS agreement with Yunnan province. Meanwhile, the company promised on its official website to share benefits of genetic resources fairly and equitably, and encourage such resources should be accessed in a proper manner. In practice, the company has actively shared benefits with local communities and contributed to their capability building by boosting the local economy, transferring knowledge and technology, offering education and training, sharing intellectual property, providing funding support for scientific projects, and disseminating scientific knowledge.

(4) Businesses Have Gradually Integrated Biodiversity with Their Management and Operations, and Extended Biodiversity to Supply Chain Management, Making Biodiversity Management More Systematic and Targeted

Normally, there are two ways of business biodiversity conservation: externally, they fulfill their business responsibilities; internally, they develop particular business models. To be specific, to make biodiversity conservation an organic part of business models, businesses should make scientific and effective biodiversity conservation rules revolving around their major businesses. In addition, they should analyze the relationship between themselves and biodiversity, and assess their dependencies and impacts on biodiversity. On the basis of these efforts, they can take measures to protect biodiversity, evaluate the performance, and reveal the evaluation results in their sustainability report or environmental, social and governance report.

In recent years, as businesses pay more attention to their dependencies and impacts on biodiversity, they have become increasingly sophisticated in biodiversity management. Pioneers in this filed will stand a chance to make positive impacts on Nature via related management, practice and results. They can also minimize possible direct or indirect risks (such as regulatory and legal risks and market risks), therefore producing long-term values and endearing themselves to investors and consumers, especially those relying on biodiversity resources or having major impacts on biodiversity. This can be shown in the following aspects.

Incorporating biodiversity into the full lifecycle management of business operation and maintenance. Sectors such as mining, natural gas and oil can have great impacts on biodiversity. Therefore, they put high on the agenda a complete whole industrial chain and the full lifecycle biodiversity management rules. For example, CHINALCO has included biodiversity conservation goals into its planning during the 14th Five-Year Plan period (2021-2025). The company also developed a "trilogy" pattern: protecting ecosystem during the construction period, maintaining ecosystem during the operating period, and developing ecosystem after closing the mine. The company also formulated biodiversity conservation rules to effectively prevent and reduce the impacts on creatures nearby[1].

Extending biodiversity conservation to supply chain management. As the supply chain of particular industries increasingly extends to more areas in the world, governing the ecological impacts on supply chain have become crucial to enterprises to contribute to biodiversity conservation. Some large companies having multiple businesses, products, services and intricate supply chain play a unique role in ecological development. Therefore, they can make stricter environmental standards to drive upstream suppliers to improve their environmental performance, and publicize environment-friendly consumption concepts to the numerous downstream consumers. For example, COFCO developed *Supplier Code of Conduct* to inform the suppliers of the policies

1 *China Copper Company Limited Green Sustainability Report 2021.*

and expectations on sustainable supply chain. Besides, targeting special agricultural products such as palm oil and soya bean oil, the company integrated its promise to halt deforestation into the procurement policies of special agricultural products, including RSPO and RTRS it participated in and supported and the *Amazon Soy Moratorium*.[1] As a core enterprise in dairy product industrial chain, Yili followed the requirements in *Cancun Business and Biodiversity Pledge*. The company, via "green industrial chain strategy", has extended the requirements in the Pledge to all upstream and downstream partners in the industrial chain. Yili gives priority to suppliers who address environmental protection. As a result, all palm oil suppliers in cooperation with Yili passed the RSPO authentication[2], ensuring that the procured palm oil does not impact local biodiversity.

Exploring the assessment and risk management of the impacts and dependencies on businesses on biodiversity. The mainstream goal of business biodiversity conservation is to assess and report their impacts and dependencies on biodiversity both locally and globally, and to gradually cut half of their negative impacts and increase their positive impacts. At present, some leading enterprises including State Grid Corporation of China, China General Nuclear Power Group, China Mengniu Dairy Company, China Three Gorges Corporation have started to pilot the idea. Through methodologies such as natural capital assessment or biodiversity and ecosystem services economics (TEEB), they assessed and then conducted monetary valuation of the cost and benefit of the impacts on ecosystem by enterprises' production activities. Thus, they can make the assessment an essential part of their risk management and incorporate it into their business planning and decision making system.

(5) Contribution to Biodiversity Conservation Through Transformation Becomes a Joint Biodiversity Action for Businesses

In October 2021, the first part of the 15th Conference of the Parties (COP15) to the

---

1 *Code of Conduct for Suppliers* of COFCO.

2 *Inner Mongolia Yili Industrial Group Co., Ltd. Sustainability Report 2021*.

Convention on Biological Diversity (CBD) was successfully held in Kunming, China, with the theme of "Ecological Civilization: Building a Shared Future for All Life on Earth". As an important part of the community of all life, the joint action to promote transformation has become an important way for enterprises to participate in biodiversity conservation and contribute to global ecological environment governance.

Voluntarily launching independent commitments and alliance initiatives related to biodiversity conservation. More and more enterprises have demonstrated their determination and strategies in contributions to biodiversity conservation and sustainable use by signing biodiversity commitments, launching biodiversity conservation initiatives, and other forms. For example, in 2016, enterprises or organizations such as Yili, Baidu and GoldenBee, as the first batch of signatories in China to sign the *Business and Biodiversity Pledge* of the CBD, publicly committed to taking concrete actions to provide solutions for biodiversity conservation, sustainable use of biodiversity, and fair and equitable sharing of the benefits of genetic resources.

Taking business reform actions to promote the nature-positive transformation. According to the *New Nature Economy Reports series*: *Seizing Business Opportunities in China's Transition Towards a Nature-positive Economy Insight Report* , 2/3 of China's total GDP and future social development are threatened by natural losses. A fundamental transformation is needed across three socio-economic systems closely related to biodiversity threats to nature-positive economy: food, land and ocean use; infrastructure and the built environment; and energy and resource extraction, so that the significant transformation to an economic model of harmonious coexistence between man and nature can be achieved.

At present, a number of outstanding enterprises have begun to carry out commercial transformations to promote the conservation and sustainable use of biodiversity in China and even the world. For example, focusing on the desert, China Shengmu Organic Milk Limited has achieved the combination of cultivation with breeding and organic circulation by planting plants for sand control and pasture to feed dairy cows and then fertilizing the soil with cow dung, which turns the desert with rare visits to an "oasis garden" and creates a new model of sand control for the world[1]. The Changzhen project of China Construction Science & Technology has effectively increased the area of urban green space and created a garden-style complex about prefabricated building construction technology, three-dimensional greening of roofs and other measures. Compared with traditional-style houses, it saves water by 20.5%, and reduces carbon by 7.5% and waste emissions by 77.7% per square meter, lowering negative environmental impacts on the basis of cost saving[2]. To peak carbon dioxide emissions by 2030, China Energy Investment Corporation (China Energy) actively explores technology and digital solutions, promotes the green mining of coal, and builds 36 national green mines[3].

The financial industry actively supports biodiversity conservation. At present, there is a big gap in the number of funds needed for biodiversity conservation. How the financial industry can maximize its support for ecological restoration and biodiversity conservation has become a topic of widespread concern for all sectors of society and the direction of its efforts. As an important stakeholder to promote the allocation of social resources, financial institutions play a unique role in biodiversity conservation. They not only can avoid potential biodiversity damage through investment risk management, but also utilize advantages in innovative investment and financing models to fill the financing gap. For example, in October 2021, during the first part of COP15, 36 Chinese banking financial institutions, 24 foreign banks and international organizations released the *Joint Declaration of the Banking Sector to Support Biodiversity Conservation*, committing to the establishment of global biodiversity and financial partnership, giving play to the supportive role of finance, and achieving a harmonious coexistence of human and nature.

---

1 *China Shengmu Organic Milk*: *ESG Report 2021*.

2 China Construction Science & Technology website: Green, Smart, Science & Technology and Culture-Decoding Shenzhen Changzhen Public Housing Project.

3 China Energy: Giving Play to the Supportive Role of Coal and Power to Promote Green and Low-carbon Development. https://www.ceic.com/gjnyjtww/chnjtyw/202203/7341dce2d7fd4f43a7515d36289cf3c7.shtml.

The Bank of China issued the first "biodiversity-themed" green bond with a scale of 1.8 billion yuan in 2021, which was specifically used to support biodiversity conservation projects. In addition, with the deepening green development, the transformation of the economic development model has led to the expansion of the demand for green investment. China's green bond market booms and enterprises in sectors such as finance, construction, power, and supply with power, heat, gas and water also to increase the issuance of green bonds[1].

Popularizing scientific knowledge for biodiversity. Enhancing the awareness and ability of the whole society to protect biodiversity is an effective way to promote enterprises to consider biodiversity into the mainstream of their policies, which will help corporate activities and capital flows contribute to the realization of biodiversity goals. Many enterprises give full play to the characteristics of the industry and themselves, carry out various and interesting initiatives to protect the ecosystem, such as the support in public service advertisements (such as TV, radio, broadcasts, newspapers, networks, etc.), photographic exhibitions and interactive games in biodiversity, and constantly expand the scope of disclosure and influence through new media platforms. For example, through its support, participation and public welfare events of biodiversity conservation for the COP15 with the theme of "Connecting Nature by Technology", as well as the Wildlife Protection Alliance campaign, and the Tencent Light Public Good Innovation Challenge, Tencent promotes the public, especially juveniles and the youth, to pay attention to biodiversity and participate in global ecological governance. In 2022, China National Nuclear Power Co., Ltd.(CNNP) held the first "Beauty of Nuclear Power" Biodiversity Conservation Practice Photo Contest, which attracted extensive participation in employees of CNNP and its subsidiaries, surrounding residents, and public welfare photographers, calling on the public to pay attention to biodiversity.

1 Expert Analysis: Public Participation in Biodiversity Conservation in China: Current Situation and Suggestions https://www.mee.gov.cn/zcwj/zcjd/202110/t20211027_957970.shtml.

1.3.2 Disclosures of Biodiversity-Related Information by Chinese companies

CSR reports is an important vehicle for companies to disclose biodiversity information, and is one of the important windows to understand the status of biodiversity conservation carried out by enterprises. To better to fulfill the *Cancun Business and Biodiversity Pledge*, encourage Chinese companies to regularly disclose their performance in the conservation of biodiversity, its sustainable use, and the fair and equitable sharing of benefits from genetic resources, GoldenBee have been collecting, analyzing, and researching biodiversity-related information disclosed in reports published in the Chinese mainland in accordance with the GoldenBee Corporate Social Responsibility Report Assessment System since 2016. The system has four biodiversity-related indicators, namely measures to reduce the impact on business operations on biodiversity, ecological protection funds, ecosystem protection systems, and advocacy for the public to restore the ecosystem. As of October 31, 2021, we had collected 1 802 CSR/sustainability/environmental protection reports issued by companies in the Chinese mainland in 2021, of which 404 disclosed biodiversity information. The findings are as follows:

(1) Disclosures of Biodiversity-related Information is Insufficient, and There are Substantial Differences Among Different Industries

The proportion of biodiversity-related reports published by Chinese companies in 2021 shows a slight drop compared with the previous year, though the total number of biodiversity-related reports increases (see Figure 1-3). Overall, Chinese companies' disclosures of biodiversity-related information are insufficient and there are substantial differences among different industries. In 2021, 404 reports disclosed biodiversity-related information, an increase in 21.95% from the year 2018 (336 reports) and accounting for 22.42% of all the reports on this study.

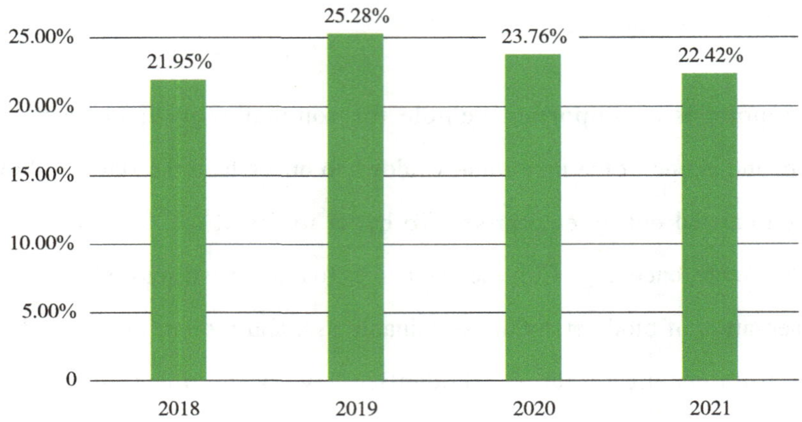

Figure 1-3 The proportion of biodiversity-related reports published by Chinese companies to all the reports evaluated in the same year in the GoldenBee Corporate Social Responsibility Report Assessment from 2018 to 2021

According to the statistics of different industries, the power and mining industries are the top two among the 13 industries, accounting for 56.9% and 50% respectively. Specifically, the proportion of power industry in 2021 is 13% higher than the figure of 2020 (43.90%). It is followed by the mining industry(50.00%), construction industry(38.71%), composite industry(36.73%), and transportation industry(35.96%).

As China takes further steps towards ecological progress and accelerates the realization of the carbon peak and carbon neutrality goals, the energy sector has vigorously deepened the energy and power revolution and changed the development philosophy and path based on fossil energy. A new-type energy development models featuring "zero pollution, zero emissions, high efficiency" has been promoted under the guidance of the philosophy of green, low-carbon, and sustainable development. Power and mining businesses in the energy industry chain have attached greater significance to biodiversity and have contributed many good practices.

The proportion of biodiversity-related reports published by the mining industry has increased significantly compared with previous years, standing at second place among all industries. The *Implementation Opinions on Accelerating the Construction of Green*

Mines jointly issued by six ministries, including the Ministry of Land and Resources, the Ministry of Finance, and the Ministry of Ecology and Environment, in in March 2017, provides a policy guide for mining companies to participate in biodiversity conservation.

The proportion of biodiversity-related reports published by the construction industry is 38.71%, ranking third among all industries (Figure 1-4). The active role of the construction industry in disclosing biodiversity information also benefits from the driving force of comprehensive green and low carbon transition in China's economic and social development. In 2020, the National Development and Reform Commission issued the *Overall Action Plan for a Green Life*, and the Ministry of Housing and Urban-Rural Development, the National Development and Reform Commission, and the China Banking and Insurance Regulatory Commission jointly issued the *Action Plan for Green Buildings*, both aimed at encouraging the development of green buildings and promoting healthy development on a continuous basis. As breakthroughs are made in key technologies, such as BIM-a green building information technology, the planning and design of green buildings, green construction technologies, the performance of green building materials and products continues to improve and prefabricated buildings are used at a larger scale. Such breakthroughs have also stimulated construction companies to improve their biodiversity conservation performance, fulfill their responsibilities, and disclose their information.

(2) Businesses are Beginning to Integrate Biodiversity Management into Corporate Decision-making and Business Processes, and the Measures Disclosed to Reduce the Impact on Business Operations on Biodiversity Have Become More Systematic

In 2021, there are 312 reports that disclose measures to reduce the impact on business operations on biodiversity, accounting for 17.31% of the total number of reports, a slight drop from 2020 (Figure 1-5). This is related to the total number of annual reports that increase year by year. Both the number of reports disclosing the indicator and their proportions to all the reports are significantly higher than those reports disclosing other 3 indicators.

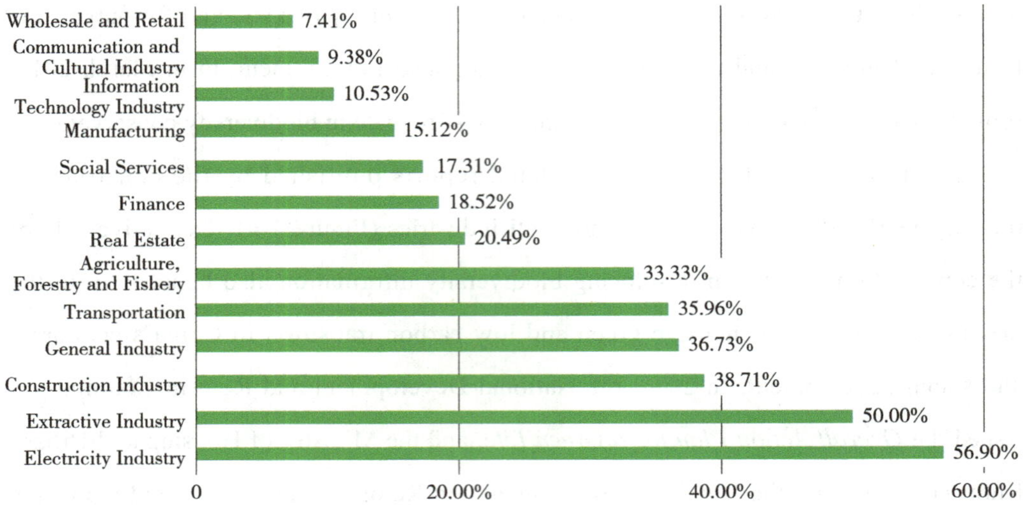

Figure 1-4 The proportions of biodiversity-related reports published by Chinese companies to all the reports evaluated in the same year in the GoldenBee Corporate Social Responsibility Report Assessment by industry

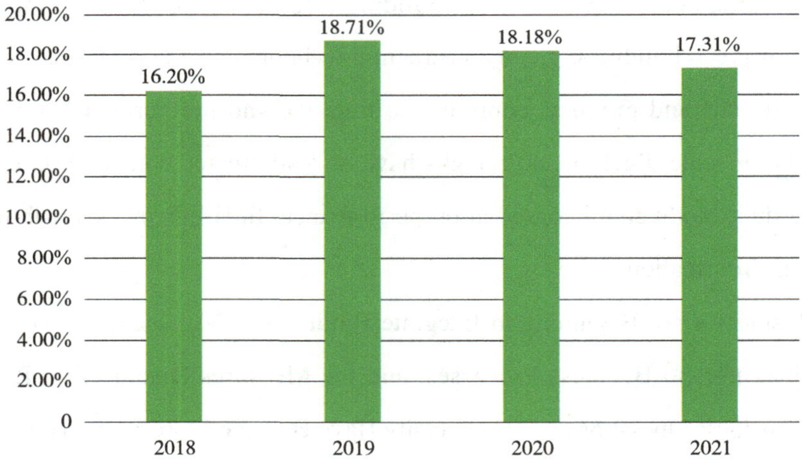

Figure 1-5 The proportion of corporate reports disclosing measures to reduce the impact of operations on biodiversity to all the reports evaluated from 2018 to 2021

Some businesses have already integrated biodiversity management into corporate decision-making and business processes and taken the initiative to disclose biodiversity conservation in their reports. For example (Figure 1-6), the State Grid Corporation of China (SGCC) disclosed in its Social Responsibility Report 2020 its three-level environmental protection management system, as well as its efforts to build environmentally friendly power grids in various ecological environments in line with local conditions.

鸟类多样性保护

- 青海三江源“生命鸟巢”猛禽保护项目
- 江苏扬州东方白鹳过境栖息保护项目
- 江西鄱阳湖智能生态护鸟项目
- 天津七里海湿地“绿色生命线鸟类保护项目”

沙漠化治理

- 宁夏腾格里沙漠“绿色走廊”荒漠治理项目
- 新疆乌鲁木齐天山“生态桥”冰川保护项目

山地生态保护

- 新疆伊犁绿色“电力天路”生态保护项目
- 陕西洋县绿色“GIS之网”生态保护项目
- 安徽黄山“生态黄山”生态保护项目
- 江西萍乡云上草甸“风景线”生态保护项目

林区生态保护

- 湖北神农架金丝猴家园保护项目
- 湖南张家界国家森林公园生态保护项目
- 福建武夷山原始林区和谐生态圈保护项目
- 四川雅安野生大熊猫栖息地保护项目

湿地生态保护

- 山东东营湿地生态保护项目
- 江苏盐城湿地电网整改生态保护项目

水生态保护

- 河北沧州“全电化港口”生态保护项目
- 浙江湖州内河水生态保护项目
- 江苏宝应生态渔业光伏发电应用项目

岛屿生态保护

- 山东长岛“蓝色生态岛”保护项目

Figure 1-6 Biodiversity conservation projects of SGCC[1]

The measures taken by companies to reduce the impact on their operations on biodiversity are becoming increasingly systematic and targeted. Some companies have applied the natural capital concept and approaches to the assessment of the quantitative

1 Source: *SGCC Corporate Social Responsibility Report 2020*.

relations between business activities and biodiversity, and begun to facilitate the process of realizing the value of ecological products. For example, China Mengniu Dairy Company Limited commits to biodiversity conservation actions in the entire industry chain, and has put forward eight commitments to biodiversity conservation based on its business operations. China General Nuclear Power Corporation (CGN) has assessed the impacts and dependencies of the operations of its four pilot enterprises on biodiversity by using quantitative and monetary methods, based on internationally recognized natural capital assessment approaches, and upgraded its biodiversity conservation measures based on the assessment results.

承诺 1
采取积极行动，促进合作牧场生态系统恢复
承诺 2
蒙牛所有运营点均得到有效和公平的生态养护
承诺 3
减少废水、废气、废渣等各种来源的污染
承诺 4
积极应对气候变化，降低温室气体排放
承诺 5
可持续利用生物多样性，促进农牧业生产力提升
承诺 6
打造可持续乳制品供应链，降低生物多样性风险
承诺 7
倡导消费者购买绿色产品、减少食物浪费
承诺 8
携手利益相关方强化公众生物多样性保护意识

Figure 1-7　Eight commitments of Mengniu Dairy to biodiversity conservation[1]

Apart from reducing the impact on their production and operations on biodiversity, an increasing number of companies had disclosed their contributions to biodiversity and species richness by leveraging their strengths. The Social Responsibility Report 2020 released by China Forestry Group Corporation (CFGC) disclosed its application of the innovative "water conservation fishery" models on Qiandao Lake. With science-based experience in the treatment of blue-green algae, the company improved water quality of scientific breeding of silver carps and bighead carps, as well as fishing quota allocations.

1　Source: *China Mengniu Dairy Company Limited Biodiversity Report.*

Focusing on green steel production, China Minmetals Corporation launched projects to achieve breakthroughs in key and core technologies to realize green, circular, and low-carbon development of steel mills. Guangzhou Baiyunshan Pharmaceutical Holdings Co., Ltd. accelerated the construction of demonstration bases of planting traditional Chinese medicinal materials. The pharmaceutical company has built Chinese medicinal material planting bases nationwide in accordance with local conditions, and effectively prevented species loss and the invasion of alien species.

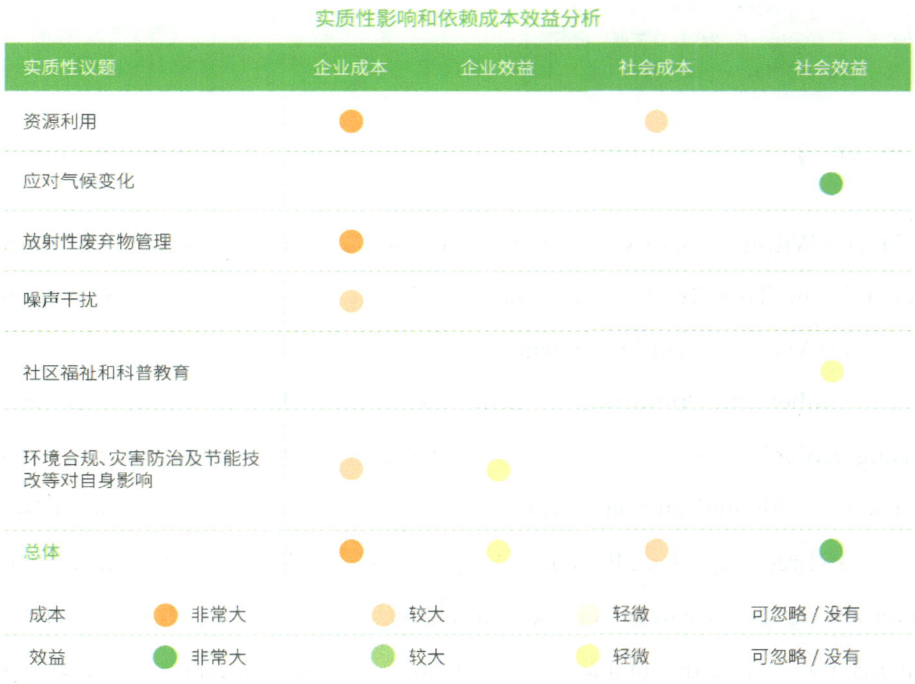

Figure 1-8 Natural capital assessment results of the CGN Daya Bay Nuclear Power Base[1]

1 Source: *China General Nuclear Power Group Report on Biodiversity Conservation 2021*.

低碳冶金示范项目

我国钢铁行业碳减排任务艰巨，以氢能为主的冶金技术路线选择至关重要。中冶京诚致力于低碳冶金的研究，2020 年联手业界伙伴完成基于富氢气体的氢能利用技术和工程开发。河钢氢能源开发和利用工程示范项目是基于氢能利用的“未来工厂”，中冶京诚牵头成立的联合体中标全球首例氢能源开发和利用工程示范项目工厂设计工程。中冶京诚将基于此前的技术积累，全力以赴将该项目建成绿色化、智能化、高效化、品牌化的氢能源开发和利用工程示范工厂，探索出一条世界钢铁工业发展低碳、甚至“零碳”经济的最佳途径

应用稀土萃取分离技术减排

稀土研究院开发实施的南方离子型稀土矿料液净化技术，可实现酸溶渣和重金属渣年产生量分别下降 53% 和 80%；企业后端污染治理费用降低 104 万元 / 年，后端萃取工艺酸碱消耗降低 300 万元 / 年；料液质量提升可使萃取分离产能提高 10%，具有显著的经济环保效益。该技术还可避免溶料车间的有害气体无组织排放，避免因频繁开槽清理“三相”导致的萃取车间有机相挥发排放以及危险废物的产生

53% 酸溶渣年产生量下降

80% 重金属渣年产生量下降

Figure 1-9　Cases of China Minmetals Corporation on promoting green metallurgy

(3) The Willingness of Companies to Invest in Ecological Protection Continues to Increase, and They Tend to Cooperate with Professional NGOs or Foundations to Maximize the Value of Their Investment

The number and proportion of CSR reports published by Chinese companies disclosing ecological protection funds of 2021 increased steadily. A total of 71 reports have disclosed this indicator, accounting for 3.94% of the total, an increase in 14.52% over 2020 (62 reports). Overall, ecological protection funds are still the least disclosed indicator among the four indicators, with a relatively low proportion (Figure 1-10). The reports mainly disclose the total amount of ecological protection funds. Some companies also disclose their investments in specific cases.

Judging from the characteristics of ecological investment disclosed in the reports, companies are attaching greater importance of fulfilling their responsibilities for ecological conservation, and are investing human, financial, and material resources in key ecological fields. China Energy Investment Corporation (China Energy) has invested 53.5 million yuan in protecting the source of the Yellow River. The company has conducted pasture restoration during resting periods, and created more than 21 333 hm^2 of meadows where grazing is prohibited. China Three Gorges Corporation fully engages in addressing "water shortage, water ecological damage, and water pollution" in the Yangtze River Basin. The company has invested funds, and promoted well-coordinated environmental conservation along the Yangtze River with 101 provinces and cities.

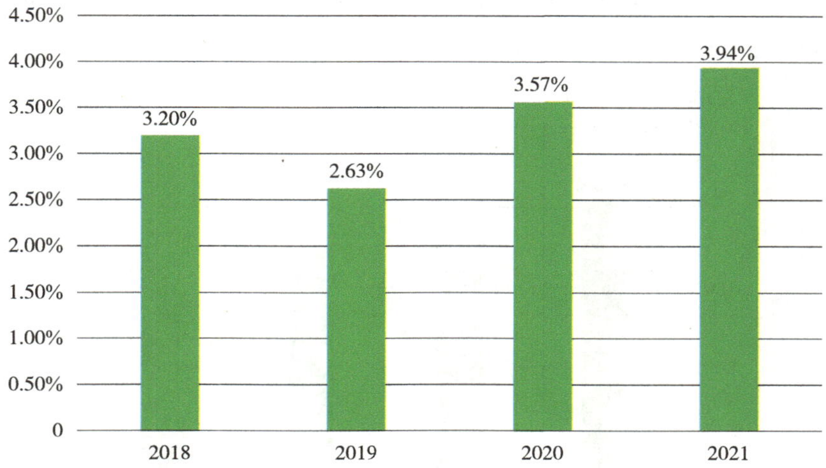

Figure 1-10 The proportion of corporate reports disclosing ecological protection funds to all the reports evaluated in the same year from 2018 to 2021

Some companies have disclosed their cooperation with foundations or NGOs on ecological protection. For example, the Toyota China Corporate Social Responsibility Report disclosed its cooperation with the World Wildlife Fund (WWF) and the International Union for Conservation of Nature (IUCN). According to their agreement, Toyota China provides the two organizations with 2.2 million US dollars annually to support biodiversity conservation. Vanke Foundation of China Vanke Co., Ltd., in partnership with SCPG Public Service Foundation, and One Planet, jointly launched a campaign to protect the marine environment, which mobilized 9 million users across the country to donate bonus points for marine protection, and made donations matching the points.

(4) More Companies Choose to Disclose Their Ecological Protection Mechanisms and Mid-and Long-term Management Goals, and Regularly Release Periodic Progress Towards the Goals

In 2021, 124 reports released by Chinese companies disclose ecological protection mechanisms, little difference from that in 2020 (121 reports). These reports account for 6.88% of the total number of reports, which is slightly lower than the proportion in 2020 (6.96%) (Figure 1-11).

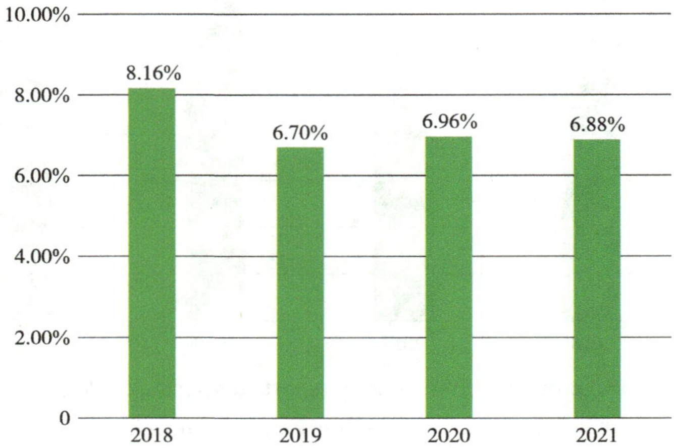

Figure 1-11 The proportion of corporate reports disclosing ecological protection mechanisms to all the reports evaluated in the same year from 2018 to 2021

In terms of disclosures of "ecosystem protection mechanism", more companies choose to disclose their mid-and long-term goals, and regularly release periodic progress towards the goals. For example, the Canon China Social Responsibility Report 2020-2021 disclosed its annual goals and progress around its "Action for Green" vision. Meituan Waimai announced its three environmental goals by 2025. The company regards the goals as the action guidelines on the coming few years, aiming to promote the industry's sustainable transformation through innovation and partnerships.

佳能集团中期环境目标

	具体内容	2021—2023 年中期目标值	2008—2020 年成果
综合目标	每台产品全生命周期 CO_2 排放改善指数	平均每年降低 3%	平均每年降低 4.6%
产品目标	每台产品原材料和使用过程中的 CO_2 排放改善指数	平均每年降低 3%	平均每年降低 2.8%

注：计算方法中分母根据各地点的特性决定（生产数量、有效占地面积、人员等）

佳能集团环境目标

	具体内容	2020 年目标值	2020 年成果	2021 年目标值
生产企业目标	生产网点单位产值能源使用量改善指数	比上一年降低 1.2%	比上一年降低 10.0%	比上一年降低 1.2%
	生产网点单位产值废弃物排放量改善指数	比上一年降低 1.0%	比上一年降低 7.0%	比上一年降低 1.0%
	生产网点单位产值水资源使用量改善指数	比上一年降低 1.0%	比上一年降低 3.0%	比上一年降低 1.0%
	生产网点单位产值化学物质排放量改善指数	比上一年降低 1.0%	比上一年降低 1.7%	比上一年降低 1.0%

Figure 1-12　Canon's mid-term environmental goals and progress[1]

Figure 1-13　Meituan Waimai's three environmental goals by 2025

(5) The Corporate Actions to Call for Public Participation in Ecological Protection are Diversifying, Including Offline and Online Formats

In 2021, 147 reports disclosed companies' call on the public to protect the ecosystem, accounting for 8.16% of the total reports. The number and proportion of the reports both decreased compared to 2020 (183 reports, 10.53%) (Figure 1-14). The decline may be related to the COVID-19 impact on offline activities.

1　Source: *Canon China Social Responsibility Report 2020-2021*.

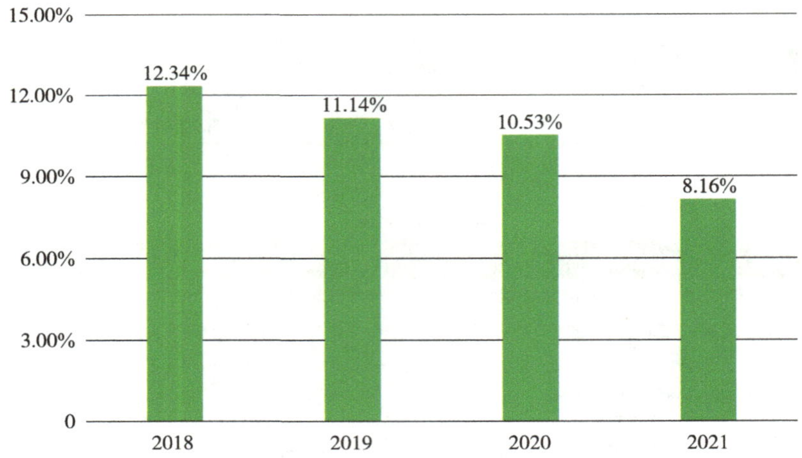

Figure 1-14 The proportion of corporate reports disclosing companies' call on the public to protect the ecosystem to all the reports evaluated in the same year from 2018 to 2021

It can be seen that corporate actions to promote ecosystem protection is gradually diversifying. The public are encouraged to participate in ecological protection for various forms, including offline and online. For example, Yili joined hands with WWF in launching the Heilongjiang River Basin Environmental Ambassador and Citizen Scientist campaign, inviting the public to listen to the sounds of birds, such as the Chinese merganser and the red-crowned crane, and calling on people to protect birds. Weibo posts and videos related to the campaign have drawn 10 million netizens' attention. Alibaba, together with the United Nations Environment Programme (UNEP), and the Ministry of Ecology and Environment of the PRC, launched a series of environmental protection actions, such as the "cloud visits" live streaming event about endangered animals. The company also launched China's first interactive platform for nature education-the "Wild Friends" on the Three-hour Public Welfare Platform, which provides the public with a variety of activities to learn about nature.

Figure 1-15　H5 pages of an environmental campaign launched by Yili

In summary, the number of biodiversity-related reports has been increasing year by year from recent years. There are a number of companies that have taken the lead in establishing biodiversity conservation mechanisms, participated in biodiversity initiatives or commitments, or applied advanced tools to assess and manage the relations of their operations and biodiversity. As only six targets of the 2011-2020 Aichi Biodiversity Targets (including 20 targets) were achieved, companies need to continue to improve their biodiversity management and decision-making capabilities, and strengthen their awareness and ability to protect biodiversity throughout the full lifecycle of production and operation. They must apply more forward-looking visions, more eco-friendly models, and more innovative approaches to advance the transformations and upgrades in a volatile environment, contributing the wisdom and strengths of Chinese companies to a better world of harmony among all beings on the planet.

Chapter 2

Mechanisms, Platforms, and Strategies Regarding Chinese Companies' Participation in Biodiversity Conservation

The COVID-19 pandemic has posed significant challenges to supply chains across various sectors. The accelerating global biodiversity loss is increasing the likelihood of epidemicing. Natural ecosystems (mountains, waters, forests, fields, lakes, grass, and sand), with their purifying and detoxifying functions, can protect human health. Biodiversity, as a feature of natural capital, supplies raw materials for food, medicine, and energy production and underpins many businesses' supply chains (including agriculture, forestry, animal husbandry, fisheries, biopharmaceuticals, eco-tourism, cosmetics, nutrition and health products, etc.). More than half of the world's GDP (USD 44 trillion in economic value) is moderately or highly dependent on nature and ecosystem services, and is therefore vulnerable to commercial risks caused by biodiversity loss. Three main economic sectors (agri-food, infrastructure, energy and extractive industries) are particularly dependent on nature (WEF, 2020b). However, "human economic activities are the primary cause of biodiversity loss" (*The Millennium Ecosystem Assessment* by UN, 2005). According to a report by the TEEB for Business Coalition, the primary production and primary processing sectors analyzed are estimated to have externality costs totaling US$7.3 trillion[1]. In the context of deepening globalization, biodiversity loss and ecosystem degradation have brought increasing systemic risks to the world economy (WEF, 2020c). Our demands for the biosphere's goods and services have overshot its capacity to supply them on a sustainable basis (Dasgupta Review, 2021), which will hinder the progress of the "UN SDGs" (Markandya, 2020).

Businesses' dependencies and impacts on biodiversity will generate costs and benefits, and incur risks and opportunities. They depend on key factors of production obtained from nature, such as land, raw materials, water and energy. Businesses also depend on ecosystem's regulating services, such as water filtration and purification, absorption and assimilation of waste, protection against natural disasters like floods and storms, etc. Many industries including tourism, entertainment, health and nutrition, are also dependent on cultural ecosystem services (CES). Impacts include both negative and positive ones that business activities have exerted on nature, such as climate change aggravated by greenhouse gas emissions or investment in farmland and water conservancy infrastructure. Business impacts can be found in any part of the value chain, including raw material exploration and mining, intermediate processing, production of finished goods, distribution, consumption, disposal, and recycling. But for a long time, for most companies, it seems that the impacts make no

1 https://naturalcapitalforum.com/about/.

substantial consequences for their market value, product prices, raw material procurement costs, cash flow, or risk status. Hence these impacts are more of "externality" problems without causing financial consequences. However, the "internalizing externalities" see a growing development, for example, more specific requirements for implementing CBD, stricter laws, regulations and industry supervision, constantly changing market forces and operating environments, evolving relationships between internal and external stakeholders, and increasing motivations for companies to fulfill their social responsibilities and improve transparency. Meanwhile, considering the resource availability and industrial sustainability, the business community has begun to re-examine the potential costs or benefits caused by their impacts and dependencies on biodiversity, as well as risks (e.g., the scarcity of critical natural resources needed for factory production will disrupt the supply chain, or changes in consumer preferences will reduce a company's market share) and opportunities(e.g., eco-labeling products can boost exports, or companies can reduce compliance costs through energy conservation and emission reduction, and attract responsible investment) in the industrial chain posed by regulatory measures such as certification, accreditation, franchising, green financing, quotas and permits, etc.

In recent years, CBD has deepened the research on business engagement: "Whether it is for the purpose of avoiding operational risks or seeking business opportunities, or out of business process or value chain considerations, biodiversity is a key element." CBD has put forward more specific requirements, such as "identify, measure and, where appropriate, estimate business impacts and dependencies on biodiversity and ecosystem services" and "develop corporate biodiversity management plans, and regularly report progress". Required by CBD, more effective measures have been carried out: the implementation of organizational mechanisms, the establishment of resource platforms and the launch of major events, have helped improve the international system that facilitates business engagement gradually. Take the three reports being prepared by the CBD as an example: the first is about the value of synergies in biodiversity conservation and climate change; the second is the benefits of biodiversity to health, water, food and energy; the third is to estimate costs of supply chain's impacts and dependencies on biodiversity by industries. These reports, with a focus on qualitative, quantitative and monetization assessment, reveal the intrinsic relationships among natural capital, biodiversity, and ecosystem services, and aim to further strengthen the role of scientific research in supporting policy making, and make the actions of CBD signees a new driver for global economy transformation.

2.1 Three Pillars of CBD Companies

CBD is the mainstay in the international mainstream process, which means to integrate the value of nature into all decisions, such as departmental policies, industry guidelines, and corporate strategies. In 1996, COP 3 first proposed business participation in biodiversity; in 2000, business participation was proposed as one of the issues of CBD at COP 5; in 2002, COP 6 adopted business engagement as strategic content of CBD; in 2006, a CBD resolution for independent business engagement in biodiversity was made at COP 8; in 2008, COP 9 drafted the first business participation action framework; in 2010, COP 10 adopted the decision Ⅹ/21 Business Engagement[1], stipulating requirements for "compiling best practices and encouraging businesses to follow suit" and "improving mechanisms and tools to help businesses understand, evaluate, and adopt solutions to managing biodiversity risks"; in 2012, COP 11 adopted the decision Ⅺ/7[2]. Business and biodiversity, which requires "creating a platform for sharing and dialogue among countries and regions, providing information, knowledge, resources, and solutions for businesses to integrate biodiversity in their decision-making and business operations, and mainstreaming biodiversity in the private sector"; in 2014, COP 12 passed the decision Ⅻ/10[3]. Business Engagement, which requires "encouraging businesses to analyze the impacts of business decisions and operations on biodiversity and ecosystem functions

1 https://www.cbd.int/decisions/cop/?m=cop-10.

2 https://www.cbd.int/decisions/cop/?m=cop-11.

3 https://www.cbd.int/decisions/cop/?m=cop-12.

and services, and prepare action plans for integrating biodiversity into their operations". These decisions have guided the implementation of organizational mechanisms, the establishment of resource platforms, and the organization of major events, gradually improving the international system for facilitating business engagement in biodiversity. The international system is supported by the three pillars, naming the Global Partnership on Business & Biodiversity[1], Global Platform for Business and Biodiversity (GPBB)[2], and the Business and Biodiversity Forum (BBF)[3]. In this system, the three complementary pillars create synergies, with the GPBB mechanism providing organization guarantees and coordinating business initiatives developed by members countries, the GPPP platform offering a communication channel that shows the latest research results, technological methods and practices, and the BBF's offline event facilitating international communication, policy dialogue, and cross-departmental cooperation.

2.1.1 Pillar 1: Global Partnership for Business and Biodiversity

In 2014, the CBD Secretariat established the Global Partnership for Business and Biodiversity (GPBB). By now, the GPBB has been signed by 21 countries and regions, including six Asia-Pacific countries (China, Japan, India, South Korea, Australia, Sri Lanka), six European countries (France, Germany, Finland, the Netherlands, Spain, Poland), five American countries (Canada, Brazil, Chile, Peru, Mexico), one African country (South Africa), and the three regions of Southeast Asia, the European Union, and Central America. Thailand, Malaysia, Indonesia, and Myanmar have joined the international mechanism through ASEAN, and Europe has set up a regional coordination organization-EU Business @ Biodiversity Platform[4]. GPBB is comprised of the executive

---

1 https://www.cbd.int/business/gp.shtml.

2 https://www.cbd.int/business.

3 https://www.cbd.int/business/meetings-events/bm.shtml.

4 https://ec.europa.eu/environment/archives/business/index_en.html.

committee, the presidency, and working groups, with the CBD Secretariat taking charge of coordination and management work, such as urging member countries to submit their progress reports, holding regular meetings, and releasing Business Briefings through online platforms. Among them, the Business and Biodiversity Forum is the most significant. The experience in building corporate partnerships mainly can be summarized as: ① The government's role in approval, supervision, and provision of financial, in-kind and expert support; ② Businesses' signing of the Initiative Declaration and release of progress reports on a regular basis; ③ Financing sources, including service fees and membership fees, as well as cooperative projects with industry associations and in-kind donations; ④ The recruitment of members among industries and departments with dependencies or impacts on biodiversity; ⑤ The organizational structure composed of the secretariat and working groups; ⑥ Services for capacity building, policy interpretation, cross-border dialogues, and assessment research; ⑦ Opportunities and challenges, as companies still need government guidance and support due to their limited knowledge, experience, and capital though they are willing to join biodiversity initiatives.

2.1.2 Pillar 2: Global Platform for Business and Biodiversity

In 2010, COP 10 adopted the decision Ⅹ/21 Business Engagement, stipulating requirements for "improving mechanisms and tools to help businesses understand, evaluate, and adopt solutions to the management of biodiversity risks" and "compiling best practices and encouraging businesses to adopt such practices". In 2014, COP 12 passed the decision Ⅻ/10. Business Engagement, which requires relevant parties "to compile information, and analyze best practices, standards and research on biodiversity and ecosystem functions and services, and the valuation of those services, to facilitate assessments of the contributions by business to achieving the objectives of CBD and the Aichi Biodiversity Targets, and to assist in the dissemination of this information to various relevant forums". According to these decisions, the CBD Secretariat has launched an online platform to support corporate learning on its website. The operation of the GPBB platform includes three steps: ① Members of CBD first join the Global Partnership for Business and Biodiversity and submit reports and results on a regular basis; ② Such reports and results are included in the GPBB database after review; ③ The Global Platform for Business and Biodiversity is promoted worldwide through corporate events held in CBD member countries. In recent years, the GPBB platform has been committed to exploring best practices of business contributions to the Aichi Biodiversity Targets and formulating general guidelines for business engagement on biodiversity; recommending methodologies and tools related to natural capital accounting; launching initiatives to encourage companies to sign the Commitment Letter for Businesses; compiling ecological impact indicators and guidelines for the production of agricultural and animal husbandry commodities; promoting the application of Cartagena Protocol on Biosafety to technical information of different industries; and publishing the information and results of business forums held during COPs. Also, the platform's database supports searches based on methods/mechanisms (289 in total), organizations (428 in total), case studies (45 in total), and briefings (51 in total)[1], which involve natural valued accounting, ecological impact mitigation, compensation transactions, payments for environmental services, market certifications, information disclosure, national laws, departmental and industry guidelines, and other related tools and data.

There are many benefits of businesses to apply standard processes, such as the *Natural Capital Protocol*, as they help businesses: ① Implement risk-opportunity analysis (e.g., exploring new land uses or carbon sinks, and expanding the water rights trading market); ② Compare alternative plans (e.g., which M&A or investment plan has the lowest ecological risk); ③ Evaluate stakeholders (e.g., which groups are affected

1 According to the research data on the "GPBB Online Knowledge Platform" under the business column on the official website of CBD provided by the Convention Implementation Division Ⅱ of the Foreign Environmental Cooperation Center of the Ministry of Ecology and Environment in 2018.

the most by business activities and what are their ownerships and scales); ④ Establish environmental-economic accounts (e.g., what is the value of land, natural resources, and ecological assets owned by businesses and how to reduce related environmental and social costs); ⑤ Improve internal and external communication (e.g., attracting investors and consumers by publishing reports).

2.1.3 Pillar 3: The Business and Biodiversity Forum (BBF)

The first BBF was held during COP 12 in 2014. At the 2nd BBF during COP 13 in 2016, business leaders were invited to sign the Business and Biodiversity Pledge[1]. The BBF also promoted the pass of two decisions-The Strategic Action for Strengthening the Implementation of the 2011-2020 Strategic Plan for Biodiversity and the Realization of Aichi Biodiversity Targets and the Strategic Action for Mainstreaming Biodiversity and Integrating Biodiversity into the Work of All Departments. At COP 14 in 2018, the third BBF were held under the theme of "Investing in Biodiversity for People and Planet-Exchanging lessons learned and catalyzing action within the business sector for safeguarding biodiversity". During the BBF, two ministers of the host country-Egypt, the Executive Secretary of the CBD Secretariat, and representatives from international organizations delivered keynote speeches, and experts from agriculture, forestry, fishery, tourism, and climate change sectors spoke in different sessions of the forum. During the BBF, 12 parallel sessions were held over 3 half-days, with topics covering energy, manufacturing, infrastructure, mining, procurement trade, partnerships, investment, technological innovation of businesses, benefit sharing with biological trade, natural capital accounting, etc. Moderators of the sessions included representatives from international organizations and ministry-level officials from the Ministry of the Environment of the host country, and speakers included CEOs of businesses from

1 www.cbd.int/business/signatories-and-supporters.shtml.

participating countries, who mainly introduced best practices in mainstream in private sector. Moreover, government officials from Tunisia, Mexico, South Africa, and Costa Rica presided over or gave speeches in different sessions. Egypt, as the host country, was an active participant in the event. According to statistics, Egyptian representatives served as moderators or speakers in eight sessions of the forum, and the Minister of Environment, Egypt and the representative of the CBD Secretariat co-chaired the closing ceremony. Main outcomes of the third BBF include: ① Promoting the adoption of Mainstream of Biodiversity in the Energy and Mining, Infrastructure, Manufacturing and Processing Sectors at COP 14; ② Promoting the international consensus of "transforming corporate social responsibility awareness into concrete actions and transforming biodiversity conservation from a single environmental issue to a sustainable development issue"; ③ Providing summary reports, drafts in speeches, and related intellectual products of the forum that can be downloaded from the Global Platform for Business and Biodiversity to expand the global spread and the influence of the BBF.

The BBF has become a flagship event under the Global Partnership for Business and Biodiversity of CBD and has formed a fixed model. First, as to the organization, the BBF is co-organized by the CBD Secretariat and COP host country's government, and invites 200-300 guests in total. The two-day forum is held prior to the High-Level Segment (HLS) of the COP and offers an opportunity for senior officials from participating countries to engage in dialogue and communication with businesses. Second, as to the forms of activities, the BBF comprises the opening ceremony, keynote speeches, the closing ceremony, and the welcome dinner, along with the General Assembly and parallel sessions which are held alternately. Third, each session of the BBF focuses on one theme. For example, the COP 12 BBF in PyeongChang, South Korea had a theme of "mainstreaming, capacity building and reporting". Fourth, multiple parallel sessions are held in separate venues simultaneously, and the outcomes of the parallel sessions are reported to the COP by dedicated personnel. These parallel sessions are usually differentiated and coordinated by topics (such as benefit sharing or natural capital accounting) and fields (such as oceans or reserves), or by sectors (such as mining and agri-food) and industries (such as infrastructure), so as to strengthen their correlations between the business community. Finally, in addition to disseminating the latest research results and best practices of businesses, the BBF builds a platform for cross-departmental dialogue and promotes the integration of biodiversity into laws and policies, industry guidelines, and market certifications associated with green finance, responsible investing, sustainable procurement, climate change, green supply chain building, etc., thus promoting the mainstream of the sector and laying a foundation for businesses to reach a consensus. For example, business decisions adopted at COP 12/13/14 are all related to the BBFs held at the same time. To facilitate the adoption of decisions, the organization committee chooses relevant topics for the BBF and organizes parallel sessions or focus groups to discuss and share the results. These sessions provide strong support for the adoption of the decisions on the COP by facilitating inter-departmental dialogue and the international consensus. The 4th BBF will be held during the second phase of COP 15 in Kunming from April to May, 2022.

2.2 Five Levers of Change

"Economic activities are the main drivers of biodiversity loss, and transformational changes to current models are urgently needed" (The IPBES Global Assessment Report on Biodiversity and Ecosystem Services, 2019). As set out in the Update of the Zero Draft Global Biodiversity Framework, transformational change is needed to reverse nature loss and ensure nature's health and resilience to support our economics, well-being and livelihoods. The *Global Risks Report 2020* released by the World Economic Forum also pointed out that "a fundamental transformation is needed across three socio-economic systems: food, land and ocean use; infrastructure and the built environment; and energy and extractives" (WEF, 2020). To realize transformational changes, nature needs to be constructed into a form of capital. The role of biodiversity is to make natural capital more productive and resilient.

Natural capital is the stock of renewable and non-renewable natural resources (e.g., plants, animals, air, water, soils, minerals) that combine to yield a flow of benefits to people (Natural Capital Coalition, 2016). Biodiversity is an integral part of natural capital stocks and underpins the goods and services that they generate. It can be seen as a measure of the quality and resilience of natural capital stock.

Natural capital approaches are technical tools that enable decision-makers to identify, measure, and estimate the impacts and dependencies on natural capital based on biodiversity, as well as the related costs and benefits, risks and opportunities. Using natural capital approaches can help frame the complexities of biodiversity into an economic language that businesses understand.

(1) Natural capital accounting: The process of compiling consistent, comparable and regularly produced data, using an accounting approach to assess natural capital and the flow of services generated in physical and monetary terms to show the contribution of the environment to the economy and the impact of the economy on the environment.

(2) Natural capital assessment: The process of measuring and valuing relevant impacts and dependencies on natural capital using appropriate methods. The scope can be broad and is primarily about providing information to inform decisions. The data used can be both accounting data and other types of data and statistics.

Currently, governments around the world are applying natural capital approaches to accounting or estimating the value of biodiversity, which is integrated into business, financial, and government decision-making to promote economic transformations and social changes. These measures have been summarized and classified as the five levers of change: ① Value to embed nature; ② Adopt targets; ③ Reform incentives; ④ Integrate policies; ⑤ Empower action. These diversified measures are conducive to the green upgrading of industries, as well as the survival of superior businesses and the elimination of inferior ones.

2.2.1 Lever 1: Accounting the costs and benefits by impacts and dependencies on nature

> "The value of biodiversity has been underestimated in decision-making. Traditional measures for estimating economic growth, such as GDP, has indirectly enhanced the drivers of biodiversity loss."
>
> "In addition to incorporating the diverse values of natural capital in economic indicators, it is necessary to conduct measurement and accounting other benefits brought by nature."
>
> —*IPBES Policy Briefs*

Australia. The Australian government has developed a national strategy for environmental and economic accounting that encompasses both national-level accounting and enterprise-scale natural capital accounting. The strategy covers research and investments of the agricultural sector, including developing a biodiversity certification and stewardship program[1], and helping prawn fishery businesses assess the risks and opportunities associated with ecosystems (made up of saltmarsh, seagrasses and mangroves) they rely on, with a view to value the fishery's contribution to these ecosystems.

The United Kingdom. The government of Scotland has established a National Performance Framework[2] with "national outcomes" that Scotland commits to, including

1 https://ecos.csiro.au/prawn-fishery-counts-its-natural-capital/.

2 https://nationalperformance.gov.scot/.

people value, enjoy, protect and enhance their environment. This outcome includes the growth of its natural assets as an indicator of success. The country has developed the *National Ecosystem Assessment* that provides an example of how monetary valuation can be used.

European Union. The European Union has issued the *Environmental General Accepted Accounting Principles* (*eGAAP*)[1] to promote the establishment of a standardized measurement and valuation methodology for the private sector. As part of the *EU Green Deal,* eGAAP underpins the four technical indicators compiled in the *Taxonomy for Sustainable Activities,* including sustainable use and protection of water and marine resources, transition to a circular economy, pollution prevention and control, and protection and restoration of biodiversity and ecosystems, to ensure that business activities selected can mitigate climate change without harming the environment.

Inter-American Development Bank (IADB). The bank supports private sector investment in climate-resilient infrastructure in Latin America and the Caribbean[2]. To this end, IADB is developing business cases of action that includes a full range of both costs and benefits, including those related to biodiversity.

2.2.2 Lever 2: Establishing environmental economic accounts based on ecosystems

> "Natural capital accounts generate information, in a language that is understood by governments, financial institutions, and businesses, on the health of natural assets as well as practical information for evaluating policy trade-offs, investment objectives and financial risk management."
>
> —*Natural Capital for Biodiversity Policy*

1 https://capitalscoalition.org/project/transparent/.

2 https://publications.iadb.org/publications/english/document/Nature-based_Solutions_Scaling_Private_Sector_Uptake_for_Climate_Resilient_Infrastructure_in_Latin_America_and_the_Caribbean.pdf.

India. In 2018, the Central Statistics Office of India published the first *Environmental Economic Accounts*[1] with four types of natural assets: forests, land, minerals, and water.

Sweden. The Swedish government has used land accounts to identify which landowners are responsible for biodiversity management on a specific plot and has published the Land Accounts for Ecosystem Services[2], connecting statistics on land use of economic actors (World Bank WAVES Policy Forum, 2018). These breakdowns can be used for analyzing agricultural investments, and can help learning more about the importance of the environment and ecosystems for the wider economy. This also helps reorient agricultural practices and priorities towards more sustainable and regenerative ways that will help to reverse nature loss instead of deterioration.

Indonesia. The country has developed the Natural Capital Accounts for land[3], ecosystems, and carbon, which contributes to stronger government action on peat preservation and restoration. The accounts show that the peatland area of Indonesia was much larger than expected. Indonesia introduced a moratorium on oil palm plantations on peatlands. This directly impacted the expansion plans of oil palm plantations.

2.2.3 Lever 3: Facilitating the transformation of industries by reforming incentives and financial subsidies

> "To reverse the trend of exacerbating biodiversity loss, it is necessary to reform subsidies to sectors (such as agri-food, infrastructure, and extractives and energy) that could harm biodiversity."
>
> —*IPBES-7 Report*

---

1 https://mospi.gov.in/sites/default/files/reports_and_publication/statistical_publication/EnviStats/EnviStats2019_Vol2.pdf.

2 https://www.scb.se/contentassets/6d29a226fcd34a0fa192c97c8ec339dc/mi1301_2015a01_br_mi71br1701eng.pdf.

3 https://www.wavespartnership.org/sites/waves/files/documents/01_Land%20and%20%20Extent%20Account%20%20Sumatra%20%26%20Kalimantan%20dev%208_CMYK_low.pdf.

The United Kingdom, the Netherlands and France. As part of its international biodiversity strategies, the governments of the United Kingdom and the Netherlands support an international group of stakeholders, including several financial institutions as well as UNDP, to establish the Taskforce on Nature-Related Financial Disclosures (TNFD)[1]. Following the example of the Financial Stability Board's Taskforce on Climate-Related Financial Disclosure (TCFD) and the *Recommendations on Voluntary, Consistent Climate-Related Financial Risk Disclosures*[2], it has developed for companies and financial actors, and this new taskforce on nature-related financial disclosures would be charged with developing comparable guidelines to address nature loss.

The Netherlands. The Dutch Central bank (DNB) explores how sustainability issues might affect Dutch financial institutions and the financial system as a whole. In the report *Indebted to nature: Exploring biodiversity risks for the Dutch financial sector*[3] (DNB & PBL, 2020), the bank investigated the exposure to the financial sector to different risk channels of biodiversity loss. Biodiversity loss is identified as a potential source of financial risks that threatens the availability of ecosystem services, such as wood, animal pollination and soil fertility, on which economic activities depend. Dutch financial institutions worldwide have EUR 510 billion in exposure to companies with a high or very high dependency on one or more ecosystem services. This comprises 36% of the portfolio examined. One of these ecosystem services is animal pollination. At a global level, the financial sector's exposure to products that depend on pollination amounts to EUR 28 billion.

Sri Lanka. In 2019 the Central Bank of Sri Lanka launched the *Roadmap for*

---

1 https://tnfd.info/.

2 https://assets.bbhub.io/company/sites/60/2020/10/TCFD_Booklet_FNL_Digital_March-2020.pdf.

3 https://www.pbl.nl/sites/default/files/downloads/4215-indebted_to_nature_-_exploring_biodiversity_risks_for_the_dutch_financial_sector_0.pdf.

Sustainable Finance[1], which provides a broad direction to financial regulators and financial institutions to effectively manage environmental, social and governance (ESG) risks associated with projects they finance and help increase assistance to businesses that are greener, more climate-friendly and socially inclusive.

France. In its national imported deforestation strategy, France has included measures for increasing the monitoring and disclosures of deforestation by companies (non-mandatory)[2]. Many more countries have these non-mandatory disclosure regulations, including the European Union. The EU is now reconsidering its policies of non-financial disclosure as part of the EU Green Deal. It is expected that future regulation will be stricter, with a bigger group of companies within its scope.

2.2.4 Lever 4: Incorporating the value of nature into decision-making

> "Our commitments and actions will promote the valuation of biodiversity, ecosystems and the services they provide, and their mainstream in decision-making processes across government, business and economic sectors."
>
> —*Metz Charter on Biodiversity*

Scotland. The Scottish government has developed sectoral *Sustainable Growth Agreements* to work directly with businesses to engage them in the country's One Planet Prosperity Regulatory Strategy[3]. The Scottish Environment Protection Agency (SEPA) is applying new mechanisms, such as *Sustainable Growth Agreements* and industry plans, to encourage businesses, local authorities and whole sectors to work with SEPA to reduce

---

1 https://www.biodiversityfinance.net/index.php/news-and-media/biofin-supports-sri-lankas-roadmap-sustainable-finance.

2 https://www.ecologie.gouv.fr/dossier-presse-strategie-nationale-lutte-contre-deforestation-importee.

3 https://capitalscoalition.org/casestudy/government-dialogue-best-practice-scotland-on-one-planet-prosperity-regulatory-strategy/.

energy consumption and improve energy efficiency. The government is also pushing for cooperation between businesses and the public sector to build cases of investing in nature capital that contributes to inclusive growth[1].

New Zealand. In December 2018, the New Zealand Treasury released the *Living Standards Framework Dashboard*[2] that provides indicators and analysis to inform the Treasury's advice about well-being priorities. The framework is built on the *OECD's Wellbeing Framework* and applies the combinations of five types of capital (natural, social, human, financial, and physical) to show how they generate well-being for today and the future.

Uganda. The Ugandan Wood Assets and Forest Accounts (2020)[3] reminds policy makers that if they do not make changes, national sustainable wood supplies from forests will be fully depleted by 2025. An important driver for this is charcoal production, for which the high market supply is driven by margins equivalent to about 80% of the retail price, while charcoal producers' returns are usually between 12.5% and 20% of the retail price. The accounts show that the current structure of fiscal instruments does not internalize the externalities of wood production and that a new market structure is needed that includes e.g., wood extraction costs and resource rents for charcoal in the value chain, and promotes the use of improved cooking stoves, kiln technologies and adopts alternative sources of energy for cooking, especially liquified petroleum gas and electricity.

---

1 https://capitalscoalition.org/casestudy/government-dialogue-best-practice-scotland-on-one-planet-prosperity-regulatory-strategy/.

2 https://lsfdashboard.treasury.govt.nz/wellbeing/.

3 https://www.ubos.org/wp-content/uploads/publications/09_2020Report_2020_Uganda_Wood_&_Forest_Resources_Accounts.pdf.

2.2.5 Lever 5: Empowering everyone to act

> "Through monitoring and evaluation, various values are taken into consideration to promote the effective participation in different actors and bridge the knowledge gap."
>
> —*IPBES Policy Briefs*

Japan. The government of Japan issued the *Guidelines for Private Sector Engagement in Biodiversity* [1], and started a Community of Learning for Natural Capital Valuation.

South Africa. The South Africa's tax policies go greener by leveraging experience of their natural capital accounts[2].

Sweden. By using experience of the accounting of CO_2 emissions and energy use by all sectors and considering standard economic accounts, the country makes tax policies go green. To improve the transparency of green bonds, the government of Sweden published *Sweden's Sovereign Green Bond Framework (2020)*[3] in 2019.

China. The Chinese version of the *Natural Capital Protocol* published in China in 2019, has been studied and applied by many companies across China. Based on natural capital approaches, Chinese companies, such as Yili Group, CGN, and SGCC have released the first corporate biodiversity reports, progress briefs, as well as biodiversity management and value creation reports and case study reports in China. They have contributed to China's implementation of the *Convention on Biological Diversity*, and provided the international community with Chinese solutions.

---

1 https://capitalscoalition.org/casestudy/government-dialogue-best-practice-japanese-community-of-learning-for-natural-capital-valuation-in-the-private-sector/.

2 https://www.wavespartnership.org/sites/waves/files/kc/NCA%20in%20action_SouthAfrica%20Final_0.pdf.

3 https://www.government.se/49bcc9/contentassets/ed959d7b700e429a98cc85bdb64ef1af/swedens-sovereign-green-bond-framework.pdf.

2.3 Progress, Challenges and Suggestions in China

China is one of the first signatories to CBD. In 2010, the State Council reviewed and approved the China National Biodiversity Conservation Strategy and Action Plan (2011-2030), which clarifies the strategic goals & missions and specific tasks of biodiversity conservation. The plan also proposes to "build partnerships for biodiversity conservation" and "establish a biodiversity conservation alliance involving all parties in society". In 2015, China joined the Global Partnership for Business and Biodiversity, and established the China Business and Biodiversity Partnership (CBBP). As an unincorporated and non-profit resource network aimed at promoting cross-departmental cooperation, CBBP assists members of integrating the value of nature into decision-making and supply chain management. CBBP has translated and introduced international methodological works, such as the Natural Capital Protocol[1] recommended by the Global Platform for Business and Biodiversity. It also interprets laws and policies, publicizes corporate cases, and supports the incorporation of industry guidelines, capacity building and international exchanges. Kunming COP15 is both a challenge and an opportunity for China. Approved by the Ministry of Ecology and Environment, and led by the Foreign Environmental Cooperation Center (FECO) , the 4th BBF, which is co-hosted by the CBD Secretariat and the Chinese government during COP15, will promote business engagement in biodiversity conservation, disseminate solutions with "Chinese wisdom", and provide related

1 Natural Capital Coalition. *Natural Capital Protocol* [M]. Beijing: China Environment Publishing Group, 2019.

industry technologies and financing channels for businesses to incorporate the Post-2020 Biodiversity Framework into "transformation and reform", having attracted widespread attention at home and abroad.

At present, as an international consensus, transformation and reform, has gradually integrated with the objective of the 14th Five-Year Plan of China ("acting on the new development philosophy and accelerating the establishment of the new development paradigm to drive high-quality development") and the key move of "establishing the mechanism to realize the value of ecological products". The important policy window deserves close attention to relevant industries and businesses. Ecological products refer to material resources and environmental services supplied by natural ecosystems for human survival and development. These products include grain, meat, fish, and other kinds of food, as well as tangible products such as medicines, water resources, wood, ecosystems, and energy. More importantly, they provide significant ecological support and regulation services for water conservation, insect pollination, soil formation, climate regulation, flood regulation and storage, and pollutant purification. Besides, products with landscape aesthetic value, eco-tourism products, health products, and eco-cultural products are also categorized as ecological products (Ouyang Zhi Yun, 2018). On the one hand, ecological products have public attributes and should be government-oriented to ensure the social justice with inclusiveness and mutual benefit. On the other hand, ecological products are also commodities with economic value, and require business engagement to ensure the fair market competition principle that "beneficiary pays, polluter indemnifies, and occupier compensates".

Realizing values of ecological products, as a transition path from "lucid waters and lush mountains" to "invaluable assets" is a boon for eco-friendly businesses and an opportunity or a challenge for the development of industries. At present, China is taking measures similar to the above-mentioned "five policy levers", including:

(1) Establishing a sound legal system that covers sustainable public procurement, responsible investing, green credit and financial transfer payments, as well as related

quotas, permits, and franchise systems. For example, to reduce the number and power of fishing boats and optimize fishing intensity and operations, in 2019, China announced a new policy to reduce oil price subsidies for domestic fishing and aquaculture industry to 40% of that in 2014. In addition, a series of ecological compensation or subsidy measures based on financial transfer payments have been rolled out in ecological resources, such as basins, grasslands, and public welfare forests.

(2) Establishing an ecological product certification system. Encouraging businesses to produce green products of a sustainable manner will not only contribute to energy and resource saving, pollution reducing, and ecosystem service functions upgrading, but transform the ecological value of consumer recognition and market premiums.

(3) Formulating an ecological product valuation system. Gross Ecosystem Product (GEP) is a comprehensive system of environmental-economic accounting, innovatively developed by China. Being a useful complement to Gross Domestic Product (GDP) and Human Development Index (HDI), GEP is aimed at creating a more scientific vision for happiness with an emphasis on the qualitative, quantitative, and monetary valuations of the potential support of appreciated natural capital for people's livelihoods and well-being. It helps the government in making decisions on territorial spatial planning, development of local industries, investment attraction and layout of businesses, and environmental protection.

(4) Strengthening brand building of ecological products. The influence and trading capabilities of regional ecological products markets can be enhanced through online selling and formulating production standards. For example, in Lishui City, Lishui Shangeng, a public brand of agricultural products, and Lishui Shanju, a tourism brand, have been registered. Moreover, corresponding product standards have been formulated and a "parent-child brand" operation model has been established. In 2014, Lishui Shangeng was well received by the market right after its official debut, greatly increasing the premiums of local agricultural, forestry, animal husbandry and fishery products, as well as cultural tourism products. In 2017, the brand became the first in China to be

registered as a collective trademark containing the name of a prefecture-level city, creating a new model for Lishui City to practice the Two Mountains Theory (Ouyang Zhi Yun, 2020).

(5) Strengthening the government's leading role. By reforming the property rights of natural assets and improving the system for paid use of ecological assets, the property subjects and rights of ecological assets, such as waters, forests, wetlands, farmlands, and minerals, can be identified. In addition, establishing ecological compensation standards and raising indemnities for ecological damage provide institutional guarantees of promoting transactions and efficient utilization of ecological assets. Administrative measures including government purchases, government supervision, tax regulation etc can help expand the production and supply of ecological products.

China's goals of carbon peak and neutrality demonstrate its commitment to the international community. However, biodiversity conservation and sustainable use of natural resources make it hard to realize. The report reveals that "mainstream biodiversity value" is the key to realizing the goals, and industry players and corporate decision makers shall focus on the following trends that may be continued in China.

(1) Reforming the accounting system. The traditional GDP cannot show natural ecosystems' supports for the economy. Therefore, it is imperative to develop a more inclusive and scientific accounting system to complement the traditional GDP and support decision-making in various departments. The piloted natural resources balance sheet, Gross Ecosystem Product (GEP), and green GDP in China provide the basis for major national policies, such as the ecological conservation red line, territorial and spatial management and control, and well-coordinated environmental conservation along the Yangtze River.

(2) Coming up with implementation measures. Industry associations and leading companies should be prioritized in piloting the new systems for valuing the dependencies and impacts on the supply chain on natural capital, including qualitative, quantitative, and monetary valuations. These systems can be further integrated into departmental and

industry guidelines, as well as corporate strategies.

(3) Encouraging technological innovation. "Nature-based solutions" (such as building artificial wetlands to assimilate pollutants, repairing coasts, and replacing cement dams with mangroves) should be adopted in the infrastructure sector. In the agri-food sector, market certifications and premiums of ecological products should be improved. While developing a circular economy, researches into biomaterials that can replace plastic and microbial degradation should be conducted. In the energy industry, the proportion of renewable energy (such as biomass energy) should be increased, and the application of digital and intelligent technologies should be expanded to reduce greenhouse gas emissions produced in transportation, warehousing, and relevant processes.

(4) Guaranteeing the safety of supply chains. In the post-pandemic era, more emphasis should be put on creating a diverse, green, platform-based, and digital industry chain, which is more adaptable to the "dual circulation" development pattern in which domestic economic cycle plays a leading role while international economic cycle remains its extension and supplement.

(5) Breaking down the goals of carbon peak and neutrality into smaller targets. The goals should be gradually carried out across all businesses and sectors. The revisions of the *Environmental Protection Law of the People's Republic of China* in 2015 stipulate no increase in local emissions and no reduction in ecological functions. The carbon peaking and neutrality goals, which put forward requirements on information disclosure, reform subsidies, green investing, sustainable procurement, and responsible consumption, will urge industrial and commercial enterprises to take measurable actions. The author hereby wants to remind entrepreneurs to pay attention to the tremendous benefits of the biodiversity mitigation and climate response, as well as the role of "nature-based solutions" in creating the comprehensive value of "carbon neutrality" and "social justice" (such as community-based alternative livelihoods).

CBD urges businesses to participate in the "three pillars" of the international system, which provides resources for China to revise policies that are not conducive to biodiversity conservation in different sectors and production departments. China still needs to learn the natural capital accounting approaches and results of CBD to strengthen the implementation and improve the effect of the above-mentioned "five levers of change", especially when it comes to optimizing taxes, fines, compensations, quotas, control measures, certifications, and other market incentives. For instance, biodiversity financing should be integrated into the green financial system, taxes should be imposed on pesticides and fertilizers to reduce their adverse impacts on habitats, and the amount of biodiversity subsidies (such as subsidies for ecotourism, organic agriculture, and non-timber understory economic products, as well as sustainable fishery certifications and tax cut) should be increased, subsidies harmful to biodiversity should be reformed (such as subsidies that cause land use changes or do not meet the standards for sustainable agriculture, forestry, animal husbandry, fishery, energy transportation, infrastructure, construction, and other industries), and franchises and permits in the forestry, fishery, animal husbandry, wildlife, and other sectors should be improved.

In addition to the aforementioned government-led policy measures, industry associations can also take actions. For example, they can incorporate biodiversity into departmental plans or industry guidelines; put forward requirements and indicators for identifying environmental impacts, measuring natural capital changes, and estimating societal costs; provide training for businesses by using the technical tools, certification and accreditation standards, methodology, research results, and case studies recommended by CBD. To effectively to manage biodiversity-related risks and opportunities and realize green transformation, businesses can adopt natural capital approaches, such as Environmental Profit & Loss (EP&L). It is a financial accounting approach, through which businesses can directly measure and conduct monetary valuation of the dependencies and impacts of business operations and the supply chain on ecosystem services, calculate costs and benefits, and apply the results to corporate financial analysis and business decision making. This approach is applicable to a single raw material, a single product, a business department, or the entire company. Natural capital accounting is a progressive process.

Generally, it begins with qualitative valuation and then to quantitative valuation, and finally estimates the monetary value of the company's dependencies on nature and impacts on society. The steps of natural capital accounting are as follows: ① Identify and measure the means of production (dependencies) that the company obtains from nature and the amounts of different types of emissions (impacts); ② Measure the dependencies and impacts of the company on natural capital, that is, changes in quantity (e.g., fish catches) and quality (e.g., Class Ⅰ water) of ecosystem services caused by step ① ; ③ Estimate changes in ecosystem services, that is, the monetary value of environmental costs (e.g., input in ecological restoration) and societal costs (e.g., health and income loss) caused by step ② . The valuation results are not commodity prices, but reflect the value or relative importance equivalent to the benefits that the company has obtained from nature.

The above-mentioned approaches implemented by the Chinese and foreign governments, financial departments, industries, and businesses all regard nature as an asset (capital). Biodiversity conservation can make natural assets more productive, enhance the adaptability of supply chains, enhance the bearing capacity of the environment, improve the resilience of ecosystems, contribute to more inclusive economic growth, create more equitable social systems, and improve resource utilization efficiency, thereby effectuating the transformation of the entire socio-economic system. The author believes that the transformation is divided into the following progressive stages:

(1) Constructing Nature into a Form of Asset That Stores and Offers Value to People

Businesses can learn a series of standardized processes and methodologies internally, including the *Natural Capital Protocol* (NCP), the *Environmental Profit and Loss* (EP&L), the Gross Ecosystem Product (GEP), the *Environmental General Accepted Accounting Principles* (eGAAP), the *Economics of Ecosystems and Biodiversity* (TEEB), and the *System of Environmental-Economic Accounting* (SEEA). The government's promotion of environmental and economic accounting is conducive to the integration of the 14th Five-Year Plan goals of "improving air quality, reducing carbon emissions, strengthening ecological supervision, increasing ecological water management, preventing soil pollution, and preventing environmental risks", as well as other ESG performance evaluation systems, such as the *Guidelines for Establishing the Green Financial System,* and the *Green Bond Endorsed Projects Catalogue*.

(2) Rooting Biodiversity as a Fundamental Attribute That Makes Natural Assets More Productive and Resilient

Businesses should regard the input into nature as "strategic investments" that ensure continuous returns to society, instead of "costs" that draw down performance. Therefore, it is possible to "predict" the potential ecological risks and social consequences from changes in the value of natural capital caused by considering natural and man-made changes in biodiversity and ecosystem services in traditional environmental management systems. Monetary accounting helps raise businesses' awareness of biodiversity conservation and sustainable use, encouraging them to reduce ecological impacts and material consumption through innovations in technologies, processes, and materials, or increases in investment.

(3) Regarding Ecosystems as a Useful Way of Breaking Down Natural Assets to Make Their Value Visible in Policies

The establishment of natural asset accounts is often based on specific ecosystems. Businesses establish water funds based on water accounts, optimize carbon management based on forest accounts, manage shadow prices based on purchases, and manage commercial projects of eco-tourism based on ecosystem accounts. For example, the Indonesian government has conducted value accounting of biodiversity of tropical rainforests and peatlands in response to climate change (carbon sequestration). As Indonesia introduced a moratorium on oil palm plantations on peatlands, it directly impacts the expansion plans of oil palm plantations as well as the production and prices. Based on the physical quantity data of the Natural Capital Account for the North Sea, the Netherlands has conducted accounting for the value of the ecosystem service flow, thereby optimizing the time limit and scope of the North Sea fishing licenses.

(4) Using Natural Capital Approaches to Identify, Measure, and Value Impacts and Dependencies of the Economy on Ecosystems

In the analysis of scenarios where investment in new commercial projects, adoption of new processes, selection of new plant sites or logistics routes lead to changes in the nature and scale of the impacts and dependencies on biodiversity, if businesses evaluate the direct (such as ecological restoration or compensation for damages) and indirect costs and benefits (social consequences such as loss of residents' health or income caused by emissions) in each scenario, and conduct research into the potential risks and opportunities, they will be more likely to make eco-friendly decisions or ones based on a balance of development and protection.

(5) Incorporating the Post-2020 Global Biodiversity Framework into the Application of Natural Capital Approaches to Create a Path for Mainstreaming the Value of Nature

At present, preparations for integrating the value of biodiversity into all decisions of the entire society have been completed, and accounting methodologies, frameworks, applicable standards, and indicator systems are all in place. However, there is still a need to strengthen capacity building on a global scale, and accelerate the promotion and application of natural capital approaches, especially in the business sector, including the financial sector. The ambitious Post-2020 Global Biodiversity Framework developed at Kunming COP15 played a key role in ensuring that governments develop tools and solutions that are needed to mainstream the value of biodiversity into all policies and decision-making by business, finance, and government, and turning the implementation of CBD into concerted actions that promote global economic and social transformation in the post-COVID-19 era.

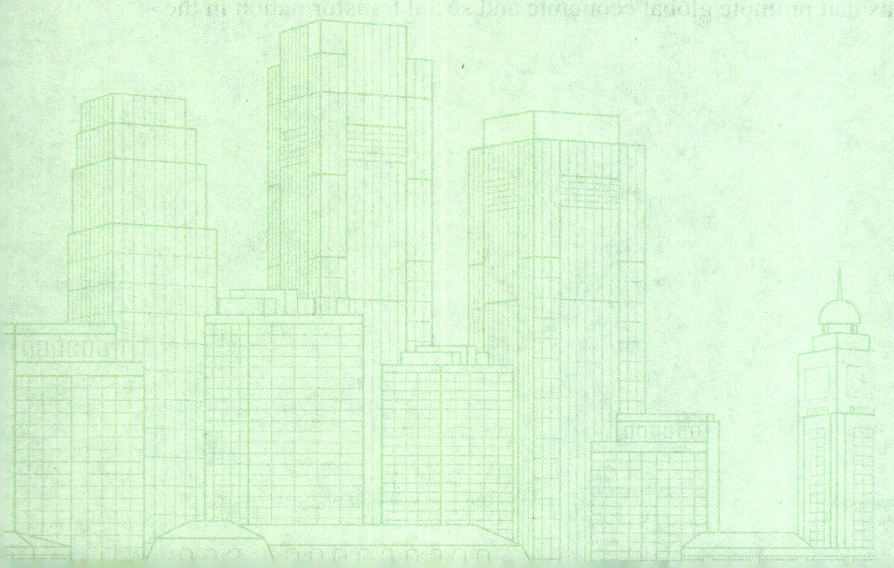

Chapter 3

Practices of Corporate Contribution to Biodiversity

Electric Power Industry

3.1 case1 CNNP Qinshan Nuclear Power Base: Building Ecological Nuclear Power Co-existing with the Nature in Harmony

3.1.1 Background

3.1.1.1 Background Analysis of Nuclear Power Industry

According to the *Global Assessment Report on Biodiversity and Ecosystem Services*, human beings' economic activities are the main drivers of biodiversity loss and transformational changes to current models are urgently needed. What are the real transformational changes? The positive impact on carbon neutrality on nature is beneficial to social fairness and justice. The consensus reached by the international community is that a fundamental transformation is needed across three socio-economic systems: food, land and ocean use; infrastructure and the built environment; and energy and extractives (WEF, 2020). China's 14th Five-Year Plan put forward to "grounding our efforts in the new stage of development, apply the new development philosophy and create a new development paradigm" to promote high-quality development. It not only provides a brand-new perspective of interpreting "the changes unseen in a century", but also shows China's sense of responsibility and responses under its commitment to "carbon peak and carbon neutrality". Improving the share of clean energy in energy mix is playing an increasingly important role in combating the risk of biodiversity loss and in realizing carbon peak and carbon neutrality goals.

As a kind of clean energy source, nuclear power generator is characterized by large capacity, smooth operation, and high availability, and can remarkably improve the environment. According to calculations, when every 40 GW of nuclear power is generated, 100 million t of standard coal equivalent could be saved per year. If 1 GW of nuclear power is generated, the reduced standard coal consumption is equal to generate 2 GW of hydropower, 3.5 GW of wind power and 4.7 GW of photovoltaic power respectively. The rapid development of nuclear power industry is also an evidence of the economic and environmental benefits of nuclear power. By the end of 2020, there were 440 nuclear power units in operation in the world, with the installed capacity of 413.812 GW; there were 58 nuclear power units under construction, with the installed capacity of 65.925 GW. Nuclear power provides 10% of the electricity around the world, accounting for one third of low-carbon power. In 2020, the cumulative power generation of China reached 7 417.04 TWh, including 366.243 TWh generated by nuclear power units.

At the same time, the construction and operation of nuclear power plants include many steps, such as fuel providers, equipment providers, power auxiliary business corporations, power generation companies, and power transmission and distribution companies. Therefore, if we do not meet market demands with sustainable modes of production and consumption, every step in the industrial chain could possibly damage the environment. From the mining of uranium before generating nuclear power, the nuclear safety, nuclear radiation, and warm water discharge during the power generating process, to the disposal of spent fuels after decommissioning, the power plants are bound to disturb the environment, thereby threatening biodiversity of the local area. Therefore, how to make nuclear power industry produce nature positive impact and cause less damage to the environment has become an important issue. That has long been concerned by global nuclear safety organizations, national nuclear regulation authorities, and nuclear power enterprises.

Against such a background, the international community and governments of different countries have formulated a series of policies, laws, and regulations, involving nuclear power site selection, the environmental impact assessment and tests of nuclear power plants, the waste management and disposal plan of nuclear power plants, the prevention and control facilities of radioactive pollutants compatible with nuclear facilities, and the decommissioning of nuclear power plants and other aspects. For example, in 1994, the International Atomic Energy Agency issued the *Convention on Nuclear Safety*. The convention stipulated that each contracting party shall set rules for evaluating all relevant site-related factors likely to affect the safety of a nuclear installation for its projected lifetime. In 2017, the *Nuclear Safety Law of the People's Republic of China* was enacted. It is to ensure that an operator of nuclear facilities shall monitor the type and concentration of radionuclides in the environment around nuclear facilities and the total amount of radionuclides in effluent from nuclear facilities, and shall conduct a scientific evaluation regarding such factors as geology, earthquake, meteorology, hydrology, environment and population distribution; such operator may submit the safety analysis report on a site selected for nuclear facilities to the regulatory department.

3.1.1.2 The General Impacts and Dependencies of Nuclear Power Industry on Biodiversity, and Challenges Posed on Biodiversity

In 2018, the Fourteenth meeting of the Conference of the Parties to the *Convention on Biological Diversity* passed the resolution *Mainstreaming of biodiversity in the energy and mining, infrastructure, manufacturing and processing sectors*: "Recognizing that energy and mining, infrastructure, manufacturing and processing, on the one hand, depend on biodiversity and the ecosystem functions and services that biodiversity underpins, and that the loss of biodiversity can impact these sectors negatively; and that, on the other hand, these sectors have potential impacts on biodiversity which may threaten the provision of ecosystem functions and services that are vital to humanity and to life on Earth." "Stressing that mainstream biodiversity in the sectors of energy and mining, infrastructure, manufacturing and processing is essential for halting the loss of biodiversity and for the achievement of the *Strategic Plan for Biodiversity 2011-2020* and the goals and objectives of different multilateral agreements and international processes, including the *2030 Agenda for Sustainable Development*, the *Sustainable Development Goals* and the *Paris Agreement*." Grounded in the entire industrial chain, this case is to sort out the correlation between nuclear power enterprises and natural capital, to analyze how the upstream, downstream and the core steps of the production and operation of nuclear power bases impact and depend on natural capital, laying the foundations for natural capital assessment.

Table 3-1 Impacts and Dependencies of Nuclear Power Industry on Natural Capital

Value chain steps of operations by nuclear power enterprises		**Correlation between nuclear power industry and natural capital**	
		Dependencies on natural capital	**Impacts on natural capital**
Upstream	Mining ores including Uranium, Zirconium, Cadmium, Argentum	• Consumption of mineral resources	• Impacts on local species resources and ecosystem during the mining process

Continued table

Value chain steps of operations by nuclear power enterprises		Correlation between nuclear power industry and natural capital	
		Dependencies on natural capital	**Impacts on natural capital**
Upstream	Processing nuclear fuel assembly fabrication	• Consumption of mineral resources such as Uranium	• Noise and greenhouse gases during the processing
	Transporting nuclear fuel	• Transportation and use of energies such as gas and diesel	• GHG emissions during the transportation process
Operations and maintenance of nuclear power plants	Constructing nuclear power bases	• Land use • Use of freshwater • Use of raw materials for construction • Consumption of food by construction staff such as seafood, vegetables and crops	• Release of greenhouse gases • Discharge of non-radioactive waste (solid and gaseous waste, sewage) • Impact on species habitats and ecosystem due to the occupation of land
	Power generation through nuclear fission in nuclear reactors	• Heat produced by nuclear fission transmitted by freshwater in the primary and secondary circuits • Use of seawater for cooling in the third circuit	• Impact on the living conditions of marine creatures due to the discharge of warm water into oceans • Nuclear radiation • Noise pollution • Spent fuel
	Disposition and discharge of waste	• Use of activated carbon to absorb radioactive gases • Use of seawater to dilute radioactive liquid waste • Use of chemical medicine • Land use	• Emission of radioactive waste (solid, liquid, and gaseous) • Emission of non-radioactive waste (solid and gaseous waste, sewage) • Nuclear radiation

Continued table

Value chain steps of operations by nuclear power enterprises		Correlation between nuclear power industry and natural capital	
		Dependencies on natural capital	**Impacts on natural capital**
Routines	Routines of operation	• Clean energy power generation • Energy consumption by office daily • Food consumption of staff such as seafood, vegetables and crops	• Greenhouse gases • Emission of non-radioactive wastes (solid and gaseous waste, sewage)
	Industrial tourism	• Development of tourism industry in nuclear power bases relies on the cultural and entertainment functions of ecosystem	• Protection of local environment • Boosting the development of the tertiary sector such as tourism in surrounding communities
Downstream	Grid-connection, and the transmission and distribution of electricity	• Consumption of natural resources such as aluminium, iron and rubber by cables and pylons used for power transmission and distribution	• Impact on species habitats and ecosystem as the construction of power grid projects will occupy land • GHG emissions due to the power lost during power transmission and distribution • Providing necessary power resources for social production and people's life

Since sustainable development has become a global consensus, it is an irreversible trend that the environmental protection policies for all industries and sectors will grow stricter and stricter. On the basis of the correlation between the entire industrial chain and natural capital, nuclear power enterprises need to further to analyze possible risks and challenges in environment and society that they will face in the future. In doing so, they are able to control the risks, respond to the challenges and facilitate the sound operation, contributing to the society greater economic, environmental, and social values (Table 3-2).

Table 3-2 Challenges and Risks Faced by Nuclear Power Industry

Categories	Challenges and risks
Operations and maintenance	• An increasing difficulty in natural resource supply safety and its attainability • An increase in the cost of natural resources use • Risks of applying new technologies and technical transformation • Risks of waste disposal
Compliance	• Stricter environmental compensation policies, laws and regulations • Specific rules for the disposition of radioactive pollutants • Stricter occupational health policies, laws and regulations
Finance	• Linkage between capital market and corporate bond financing and environmental protection performance • Possibly higher environment cost
Brand image	• Pressure from non-profit environmental conservation organizations • Community pressure from NIMBY(Not in My Back Yard) phenomenon • Public opinion crisis caused by the negative impacts on environment and society

3.1.2 Biodiversity Solutions

3.1.2.1 Company Profile

The business scope of China National Nuclear Power Co., Ltd.(CNNP) covers development, investment, construction, operation and management of nuclear power projects; investment and development of clean energy projects; investment and investment management of power transmission and distribution projects; R&D of technologies for safe nuclear power operation, related technical and consulting services; and electric power sales. Aiming to "Provide safe and efficient energy and create a clean and low-carbon life style", CNNP strives to promote the energy transition and the pollution prevention and control in China, contributing to build a beautiful China.

Qinshan Nuclear Power Base is the birthplace of nuclear power in Chinese mainland. Located in Haiyan County of Jiaxing City, Zhejiang Province, it is adjacent to the picturesque Hangzhou Bay, and amid the central areas of network power load of East China Power Grid. As the first nuclear power plant starting from scratch in Chinese mainland, it started construction in 1985, and was connected to the grid in 1991. At present, Qinshan Nuclear Power Base has 9 units in operation in total with a total installed capacity of 6.546 GW and an annual power generation of about 50 TWh. It is the country's largest nuclear power base of the most units, reactor types, and the biggest installed capacity. For over three decades, it has been a demonstration base of ecological nuclear power with steady safety record. Haiyan Country, where the base located, is a national-level ecological county and one of the counties with the best environment in Zhejiang Province. The surrounding villages, such as Wenxiwu, have become popular tourist attractions at the beautiful countryside. Nanbeihu Lake, the water source for the project, is the largest migration area for migratory birds in East China. By the end of 2020, it had generated 640 TWh of electricity in total, reducing CO_2 emissions equivalent to afforestation of an area roughly 400 times that of the West Lake scenic area. It has contributed to improving China's energy structure in power generation, ensuring energy supply security, and promoting the prevention and control of air pollution in the Yangtze River Delta region (Figure 3-1、Figure 3-2).

Figure 3-1 An aerial view of Qinshan Nuclear Power Base

Figure 3-2 Little egrets wandering at the nuclear power plant area

3.1.2.2 Biodiversity Management and Practices

Over the years, Qinshan Nuclear Power Base carries forward the Qinshan spirit of "pride of the nation", and stays committed to the mission of "providing safe and efficient energy and creating a clean and low-carbon life style". Adhering to the principle of harmonious coexistence with the nature, the base has adopted various effective measures to actively protect terrestrial ecology, aquatic ecology and water environment, and minimize impacts on power plants on eco-environment, striving to be a nuclear power practitioner with high sense of responsibility, and move forward to building a world-class nuclear power base.

(1) Strengthening environmental management: The base strictly implements environmental laws and regulations of China and the nuclear power industry, such as disposal fees payment, rational disposal of spent fuel in compliance with regulations, natural disaster prevention and control and environmental protection technology upgrading, etc., to ensure nuclear safety and environmental protection.

(2) Monitoring environmental impact: The base establishes a sound environmental monitoring system to conduct regular inspection and analysis on environment surrounding the operating nuclear power plant, and makes timely disclosure of the main monitoring data under public oversight. According to the biodiversity baseline survey results, no impact on the surrounding environment is noticed during the normal operation or overhaul due to refueling of the nuclear power plant.

(3) Improving the Fuel Utilization Efficiency: The base formulates the *Guidelines for Nuclear Fuel Management* and other management policies and develops the technically reliable fuel cycle mode and refuel model with high economic benefits to extend the fuel operating cycle and ensure high efficiency of fuel utilization.

(4) Minimizing radioactive waste: The base improves radioactive waste management policies to tighten the approval of applications for waste discharges and strengthens discharge monitoring, so as to effectively control and minimize the discharge of

radioactive waste. It actively promotes radioactive waste minimization project and signs a framework agreement on transport and disposal of radioactive waste with CNNC Environmental Protection Co., Ltd.(CEPC) to implement coordinated outgoing shipment of radioactive solid waste to mitigate waste storage risks.

(5) Promoting community development: Qinshan Nuclear Power Base actively integrates into local economic and social development while providing the communities with abundant clean power supply. It proactively shoulders corporate social responsibilities, pays taxes, offers job opportunities, and attracts nuclear power companies to settle down at nuclear power towns, contributing to the rapid development of Haiyan County.

3.1.2.3 Natural Capital Assessment of Qinshan Nuclear Power Base

We carry out the natural capital assessment of Qinshan Nuclear Power Base to quantify the ecological benefits obtained in its operation and biodiversity conservation practices. The assessment adopts a combination of qualitative, quantitative and monetary valuations to assess typical impacts and dependencies.

(1) Assessment Methods, Objectives and Scope

1) Assessment Methods: The methodology of the *Natural Capital Protocol* issued by Capitals Coalition in 2016 is adopted to identify and assess the impacts and dependencies on Qinshan Nuclear Power Base on natural capital. The changes in the state and trend of natural capital are estimated and the values of impacts and dependencies are assessed through qualitative, quantitative and monetary valuations.

2) Assessment Objectives

① Avoiding operational risks. To identify "changes in natural capital" and related operation risks due to material impacts caused by excessive dependencies or emissions of the base to provide references for strategy formulation, management and business decision-making and avoid risks to the business itself.

② Improving financial performance. To assess the value of positive impacts on natural capital in business operation or to present them in the "statement of profit and loss" of financial statements.

③ Attracting responsible investments. Natural capital assessment is helpful for the accurate reflection of the total value, market value as well as the intangible assets and brand values of the business. To analyze the cost and benefit of biodiversity conservation from the perspective of total value of natural capital can provide data support for effective attracting sustainable investments.

④ Improving social relations. The assessment results could be used by the business to issue reports, disclose information and communicate with stakeholders to gain recognition and support from a wider range of stakeholders, contributing to the establishment of a green brand image of CNNP and the enhancement of the brand values.

3) Assessment Scope: The assessment adopts a project-level organizational focus. That is, the temporal boundary is the operation period of Qinshan Nuclear Power Base involving Phase Ⅰ Project, Phase Ⅱ Project, Phase Ⅲ Project and the expansion project of Fangjiashan Nuclear Power Plant. The value-chain boundary considers the upstream raw material supply and direct operations of Qinshan Nuclear Power Base (Table 3-3).

Table 3-3 Analysis of Stakeholders

Target audiences	Appeals and expectations
Internal target audiences	
CNNP	• Expand domestic and foreign nuclear power businesses • Control the operational risks of nuclear power business and ensure nuclear safety • Enhance corporate brand reputation and brand value • Get full understanding and support from stakeholders including the government, domestic and foreign investors, the public, and public welfare organizations, etc.

Continued table

Target audiences	Appeals and expectations
Qinshan Nuclear Power Base	• Ensure the safe operation of the nuclear power plant • Avoid ecological risks • Guide the adjustment of environmental and biodiversity management strategies • Minimize the negative impact of nuclear power operations on business and society • Increase the positive impact of nuclear power operations on business and society • Control costs and improve profitability
Staff of Qinshan Nuclear Power Base Staff Station	• Enjoy a safe, eco-friendly and beautiful working environment • Safeguard occupational health
External target audiences	
Government	• Actively cooperate with government supervision • Ensure that nuclear power companies comply with safety and environmental protection standards • Prevent nuclear power operations from damaging eco-environment and harming residents' health • Provide clean electricity and promote energy mix transition • Generate tax revenue and boost local development
Customers (Power grid companies)	• Stable operation and continuous power supply • Zero risk and zero accident in nuclear power operation
Users (Shanghai, Zhejiang)	• Stable operation and continuous power supply • No health hazard due to nuclear power plant operation
Neighboring communities (such as residents, schools, other enterprises)	• Avoid negative impacts of nuclear power operation on their own health • Avoid negative impacts of nuclear power operation on their own livelihood • The nuclear power plant creates a more livable eco-environment • Boost local economic development • Popular science education on nuclear culture
Environmental organizations and experts	• Control and reduce impacts of nuclear power business activities on environment • Advise businesses on environmental and biodiversity conservation • Carry out research and application of natural capital assessment

(2) Baselines, Scenarios, Spatial Boundary and Temporal Boundary

1) Baselines: Qinshan Nuclear Power Plant Phase Ⅰ was officially connected to the power grid in December 1991, and the baseline of this project was set at the beginning of 1992 for the convenience of assessment.

2) Scenarios: The project focused on assessment and analysis of the current situation and adopted exploratory scenario for assessment.

3) Spatial Boundary: Qinshan Nuclear Power Base (including Qinshan Nuclear Power Plant Phase Ⅰ Project, Phase Ⅱ Project, Phase Ⅲ Project and the expansion project of Fangjiashan Nuclear Power Plant).

4) Temporal Boundary: Changes in natural capital of Qinshan Nuclear Power Base from the baseline period to the end of 2020.

In this assessment, qualitative, quantitative and monetary valuations are adopted. For indicators that could not be quantified, qualitative valuation is adopted; for indicators that could be quantified rather than be monetized, quantitative valuation is undertaken in physical units; for indicators that may both be quantified and monetized, monetary valuation is adopted. Finally, all monetized data are subject to accounting to obtain the results of natural capital accounting.

(3) Materiality Analysis of Impacts and Dependencies and Identification on Changes in Natural Capital

Impacts and dependencies are prioritized and reviewed by sorting out their pathways of Qianshan Nuclear Power Base on natural capital in consideration of the stakeholders' opinions. Then, these material impacts and dependencies are finally identified.

Identification of the screening principles for material indicators:

1) Impacts and dependencies that might bring about relatively huge costs or benefits should be included.

2) Impacts and dependencies that might cause significant concern from internal and external stakeholders should be included.

3) Under the premise of the above principles, in order to improve the feasibility

of quantitative analysis of natural capital assessment, the available quantitative and monetized impacts and dependencies should be included.

4) Under the premise of the above principles, to evaluate the effectiveness of biodiversity conservation practices by monetized indicators as much as possible, those impacts and dependencies, for which monetized results could be obtained via direct estimation approaches such as market valuation methods and value substitution methods, should be given priority to material assessment.

① Analysis on impact pathways of the operation of Qinshan Nuclear Power Base on natural capital.

An impact pathway describes how material input to production, various emissions or "non-product output" of business activity (collectively referred to "impact drivers") results in changes in natural capital and how these changes in natural capacity affect different stakeholders and result in cost and/or benefit of doing business.

In this assessment, the impact drivers include the following categories. These "non-product outputs" cause the changes in eco-environment, livelihood and well-being, and biodiversity around Qinshan Nuclear Power Base.

—Nuclear radiation: The discharge of radioactive solid, gas or liquid waste may cause soil radiation, water pollution, air pollution, leading to changes in human health and well-being.

—Cooling water: The cooling water discharged in the process of nuclear power generation may cause sea water temperature rise, resulting in changes in the abundance and variety of marine species.

—Industrial noise: Noise from nuclear power plant operation may have impact on daily life of staff and residents in the surrounding areas.

—Mitigation of climate change: The clean energy generated by the nuclear power plant will indirectly lead to a decrease of thermal power generation and usage, thereby reducing carbon emissions; large amounts of vegetation in nuclear power base can absorb carbon dioxide and release oxygen, and improve air quality.

—Improvement to community well-being: Better integration with local communities can stimulate the development of related industries and nuclear power-related tourism in the surrounding areas, providing employment opportunities for local residents as well as boosting the of local economic development.

Investment and costs increased in the following areas:

—Environmental compliance: The government has tightened regulation of the nuclear power industry, increasing corporate operating costs and environmental compliance risks, such as payment of environmental protection fees, disposal fees, spent fuel treatment service fees, etc.

—Green operation: The increase in extreme weather events requires more investment in natural disaster prevention costs to ensure the normal operation of nuclear power units; the environmental protection demands of stakeholders also increase the corporate cost on green operation.

② Analysis on dependency pathways of the operation of Qinshan Nuclear Power Base on natural capital.

A dependency pathway shows how a particular business activity depends upon specific features of natural capital. It identifies how observed or potential changes in natural capital affect the costs and/or benefits of doing business.

In this assessment, the operation of the nuclear power plant relies on resources such as land, fresh water and sea water. However, if the relationship between business operation and the natural environment and community habitats around the nuclear power plant cannot be properly addressed, the business qualifications for land, fresh water and sea water resource utilization approval may be jeopardized, and the business will be exposed to potential threats and costs in aspects such as ecological damage compensation, environmental litigation, and ecological compensation. Changes in difficulty of mining Uranium resources essential for the operation of the nuclear power plant will also lead to an increase in the cost of mining Uranium materials, which will have a significant impact on the business. Meanwhile, Qinshan Nuclear Power Base is located at seaside, the rising sea level, increasing water temperature, intensified drought, and floods and rainstorms will all affect the power generation capability of the nuclear reactors, which in turn will affect the operation of Qinshan Nuclear Power Base.

The dependencies of Qinshan Nuclear Power Base on natural capital mainly include the following aspects:

—Raw material supply: The operation of the nuclear power plant relies on resources such as land, Uranium mine, fresh water and sea water.

—Climate regulation: The operation of the nuclear power plant relies heavily on climate stability.

The identification of natural capital changes is mainly analyzed from two dimensions. One is to distinguish changes in natural capital associated with nuclear power plant operation and impact drivers, and the other is to distinguish changes associated with external factors. To lay a basis of determining what changes may occur to natural capital in the future, it is necessary to map the indicators chosen via the econometric analysis on the state changes in natural capital with corresponding impact drivers (Table 3-4).

Table 3-4 Material Impacts and Dependencies on Natural Capital

Impact drivers / dependencies	**Changes in natural capital**	**Impacts / dependencies resulting from actions taken by businesses**
Discharge of spent fuel Disposal fee	Reduce land availability	• Increasing compliance costs due to funds and technology inputs in disposal fees payment and improvement of integrated approaches • Enabling the business to retain nuclear power operation qualifications
Natural disaster prevention and control equipment	Improve eco-environment	• Green operation • Aligning with the national 14th Five-Year Plan
Environmental remediation technologies		

Continued table

Impact drivers / dependencies	Changes in natural capital	Impacts / dependencies resulting from actions taken by businesses
Discharge of radioactive solid waste	Increase radioactive substances in soil	• Inputting corporate funds and technologies to ensure discharge of radioactive waste in compliance with international and national standards, to mitigate risks of nuclear radiation • Enabling the business to retain qualifications
Low radioactive affluence discharged into the ocean after filtration	Increase radioactive substances in sea water	
Low radioactive air emissions after adsorption and filtration treatment	Increase radioactive substances in air	
Nuclear security incident occurrence	Significant changes occurred in the living environment of residents and marine species around nuclear power bases	• Increasing nuclear security costs due to measures to increase the cost of nuclear security input • Enabling the business to retain qualifications
Discharge of cooling water	Rise sea water temperature Disturbance to marine ecosystem	• Reducing cooling water discharge to mitigate impacts on marine ecosystem
Decibels of noise from operation	Noise pollution Changes in hearing of staff and local residents	• Taking measures such as strengthening noise detection and setting up noise reduction facilities and appliances to ensure noise level in compliance with international and national standards • Enabling the business to retain qualifications
Afforestation areas in nuclear power plant Clean energy power generation	Significant reduction in carbon dioxide emissions	Mitigating climate change effectively
Investment in community assistance	Reduce poverty population	Improving community well-being
Driving industry upgrading	Promote economic development	
Donations to help prevent and control COVID-19	Improve health of community residents	

Continued table

Impact drivers / dependencies	Changes in natural capital	Impacts / dependencies resulting from actions taken by businesses
Tourists generated	Raise environmental awareness of community residents	Promoting nuclear popular science tours
Area of land occupied for production facilities construction	Reduce difficulty in obtaining approval for land utilization	Encouraging the business to further increase investment in technological innovation and compliance costs, adopt green measures, and gain recognition from regulatory authorities and investment institutions, thereby reducing their dependences on natural resources
Uranium mining	Decrease cost of using Uranium mining	
Fresh water consumption	Reduce difficulty in obtaining approval for freshwater utilization	
Seawater consumption	Reduce difficulty in obtaining approval for seawater utilization	
Stability of climate conditions	Reduce dependencies of the business on climate	The business takes measures to protect the ecosystem and reduce the probability of extreme weather, thereby reducing its dependencies on climate

(4) Identifying Impact Drivers and Dependencies for Measurement

Measurements of impact drivers and dependencies can be either qualitative or quantitative. Measurement of qualitative indicators may involve high, medium, or low grades, or may be subjective assessments based on other definitions; quantitative indicators are usually presented in physical units. In order to better complete the cost-benefit analysis of natural capital of Qinshan Nuclear Power Base, we will select as many quantitative indicators as possible for analysis and accounting in this assessment (Table 3-5).

Table 3-5 Impact Drivers / Dependencies and Measuring Indicators

Impact drivers / dependencies	Impacts / dependencies	Measuring indicators
Discharge of spent fuel Disposal fee	Increase environmental compliance costs	Spent fuel deep burial cost Disposal fee
Natural disaster prevention and control costs	Green operation	Investment in natural disaster prevention and control
Costs for upgrading environmental remediation technologies		Investment in technological transformation of comprehensive renovation of ocean outfalls
Discharge of radioactive solid waste	Mitigate nuclear radiation risks	Discharge of radioactive solid waste/m^3
Low radioactive affluence discharged into the ocean after filtration		Discharge of radioactive liquid effluents /m^3
Low radioactive air emissions after adsorption and filtration treatment		Radioactive gas effluents emissions / Bq
Nuclear security incident occurrence	Increase nuclear security costs	Investment in nuclear security
Discharge of cooling water	Disturbance to marine ecosystem	Qualitative description
Decibels of noise from operation	Noise pollution	Qualitative description
Afforestation areas in the nuclear power plant	Mitigate climate change	Area of afforestation in plant area (10 000 m^2)
Clean energy power generation		Reduced CO_2 emissions by clean nuclear power (10 000 t)
Investment in community assistance	Improve community well-being	Improving community well-being
Driving industry upgrading		
Donations to help prevent and control COVID-19		
Tourists generated	Promote nuclear popular science tours	Number of visitors
Construction land area	Reduce dependencies on natural capital	Cost of construction land utilization
Uranium mining		Cost of enriched Uranium utilization
Fresh water consumption		Cost of freshwater utilization
Sea water consumption		Cooling seawater consumption/m^3
Stability of climate conditions	Reduce dependencies on stable climate	Qualitative description

(5) Valuations of Material Impacts and Dependencies

In order to determine the value of impacts of Qinshan Nuclear Power Base in business, on society and of its dependencies on natural capital, we conduct assessment on impacts and dependencies identified bases on consequence analysis of impacts and dependencies, and take into consideration the materiality of indicators and the availability of data. The assessment techniques include qualitative valuation, quantitative valuation and monetary valuations.

Before we perform quantitative valuation and monetary accounting on changes in the operating natural capital value of Qinshan Nuclear Power Base, first of all, the annual installed capacity of nuclear power units in Qinshan Nuclear Power Base is needed, and the relevant impacts and dependencies are estimated in proportions at this basis (Table 3-6).

Table 3-6　Installed Capacity of Qinshan Nuclear Power Base Units

Year	Length/ year	Unit(s) in operation	Installed capacity/MkW	Proportions/ %
1992-2001	10	Phase Ⅰ	30	4.76
2002	1	Phase Ⅰ + Unit 1, Phase Ⅱ	95	15.08
2003	1	Phase Ⅰ + Unit 1, Phase Ⅱ + Unit 1, Phase Ⅲ, Unit 2, Phase Ⅲ	235	37.3
2004-2010	7	Phase Ⅰ + Unit 1, Phase Ⅱ + Unit 2, Phase Ⅱ + Unit 1, Phase Ⅲ, Unit 2, Phase Ⅲ	300	47.62
2011	1	Phase Ⅰ + Unit 1, Phase Ⅱ + Unit 2, Phase Ⅱ + Unit 3, Phase Ⅱ + Unit 1, Phase Ⅲ, Unit 2, Phase Ⅲ	365	57.94
2012-2014	4	Phase Ⅰ + Unit 1, Phase Ⅱ + Unit 2, Phase Ⅱ + Unit 3, Phase Ⅱ + Unit 4, Phase Ⅱ + Unit 1, Phase Ⅲ, Unit 2, Phase Ⅲ	430	68.25%
2015-2020	5	Phase Ⅰ + Unit 1, Phase Ⅱ + Unit 2, Phase Ⅱ + Unit 3, Phase Ⅱ + Unit 4, Phase Ⅱ + Unit 1, Phase Ⅲ, Unit 2, Phase Ⅲ + Extension Unit 1 + Extension Unit 2	630	100

1) Qualitative, Quantitative and Monetary Estimation of Impacts on Business

① Increased environmental compliance costs.

Disposal of spent fuel: According to the statistics of the Finance Department of Qinshan Nuclear Power Base, the spent fuel treatment cost invested by the nuclear power base of 2019 was 808.167 million yuan. After calculating on a pro rata basis, the cumulative spent fuel treatment cost of Qinshan Nuclear Power Base from 1992 to 2020≈808.167 0 × 12.960 1≈10 473.93 million yuan.

Disposal fees: According to the statistics of the Finance Department of Qinshan Nuclear Power Base, the disposal fees invested by the nuclear power base in 2019 was 1 222.071 2 million yuan. After calculating on a pro rata basis, the cumulative disposal fees of Qinshan Nuclear Power Base from 1992 to 2020≈1 222.071 2 × 12.960 1≈15 838.17 million yuan.

② Green operation.

Natural disaster prevention and control: According to the statistics of the Finance Department of Qinshan Nuclear Power Base, the disaster prevention and reduction cost of the Base in 2019 was 53.240 5 million yuan. After calculating on a pro rata basis, the cumulative investment in natural disaster prevention and control cost of Qinshan Nuclear Power Base from 1992 to 2020≈53.240 5 × 12.960 1≈690 million yuan.

Environmental protection technology transformation: From 2017 to 2019, Qinshan Nuclear Power Base fully implemented the requirements of the *Implementation Plan for Pollution Control in Offshore Waters of Zhejiang Province*, and carried out comprehensive renovation of ocean outfalls by reducing the number of ocean outfalls, installing online monitoring devices on centralized treatment of non-radioactive sewage, separation of rain water and sewage and ocean outfalls, with a total investment of 9.3 million yuan.

2) Qualitative, Quantitative and Monetary Estimation of Impacts on Society

① Mitigating nuclear radiation risks.

In the course of operation, the main factor that may produce nuclear radiation is the discharge of radioactive waste (solid waste, liquid, gaseous). According to the statistics of Qinshan Nuclear Power Base, the liquid discharge of the Nuclear Island Liquid Waste Discharge System (TER) in 2019 was 7.01×10^4 m^3, the inert gas emission of 2019 was 3.13×10^{12} Bq. In 2020, Qinshan Nuclear Power Plant completed the transportation of 700 m^3 of radioactive solid waste. According to estimates of a pro rata basis, from 1992 to 2020, the cumulative radioactive liquid effluent discharge of Qinshan Nuclear Power Base$\approx 7.01 \times 10^4 \times 12.960\ 1 \approx 90.85 \times 10^4$, and the cumulative radioactive gas waste emissions$\approx 3.13 \times 10^{12} \times 12.960\ 1 \approx 40.57 \times 10^{12}$ Bq. The cumulative discharge of radioactive solid waste$\approx 700 \times 12.960\ 1 \approx 9\ 072$ m^3.

In accordance with GB 6249-2011 *Regulations on Environmental Radiation Protection of Nuclear Power Plants*, for reactors with 3 000 MW of thermal power, the annual limit for inert gas emissions is 600 TBq=600×10^{12} Bq, and the inert gas emissions of Qinshan Nuclear Power Base are 40.57×10^{12}, far less than the national standard.

② Increasing nuclear security costs.

According to statistics, since the Qinshan Nuclear Power Plant began to operate at the end of 1991, there have been no nuclear power plant operation incidents above the grade. According to the statistics of Qinshan Nuclear Power Base, the nuclear safety-related investment in 2019 was 133.587 million yuan, and according to calculation on a pro rata basis, the cumulative nuclear safety investment$\approx 133.587\ 0 \times 12.960\ 1 \approx 1\ 731.30$ million yuan.

③ Disturbance to marine ecosystem.

According to statistics, the changes in species number at the Plant and in surrounding marine environment are not obvious.

④ Noise pollution.

By the end of 2020, there was no noise-related occupational disease among employees of Qinshan Nuclear Power Base.

⑤ Mitigating climate change.

Ecological benefits generated from afforestation in the plant area: According to estimates, the afforestation area in the plant area of Qinshan Nuclear Power Base is nearly 30 hm^2. By reference to the *Forest Resources in Zhejiang Province and Its Ecological Functional Value Announcement in 2019* issued by Zhejiang Forestry and Grassland Administration, the average annual ecological benefit of forest land in Zhejiang Province is 97 100 yuan per hectare, and the ecological benefit of vegetation and afforestation in Qinshan Nuclear Power Base from 1992 to 2020=30 × 9.71 × 28 years≈81.56 million yuan.

Clean electricity reduces carbon emissions: By the end of 2020, Qinshan Nuclear Power Plant had generated 640 TWh of electricity safely in total. According to the *Annual Report on Development of China's Power Industry 2020* issued by China Electricity Council, the overall CO_2 emissions per unit of coal-fired power generation of China are about 838 g/(kW · h), which served as the basis to estimate the CO_2 emission reduction by replacing coal-fired power with on-grid nuclear power of Qinshan Nuclear Power Base. Reduction of CO_2 emissions=total cumulative on-grid nuclear power × CO_2 emissions per unit of coal-fired power generation of China=640 × 10^9 × 838 g=536.32 million t. Monetary valuation coefficient (727 yuan/t) of UK government for GHG emission is used for calculation. GHG emission reduction benefits=CO_2 emission reduction × monetary valuation coefficient=536.32 × 10^6 t × 727≈389 904.64 million yuan.

⑥ Improving community well-being.

Combined with the main requirements of natural capital accounting, the replacement cost approach is adopted in monetary valuations of the community well-being based on the direct inputs of Qinshan Nuclear Power Base in surrounding communities. Qinshan Nuclear Power Base creates a value of 11.00 million yuan for community well-being by means of community assistance and COVID-19 control.

⑦ Promoting nuclear popular science tours.

The Nuclear Power Science and Technology Museum of Qinshan Nuclear Power

Base has received foreign visitors from more than 40 countries and regions, with an annual reception of over 50 000 visitors, showing the good image of CNNP. The Nuclear Power Science and Technology Museum was put into operation in 2017. By the end of 2020, the cumulative number of visitors for four years is nearly 150 000.

3) Qualitative, Quantitative and Monetary Estimation of Dependencies on Natural Capital

① Reducing dependencies on natural resources.

Qinshan Nuclear Power Base organizes special activities for eco-environmental protection, gets to know the biodiversity on the land and waters where it operates, and carries out biodiversity conservation actions. It practices responsible procurement, conserves the use of fresh water resources, strictly manages cooling water discharge, and ensures that the discharge/emissions meet the relevant regulations and requirements. Due to the outstanding environmental protection performance, it will become easier for the business to get approvals for local governments for use of land, fresh water, minerals, seawater and other natural resources in the future, and the risk of dependencies on natural resources of the business will be reduced.

Land resource utilization: Qinshan Nuclear Power Base covers an area of over 7 200 mu, or 4.8 million m^2, with reference to the research results of the *Analysis of Natural Capital Costs of China's Financial and Investment Institutions-Taking Commercial Banks in China as Examples*, the cost of changes in land use status in the southern coastal economic zone was 0.24 yuan/m^2, then the natural capital cost of the land occupied by Qinshan Nuclear Power Base was 0.24×4.8 million≈1.15 million yuan.

Mineral resources utilization: The amount of uranium mining procurement in 2019 was 1 921.194 2 million yuan, and according to calculation on a pro rata basis, the cumulative amount of uranium mining procurement of Qinshan Nuclear Power Base from 1992 to 2020 = 1 921.194 2 × 12.960 1≈24 898.87 million yuan.

Freshwater resources utilization: In 2019, the nuclear power base consumed 11 286 182 m^3 of fresh water, and according to calculation on a pro rata basis, the cumulative consumption of fresh water of Qinshan Nuclear Power Base from 1992 to 2020≈11 286 182 × 12.960 1≈146.27 million m^3. According to *Analysis of Natural Capital Costs of China's Financial and Investment Institutions-Taking Commercial Banks in China as Examples*, the water consumption cost was 9.73 yuan/m^3, and the value of dependencies on freshwater resources=the amount of freshwater resources consumption × the cost of water consumption per unit=146.27 million × 9.73≈1 423.21 million yuan.

Seawater resources utilization: In 2019, the nuclear power base consumed 7 917.309 65 million m^3 of seawater, and according to calculation on a pro rata basis, the cumulative consumption of seawater of Qinshan Nuclear Power Base from 1992 to 2020=791 730.965 × 12.960 1≈102 609.13 million m^3, the seawater resources during the operation of the nuclear power plant can be recycled, and the use of seawater does not need to pay any relevant fees from the start of operation in 1992 till now, so there is no need to make monetary accounting on this indicator for the time being.

② Reducing dependencies on stable climate.

Qinshan Nuclear Power Base engages specialized institutions to carry out long-term meteorological monitoring, and issues early warning of possible natural disasters. Investment in natural disaster prevention and control has been increased to ensure the safe operation of the nuclear power plant, reduce the frequency of extreme weather, and improve corporate capability of tackling climate change. In recent years, the surrounding climate conditions of Qinshan Nuclear Power Base are basically stable, and the dependencies of the business on climate conditions have been reduced (Table 3-7).

Table 3-7 Core Indicator Evaluation of Qinshan Nuclear Power Base Natural Capital Assessment

Material topics	Impacts / dependencies	Indicators	Qualitative	Quantitative	Monetary value/ million yuan
Impacts on business	Increased environmental compliance costs	Spent fuel deep burial cost	—	—	-10 473.93
		Disposal fee			-15 838.17
	Green operation	Investments in natural disaster prevention and control	—	—	-690
		Investment in technological transformation of comprehensive renovation of ocean outfalls	—	—	-9.3
Impacts on society	Mitigated nuclear radiation risk	Discharge of radioactive solid waste/m^3	—	8 372	*
		Discharge of radioactive liquid effluents/m^3	—	90.85×10^4	*
		Inert gas emissions/Bq	Far less than the relevant emission limit	40.57×10^{12}	*
	Increased nuclear security costs	Investment in nuclear security	—	—	-1 731.30
	Disturbance to marine ecosystem	Qualitative description	No obvious changed in species number		
	Noise pollution	Qualitative description	No related occupational disease occurred		
	Mitigated climate change	Area of afforestation in plant area (10 000 m^2)	—	30	+81.56

Continued table

Material topics	Impacts / dependencies	Indicators	Qualitative	Quantitative	Monetary value/ million yuan
Impacts on society	Mitigated climate change	Reduced CO_2 emissions by clean nuclear power (10 000 t)		53 632	+38 990 464
	Improved community well-being	Improved community well-being	—	—	+11.00
	Promoted nuclear popular science tours	Number of visitors	—	150 000	—
Depend-encies on natural capital	Reduced dependencies on natural resources	Area of construction land (10 000 m^2)	—	480	-115
		Cost of enriched Uranium utilization	—	—	-24 898.87
		Freshwater consumption (10 000 m^3)	—	14 627	-14 231
		Consumption of seawater for cooling (10 000 m^3)	—	10 260 913	—
	Reduced dependencies on climate	Qualitative description	Environmental protection measures of the business stabilized the local climate conditions and benefited business and surrounding residents		

Note: "—" in the above table indicates that this item does not need to be filled in; "*" indicates that this item is temporally unavailable; "+" indicates positive results; "-" indicates negative results. In addition, as the natural capital accounting project is being implemented, some indicators will be calculated after data is measured, collected and improved.

Due to limitations such as incompleteness of data draft, limited numbers of assessment indicators, and insufficient knowledge, understanding and experience, the natural capital assessment of Qinshan Nuclear Power Base has certain limitations, and is subject to be supplemented and improved after further opinions sought from experts and stakeholders.

3.1.3 Qinshan Nuclear Power Base Natural Capital Assessment Results Analysis

The natural capital assessment includes two parts: the monetary value analysis established in natural capital assessment and the non-monetary value analysis where monetary valuation has been temporarily unavailable.

3.1.3.1 Impacts on Business—Cost /Benefit Analysis

The construction and operation of Qinshan Nuclear Power Base has incurred 2 874 270 million yuan in costs, including the disposal cost of 1 583 817 million yuan due to the continuously strengthening industry supervision and the implementation of the business's green development strategy, the spent fuel treatment cost of 10 473.93 million yuan, the natural disaster prevention and control cost of 690 million yuan, the environmental remediation technology transformation cost of 9.3 million yuan and other impacts of natural capital on business, as well as the cost of activities carried out by the business to mitigate the adverse impacts on natural capital, such as investment in nuclear safety of 1 731.3 million yuan.

3.1.3.2 Impacts On Society—Cost /Benefit Analysis

After the business takes biodiversity conservation measures to invest funds and technologies, the impacts of the business on natural capital are reduced, and more values are created, resulting in positive societal benefits of 389 997.2 million yuan. These include a value of 389 904.64 million yuan due to the CO_2 emissions reduction of clean nuclear power, an ecological value of 81.56 million yuan for vegetation and afforestation in the plant area, 7.4 million yuan of improvement in community well-being.

3.1.3.3 Dependencies on Natural Environment—Cost /Benefit Analysis

Although the compliance costs increased due to the capital and technology input of the business, the capability of the business to cope with issues such as climate change and resource shortage has been improved, thereby reducing the dependencies of the business on natural capital and making it less difficult for the business to obtain qualifications, resources and investment. In this project, the dependencies on natural resources incurred a cost of 26 323.23 million yuan. These include the land use change cost of 1.15 million yuan, the enriched uranium utilization cost of 24 898.87 million yuan, and the natural cost of freshwater consumption of 1 423.21 million yuan.

3.1.3.4 Overall Costs/Benefits

By consolidating all monetary accounting results from the three components of impacts in business, impacts on society and dependencies on natural capital, the project incurred business costs of 2 874 270 million yuan, societal costs of 26 323.23 million yuan, and societal benefits of 389 997.2 million yuan. The total societal benefits are far greater than the total business and societal costs, which indicates that the project has achieved sustainable positive results (Table 3-8).

Table 3-8 Summary of Costs and Benefits of Natural Capital Accounting

Business costs and benefits			
Costs / benefits	**Impacts / dependencies**	**Indicators**	**Monetary value/ million yuan**
Business costs	Increased environmental compliance costs	Disposal fees	1 583 817
		Spent fuel deep burial fees	-10 473.93
	Green operation	Investments in natural disaster prevention and control	-690
		Investment in technological transformation of comprehensive renovation of ocean outfalls (10 000 yuan)	-9.3
	Increased nuclear security costs	Investment in nuclear security	-1 731.3
Total business costs			-2 874 270

Continued table

Societal costs and benefits			
Costs / benefits	**Impacts / dependencies**	**Indicators**	**Monetary value/ million yuan**
Societal costs	Reduced dependencies on natural resources	Land use change costs	-1.15
		Cost of enriched Uranium utilization	-24 898.87
		Natural costs of freshwater utilization	-1 423.21
Total societal costs			-26 323.23
Societal benefits	Climate change	Value of reduced CO_2 emissions by clean nuclear power	+389 904.64
		Ecological value of vegetation and afforestation in plant area	+81.56
	Improved community well-being	Improved community well-being	+7.4
Total societal benefits			+389 997.2
Total societal costs and benefits			+363 673.97

3.1.3.5 Risks and Opportunities Analysis

From the perspective of risks, the operation of Qinshan Nuclear Power Base will reduce or occupy natural resources required for nuclear power generation, resulting in an increase in operating costs of the business; the nuclear radiation impact and nuclear safety risks of the nuclear power plant will also lead to stricter regulatory policies and the public's increasing demands for information disclosure of nuclear power plant, resulting in the increase in environmental costs and the costs of legal compliance risk and communication with brand stakeholders.

From the perspective of opportunities, a clean energy structure is an important global trend in the future, and the potential social demand for nuclear power and other clean energy is huge; paying more attention to biodiversity conservation and rational use of natural resources not only has a significant effect on protecting the natural environment and improves the corporate operating environment, but also brings new development opportunities for the business, such as the development of tourism and nuclear power-related industries. Meanwhile, it can provide abundant positive materials for stakeholder communications of the business to strengthen the environment-friendly brand image, enhance the corporate brand value, and promote the sustainable development of the business.

3.1.4 Prospects

Among the top ten environmental issues that threaten human survival in today's world, biodiversity, global warming and ozone layer destruction are considered by the UN to be the three most critical challenges. China proposed the new target of "aiming to peak CO_2 emissions before 2030 and achieve carbon neutrality before 2060" to tackle climate change. This is a new opportunity for the accelerating development of nuclear power industry. It also brings forth higher requirement of environmental protection and biodiversity conservation for nuclear power industries. Qinshan Nuclear Power Base utilizes natural resources in a sustainable way to serve production and life with clean energy, and endeavors to improve the well-being. It actively responds to climate change, protects animal habitats and slows down biodiversity loss, thus standing out in "Ecological civilization: building a shared future for all life on earth". These actions will also continue to guide the nuclear power base to advance on the path of sustainability in the future.

On the basis of natural capital assessment of Qinshan Nuclear Power Base, we provide certain recommendations of the perspectives of business decision-making management, daily management and cooperation with stakeholders for CNNP to further enhance its capabilities in risk and opportunity management.

(1) Suggestion 1: to incorporate natural capital into business decision-making and management while acting upon the requirement of high-quality development during the 14th Five-Year Plan period. Biodiversity is the critical element to transfer ecological value

to product quality, brand value and corporate intangible asset, and sound understanding of natural values is helpful for the business to avoid risks, seize business opportunities and realize supply chain management and sustainable development. It is suggested to carrying out natural capital assessments, make relevant promotion and application in CNNP's subsidiaries, and build interest guiding mechanism for ecological conservation and green development.

(2) Suggestion 2: to carry out systematic biodiversity conservation under the backdrop of "transition and transformation" in China and abroad. It is suggested to establishing a biodiversity indicator system in line with characteristics of business operation and surrounding eco-environment and a management system incorporating biodiversity monitoring, conservation, sustainable utilization and supervision, improve relevant data record of biodiversity management and raise biodiversity conservation awareness inside the business.

(3) Suggestion 3: to carry out multi-party collaboration in biodiversity conservation under the background that biodiversity has become an important environmental issue that threatens the existence of mankind in today's world. "Ecological civilization-building a shared future for all life on Earth" is not just the theme of COP15, but also implies that biodiversity conservation requires joint efforts of the whole society. The business, together with external stakeholders such as government, research and consultation institutes, NGO organizations, can enhance cooperation and pool strength to make joint efforts on biodiversity conservation and build a community with a shared future for mankind.

(4) Suggestion 4: to adopt "comprehensive capital approach" in the context of the business's own long-term development strategy. Based on natural capital, it is suggested to adopting comprehensive environmental and economic accounting to demonstrate the multiple social and economic values of corporate biodiversity conservation actions, and to enhance corporate brand value and favorable views among stakeholders.

3.2 case2 CGN Modou Mountain Wind Farm: Developing Clean Wind Energy to Build an Ecological Park

3.2.1 Background

3.2.1.1 Background Analysis of Wind Power Industry

With the increasing demand for electricity, the new requirements of ecological civilization construction and the global consensus of sustainable development, the cleaning of energy structure has become a key way to solve environmental problems. Since the end of the 20th century, wind power has developed into the most important and widely used form of modern wind energy. Compared with thermal and nuclear power generation, wind power is one of the safest power generation methods with the best environmental benefits and great development potentials.

As one of the countries in the world with rich wind energy resources, China is with about 1 TW[1] of developable wind energy resource distributed mainly in the northern grasslands and Gobi as well eastern coastal areas and nearby islands. In recent years, China has been actively developing wind power with local wind energy resources, which has satisfied the regional power demand and effectively reduced greenhouse gas emissions, producing a far-reaching impact on promoting local socio-economic

---

1 Zhang Enguo. Analysis on Wind Power Resource Utilization Efficiency in China[J]. Rural Conomy and Science Technology, 2020, 31(4):3-4.

development and improving people's lives.

Since the promulgation of the *Renewable Energy Law* in 2006, China has made vigorous development in renewable energy, especially wind energy. The 13th Five-Year Plan for Renewable Energy Development issued by China in 2017 pointed out that the transformation from traditional energy system to low-carbon new energy system is a crucial trend of the transformation of energy and global energy system structure, and will lead to the era of sustainable development dominated by renewable energy. China's wind power output is growing rapidly as its on-grid output reached 466.5 billion TWh in 2020[1], ranking first in the world.

The rapid development of wind power has also led to the destruction of the ecological environment in some regions. The construction of some wind power projects has a negative impact on the ecological environment, such as bird damage, ecological damage and soil erosion, due to the lack of appropriate environmental protection measures. How to deal with the relationship between the local environment and wind power project in every link, and how to ensure that the environment is not damaged while orderly developing the wind power project to benefit the local economy are the main issues concerned in the project ecological environment impact assessment.

In order to guide the safe development of wind power industry and coordinate the development of economy, environment and society, Chinese government has taken a series of measures. On December 29, 2020, the Ministry of Ecology and Environment issued the Supervision System of Ecological Conservation Red Line (on Trial), with seven ecological conservation red lines, stipulating that "new wind power and photovoltaic facilities shall avoid the ecological conservation red line". [2] China Electric Power Planning

---

1 *Analysis and Forecast on National Electricity Supply and Demand 2020-2021*[J]. China Power Enterprise Management (4):4.

2 Yao Lan, Ding Qinglong, Yu Zhenyu, et al. Review and Framework Construction of Ecological Conversation Red Line Research[J]. *China Land Science*, 2019, 33(7): 11-18.

Engineering Institute released the *China Energy Development Report 2020*, predicting that the development of wind power in the next three years is expected to further accelerate on the basis of the average level of that in the 13th Five-Year Period. With the accelerated implementation of intensive development projects such as Source-Network-Load-Storage Integration and multi energy complement and offshore wind power, the average annual increase of wind power output in China is expected to reach a high amount of 30～50 GW[1]. But what should be emphasized is that, while wind power is developing rapidly, it is necessary to pay attention to the limited factors of land and environmental protection in the mid-east and south China, as well as the consumption of electricity in key areas, so as to ensure the reasonable utilization of wind power projects.

3.2.1.2 Common Impacts and Dependencies of Wind power Industry on Biodiversity

From the perspective of the whole industrial chain, the research sorts out the relationship between wind power enterprises and natural capital, and analyzes the impact and dependence on production and operation of wind power enterprises on natural capital, so as to lay the foundation for natural capital accounting (Table 3-9).

Table 3-9 Impacts and dependencies of wind farms on natural capital

Impacts / Dependencies	Impact/ dependence of wind farms on natural capital
Dependencies on natural capital	— Generate power by wind energy for business — Rely on healthy and stable climate and environment for production — Temporary or permanent use of land / sea — Procurement and use of raw materials and resources during construction

1 *General Electric Power Planning and Design Institute*: *China Energy Development Report 2020*.

Continued table

Impacts / Dependencies	Impact/ dependence of wind farms on natural capital
Impacts on wind farms	— Impact on the current and potential financial costs or benefits of enterprises in the wind power industry chain — Increase in operating costs due to the introduction of new policies and regulations
Impacts on society	— The development of projects will emit greenhouse gases (carbon dioxide) into the atmosphere — Emission of noise, gas, solid, liquid and other pollutants during the construction — Electromagnetic radiation produced in power transmission — The losses incurred or benefits generated by the supply chain directly or indirectly affecting and relying on natural capital

On the basis that sustainable development has become a global consensus, it has become an indisputable fact that environmental protection policies in every industry are becoming more and more stringent. Wind farms need to further analyze the environmental and social risks and opportunities that they may face in their future development, based on the relationship between the whole industrial chain and natural capital, so as to control risks, seize opportunities and expand business, creating greater comprehensive economic, environmental and social value for the society (Table 3-10).

Table 3-10 Risks and opportunities faced by wind farms

Categories	Risks	Opportunities
Operation	• Increased difficulty to obtain production factors (such as land, raw materials, water and energy) • Increased operational safety risks of wind power projects	• Promote the use of biodiversity management measures to address issues of conservation and sustainable utilization
	—	• Promote the awareness of green operation and sustainable development
Compliance	• Stricter environmental policies and regulations	• Promote enterprises' awareness of compliance and ensure product quality

Continued table

Categories	Risks	Opportunities
Finance	• Increased difficulty to finance through the capital market	• Take measures to increase the value of natural capital and enhance the investment willingness of investors
	• Possibly more environmental costs	• Protect biodiversity and ecological system to prevent the risk of economic loss
	—	• Benefits from the development of tertiary industry
Market	• The change of customer value or preference requires higher product quality, resulting in the reduction of market share of uncompetitive products	• Consumers' increasing demands for green and organic products will improve the market share of corresponding products
Brand image	• Pressure on public welfare organizations and communities caused by NIMBYism	• Establish a green and responsible brand image
	• Public opinion crisis	• Broaden communication channels for stakeholders

3.2.2 Biodiversity Solutions

3.2.2.1 Company Profile

Established in 1994, China General Nuclear Power Group (hereinafter referred to as CGN), is a super large clean energy enterprise headquartered in Shenzhen, China. Its core business covers clean energy power generation such as nuclear power, wind power and solar energy. With the mission of "optimizing energy structure to driving green life", CGN has incorporated ecological and environmental conservation into the company's strategy and formulated short-term, medium-term and long-term objectives. The company has also established a perfect environmental management system to continuously monitor the surrounding environment of project sites. In 2019, based on the annual CSR report, CGN released the *Report on Biodiversity Conservation* based on natural capital accounting and made special disclosure on CGN's actions and achievements in biodiversity conservation.

Taking eco-friendly nuclear power as its idea of development, CGN is committed to realize the "symbiosis, mutualism and regeneration" with the surrounding natural and social environment in the process of construction and operation. As a "benevolent player", nuclear power should blend with indigenous ecosystems while maintaining the ecological originality and balance. As a "participant", nuclear power drives the development of surrounding villages and towns through project construction. The interactions with environment help realize sharing with ecological environment and contribute to a new better balance. As a "contributor", nuclear power builds a green, harmonious and prosperous nuclear power industry chain ecosystem by providing high-quality ecological products such as clean energy.

Within the framework of achieving the medium and long-term environmental conservation objectives, CGN started the natural capital accounting research project for its Daya Bay Nuclear Power Base, and assessed the natural capital quantification and monetization of Daya Bay Nuclear Power Plant by using the methodology of the Natural Capital Protocol issued by the Natural Capital Coalition in 2016. The results of the project will provide guidance for CGN' relevant decisions in nuclear power operation, biodiversity and environmental risk management.

3.2.2.2 Biodiversity Solutions

Modou Mountain Wind Farm sits on the ridge where Huaning County and Jiangchuan District of Yuxi City meet. It is located in the north central part of the Yunnan Plateau, and thus have typical geographic feature of central Yunnan-red earth plateau. Modou Mountain Wind Farm is the first wind farm built by CGN in Yuxi City with the approval of Yunnan Provincial Development and Reform Commission in 2012 (Figure 3-3).

Figure 3-3 Wind Turbines of Modou Mountain Wind Farm Distributed on the Ridge

(1) Ensuring vegetation restoration and afforestation. Modou Mountain Wind Farm occupied a certain vegetation area during its construction, resulting in the reduction of plants in the occupied area. The wind farm takes certain measures to restore the natural environment. It pays vegetation restoration fees to the government, and earths up and afforests temporarily occupied areas, such as slag disposal sites, side slopes of roads, and the hoisting platform of wind turbines, and gradually restores wildlife habitats. Besides, to reduce water and soil loss, it builds retaining walls and drainage facilities such as intercepting drain and side ditches. All these measures reduce its negative impacts on the value of ecosystem services.

(2) Protecting animals, plants and their habitats. During the operation of Modou Mountain Wind Farm, the potential impact of wind turbines blades on birds is fully considered. The investigation and assessment related to species and habitat protection was conducted when selecting the project site, so as to avoid the migration path of migratory birds. And the long-term biological monitoring and related rescue work are carried out during the project operation.

(3) Protecting water sources and clean water. The wind farm is in Fuxian Lake, Xingyun Lake and Qinglong River area. According to *Environmental Quality Standards for Surface Water* (GB 3838-2002), the water quality of Fuxian Lake is Class Ⅰ, and that of Xingyun Lake is worse than Class Ⅴ. Thus, the water environment is relatively sensitive, posing higher requirements for sewage treatment and reuse. The wind farm took the initiative to build domestic sewage disposal facilities, including grease trap and septic tanks. The treated water is used for afforestation in the project area, and agricultural irrigation of nearby farmer households. Sewage disposal and reuse could reduce the impacts of water body pollutants discharged by the wind farm on natural capital while reclaimed water irrigation to a certain degree will have an effect of fertilization.

(4) Creating a clean energy education base. A science museum was built in the plant area to exhibit wind turbine blades and a variety of small-scale wind turbine generators, and introduce knowledge about wind power generation and other forms of renewable electricity generation. Modou Mountain Wind Farm was bestowed the title of "Education Base for Energy Science Popularization" by China Energy Research Society on November 7, 2018, and "Electric Power Science Education & Popularization Base of 2019" on November 13, 2019, becoming the largest new energy science popularization education base on China.

3.2.2.3 Research on Natural Capital Accounting of Yunnan Modou Mountain

The research on natural capital accounting of Modou Mountain Wind Farm applies *the methodology of Natural Capital Protocol* to identify and measure the impacts and dependencies of the nuclear power base on natural capital, assess the state and trend changes of natural capital brought by business, so as to assess the impacts and dependencies on natural capital in a qualitative, quantitative and monetary manner.

(1) Assessment Methods, Objective and Scope of Valuation

1) The research project applies *the methodology of Natural Capital Protocol* issued in 2016 to identify and measure the impacts and dependencies of Modou Mountain Wind Farm on natural capital, assess the state and trend changes of natural capital, so as to assess the values of impacts and dependencies on natural capital in a qualitative, quantitative and monetary manner.

2) Assessment Objective

① Assessing risks and opportunities. The research aims to assess the nature and extent of the impacts and dependencies of Modou Mountain Wind Farm on natural capital, as well as relevant risks and opportunities, so as to help the wind farm analyze costs and benefits from the perspective of total natural capital, and provide reference for strategy formulating, company management or operation decisions.

② Assessing the impact on stakeholders. The research aims to assess the impact of natural capital changes caused by business activities of Modou Mountain Wind Farm on stakeholders and its scale, so as to help the wind farm solve management and decision-making issues related to affected stakeholders.

③ Providing reference and support for stakeholder communication. Through information disclosure and communication with internal and external stakeholders about the biodiversity conservation actions and their values carried out by the wind farm, it aims to obtain winder recognition and support of stakeholders, thus establishing the green image of Modou Mountain Wind Farm and enhancing its brand value.

3) Scope of valuation: Based on the operational characteristics of Modou Mountain Wind Farm and the actual situation of the project, the value-chain boundary is limited to the site selection, construction and operation of the wind turbines. Thus, the impacts and dependencies of the upstream and downstream of the value chain on natural capital are not included in the scope of valuation (Table 3-11).

Table 3-11 Analysis of target audiences of the project

Target Audiences	Appeals and Expectations
Internal stakeholders	
CGN	• Further expand the wind power business market • Control operational risks of wind power business • Enhance the sustainable brand value of the group • Obtain the full understanding and support of the government, domestic and overseas investors, the public, public welfare institutions and other stakeholders
Modou Mountain Wind Farm	• Enhance the positive impact of wind power operation on itself and the society • Reduce the negative impact of wind power operation on itself and the society • Prevent wind power operation risk • Control costs and improve revenue while ensuring safety and environmental conservation
Employees of Modou Mountain Wind Farm	• Obtain a safe, eco-friendly and beautiful working environment • Occupational health guaranteed
External stakeholders	
Government	• Actively cooperate with government supervision • Ensure that the wind power project meet relevant safety and environmental conservation standards • Avoid any damage of the ecological environment and residents' health by wind power operation
Customers	• Stable operation and continuous power supply • No operational risk and accident
Domestic and overseas investors	• Keep making profits and create value for investors • Improve credit rating • Strengthen risk control capability
Surrounding communities	• Avoid adverse impact of wind power operation on Residents' health • Avoid the adverse impact of wind power operation on Residents' livelihood • Create a more livable ecological environment with the wind farm
Environmental conservation organizations and experts	• Control and reduce the impact of wind power business activities on the environment • Promote the research and application of natural capital accounting

(2) Baselines, Scenarios, Spatial Boundaries, and Temporal Boundary

This accounting takes the natural capital status before the construction of Modou Mountain Wind Farm (October 16, 2012) as the baseline and applies the "exploratory" scenario to assess the future changes of natural capital related to the construction and operation of Modou Mountain Wind Farm and identify the potential risks.

The temporal boundary of the assessment starts from October 16, 2012. In the construction period, impacts and dependencies on natural capital mainly occurred in 2013. As for the operation period, such impacts and dependencies mainly exist from 2014 to now (the end of 2019). For the convenience of later-on data collection and calculations, the time period from 2013 to 2019 is determined as the temporal boundary of this study, where 2013 is the construction period and 2014-2019 is the operation period. The spatial boundary assessed in this project is the project area of Modou Mountain Wind Farm. The geographic coordinates of the wind farm are 102°54′~103°02′ E, 24°14′~24°30′ N. The wind farm occupies an area of 18.2 km^2, and has an elevation of 2 050~2 661 m.

This assessment adopts a combination of qualitative, quantitative and monetary valuation. Qualitative description is adopted for the indicators that cannot be quantified; for indicators that can be quantified but cannot be monetized, quantitative analysis shall be carried out in physical units; if the indicators can be quantified and monetized, the monetized valuation shall be adopted. Finally, all monetized data are accounted to generate the results of this natural capital accounting.

(3) Materiality Analysis of Impacts and Dependencies

Firstly, the research sorts out the impact and dependency pathways of Modou Mountain wind Farm on natural capital, and identifies the potential material impacts and dependencies of that. Then, the research ranks and reviews the importance of the impacts and dependencies on natural capital based on the opinions of relevant parties, and finally determines the material impacts and dependencies on natural capital.

1) The Screening Principles of Materiality Indicators

① Impacts and dependencies that may have greater costs or benefits shall be included.

② Impacts and dependencies that may cause major concerns of internal and external stakeholders shall be included.

③ Under the premise of Principles ① and ② , the impacts and dependencies, for which necessary data would be available for quantitation and monetization, should be given priority in material assessment, thus to make the quantitative analysis of natural capital accounting more feasible.

④ Under the premise of Principles ① and ② , the impacts and dependencies, for which monetized results could be obtained via direct estimation approaches such as market valuation and value substitution, should be given priority in material assessment, so as to assess the effects of biodiversity conservation practices with possibly more monetized indicators.

2) Impact Pathways of Modou Mountain Wind Farm on Natural Capital

① Dependencies mainly on wind and land resources.

② Impacts include pollutant emissions, greenhouse gas emissions, electromagnetic radiation, noise emissions caused by the construction and operation of the wind farm, and ecological impacts caused by the increase of human activities (Table 3-12).

Table 3-12 Potentially relevant impacts and dependencies

Impact driver category	**Impact/Dependency pathways**	
	Changes in natural capital resulting from related impact drivers	**Impacts of natural capital changes**
Land occupation	Decreasing vegetation due to the wind farm's temporary or permanent occupation of forestland and grassland	The ecosystem's service function is decreased; the business pays forestland restoration fees and extra costs for environmental protection
Water use	Water resource consumption	Purchase domestic water for employees and cooling water for wind turbines

Continued table

Impact driver category	Impact/Dependency pathways	
	Changes in natural capital resulting from related impact drivers	**Impacts of natural capital changes**
Functioning of wind turbines	Wind power consumption; birds and bats collision with the blades of wind turbines	The wake effect of wind turbines leads to local climate changes; biodiversity is damaged
GHG emissions	Wind power generation could reduce GHG emissions. The construction and operation of the wind farm leads to certain volume of GHG emissions	Impact on global climate change
Air pollutants	Dust and tail gas emissions during construction of the wind farm; wind power generation reduces the air pollutant discharge	Emissions during construction of the wind farm harm staff health; wind power generation improves environmental quality
Water pollutants	Lower water quality and environmental quality	The business pays extra fees to build sewage disposal facilities
Solid waste	Solid waste generated and contaminate the environment	The business pays extra fees to collect garbage and transport it to landfill
Noise	Noise disturbance impacting surrounding personnel and wild animals, and damaging environmental quality	Impacts on staff health and the habitat of wild animals
Electromagnetic radiation	Electromagnetic radiation impacting surrounding personnel and wild animals, and damaging environmental quality	Impacts on staff health and the habitat of wild animals
Public welfare facilities	Construction of tourism facilities to improve the landscape in the wind farm and enhance its tourism value	Raising the public awareness of environmental protection

(4) Determining Impact Drivers and Dependencies to be Measured

By matching the business with impact drivers and dependencies, the research determines the impact drivers and dependencies need to be measured, and then selects representative indicators for direct quantitative analysis with the available first-hand data.

During the wind farm's production and operation, impact drivers like land occupation, water use, functioning of wind turbines, GHG emissions, air pollutants, water pollutants, solid waste, noise, electromagnetic radiation, and public welfare facilities will impact natural capital, affect the environmental quality, or damage the function of ecosystem services. In the meantime, the business depends on natural capital in wind resources, water, food, physical environment, and biological environment. The dependency on physical and biological environment mainly refers to that: the business relies on favorable weather conditions to gain profits, and needs a favorable ecological environment to maintain stable operations and proper landscape. Unstable physical and biological environment may lead to extreme weather or other public security incidents, affecting the wind farm's normal operations and incurring extra losses (Table 3-13、Table 3-14).

Table 3-13　Possible Impacts of Modou Mountain Wind Farm on Natural Capital

Business input or output	Impact driver category	Specific impacts
Inputs	Land occupation	The wind farm temporarily or permanently occupies part of the forestland and grassland. The wind farm pays vegetation restoration fees and spends extra costs in vegetation restoration and water & soil conservation like building drainage ditches and retaining walls
	Water use	The wind farm purchases domestic water for employees and cooling water for wind turbines, reducing the reserves of water resources

Continued table

Business input or output	Impact driver category	Specific impacts
Outputs	Functioning of wind turbines	Birds and bats fatalities due to collisions with wind turbine blades. Changes in local climate due to the wake effect of wind turbines
	GHG emissions	Wind power generation reduces GHG emissions
	Air pollutants	Dust and tail gases due to transportation vehicles exist during construction. Wind power generation reduces the emissions of air pollutants
	Water pollutants	The business pays extra costs to build sewage disposal facilities. Reclaimed water irrigation to a certain degree has an effect of fertilization, but irrigating with a large amount of reclaimed water may lead to soil salinization
	Solid waste	The business collects domestic waste and litter dropped by tourists regularly, and pays extra fees to transport solid waste to the landfill. Landfills take up certain land. Residue garbage in the plant area affect landscape
	Noise	Generated noise affect nearby personnel and wild animals
	Electromagnetic radiation	Generated electromagnetic radiation affect nearby personnel and wild animals
	Public welfare facilities	Tourism facilities enhance the landscape value of the wind farm. Science museum raises the public's awareness of environmental protection

Table 3-14 Dependencies of Modou Mountain Wind Farm on Natural Capital

Business inputs or outputs	Dependency category	Specific dependencies
Consumptive	Wind resources	The business consumes wind power to generate electricity
	Water	The business needs domestic water for employees and cooling water for wind turbines
	Food	The business depends on the agriculture garden to provide part of the food to employees
Non-consumptive	Physical environment	The business depends on favorable weather conditions to gain profits
	Biological environment	The business depends on a favorable ecological environment to maintain stable operations and proper landscape

(5) Identifying Changes and Valuation of Natural Capital

The identification of natural capital changes is mainly conducted from two dimensions: one is to identify natural capital changes associated with the business activities and impact drivers of Modou Mountain Wind Farm; the other is to identify those that are associated with external factors. To determine what subsequent changes may possibly occur to natural capital, indicators selected via the econometric analysis on the state changes in natural capital are matched with corresponding impact drivers (Table 3-15).

Based on the above analysis, some indicators are selected for qualitative, quantitative or monetary assessment according to the importance of materiality as well as the data availability and accessibility.

1) Wind Turbine Power Generation

Monetary assessment: market and financial pricing technique, and price transferring technique:

From 2014 to 2019, Modou Wind Farm generate electricity with wind resources, so as to benefit from power generation.

Table 3-15 Identification of Impacts / Dependencies of Modou Wind Farm on Natural Capital and Changes in Natural Capital

Factors	Impacts / Dependencies	Impact drivers / Dependencies	Changes in natural capital / Impacts of changes in natural capital on the business dependencies	Indicators
Impacts on the wind farm	Wind turbine power generation	Power output	Climate change process	Annual power generation income (10 000 yuan) Coal consumption reduced/t
Impacts on the society	GHG	GHG emission reduction	Climate change	Carbon dioxide emission reduced equivalent/t
	Air pollution	Air pollutant discharges	Change of atmosphere	Air pollutant discharges reduced/t
	Water resource	Water saving Sewage treatment	Change of freshwater resources	Water resource saved/t Sewage treatment investment (10 000 yuan)
	Solid waste	Solid waste disposal	Change of land resource	Waste transportation and landfill investment (10 000 yuan)
	Ecosystem services	Vegetation compensation Loss of ecosystem service function	Change of vegetation coverage	Vegetation compensation investment (10 000 yuan) Loss of ecosystem service function (10 000 yuan)
	Tourism and education promotion	Tourism value Science popularization value	Improving of community welfare	Tourists/person Science popularization/person
Dependencies	Use of fresh water resources	Water consumption	Reduction of available surface water or groundwater	Fresh water consumption/m^3
	Use of land resources	Land for construction of production facilities	Change of land resource stock	Land area/hm^2

The accumulated corporate benefit of wind turbine power generation is 409.148 7 million yuan, and the value of wind resources is 409.148 7 million yuan.[1]

The social benefit is 1.05 million yuan from sulfur dioxide emission reduction, 6.380 4 million yuan from nitrogen oxide emission reduction, and 8 500 yuan[2] from soot emission reduction.

The social benefit is 31.229 7 million yuan from coal consumption reduction, and 68.041 9 million yuan from water consumption reduction.

2) GHG Emission

Monetary assessment: price transferring technique.

The source of GHG is mainly the exhaust gas of transportation vehicles during the construction and operation. Modou Mountain Wind Farm adopts systematic environmental management measures with proper transportation and logistics routes, and uses motor vehicles that meet National-V standard to ensure that the pollutants are discharged by the standard.

The cumulated loss of GHG emission is 3 800 yuan.

By clean energy power generation, the corporate benefited from the coal consumption reduction with 31.229 7 million yuan; and 364 611.44 t of carbon dioxide emission is reduced. The net income from GHS emission reduction is 293.333 million yuan[3].

3) Air Pollutant Emission

Monetary assessment: price transferring technique.

---

1 It is calculated by summing up the annual generation capacity and generation income of the Modou Mountain Wind Farm from 2014 to 2019.

2 The annual power generation of the Modou Mountain Wind Farm was set as the intermediate indicator; the sulfur dioxide emission reduction, nitrogen oxide emission reduction and soot emission reduction generated by each kilowatt hour of power generation of China Southern Power Grid were used to calculate the indicators that impacted driving factors; and then on this basis, the sulfur dioxide emission reduction, nitrogen oxide emission reduction and soot emission reduction of the year were summed up.

3 According to the annual power generation of Modou Mountain Wind Farm from 2014 to 2019, the income from GHG emission reduction is converted, and the cost of GHG emission during construction and operation is calculated. The net income from GHG emission reduction = income from GHG emission reduction-cost of GHG emission.

The source of air pollutants is mainly a small amount of dust and smoke generated by transportation vehicles during the construction, which affects the health of construction personnel and nearby residents, as well as the landscape of the wind farm in a short run. Modou Mountain Wind Farm adopts standardized project management, strictly controls the amount of dust generated, and takes necessary measures to reduce the negative impact of dust and smoke on the surrounding residents and environment.

The accumulated social cost of nitrogen oxide emission is 400 yuan[1], and the social cost of particulate emission is 0[2].

4) Water Resources

Monetary assessment: price transferring technique.

Modou Mountain Wind Farm mainly needs water resources to cover employees' domestic water use, cooling water for wind turbines, fishpond water in the circular agriculture garden, and water for irrigation. For the domestic sewage generated during production and operation, Modou Mountain Wind Farm mainly builds sewage treatment infrastructure to avoid the impact of sewage flowing into groundwater on the soil and groundwater quality near the wind farm.

The accumulated cost of building sewage treatment facilities is 404 900 yuan.

The accumulated social benefit from synthesized fertilizer is 70 000 yuan[3], and the social cost of water consumption is 12 100 yuan[4].

5) Solid Waste

Monetary assessment: market and financial pricing technique, price transferring technique.

The solid waste of Modou Mountain Wind Farm is mainly the domestic waste

---

1 NO_x emission = transportation mileage × NO_x emission per unit mileage.

2 Particulate emission = vehicle transportation mileage × particulate emission per unit mileage.

3 $U_{\text{synthesized fertilizer}} = \left(\frac{M_N}{R_1} + \frac{M_P}{R_2}\right) C_1$.

4 Water cost = water consumption × water price.

generated by employees and tourists. In addition, the operation of the wind turbines requires oily substances such as lubricating oil, grease and cooling oil, which may produce oily waste due to leakage. Modou Mountain Wind Farm timely disposes of oily waste, waste oil barrels, waste oil gloves and domestic waste discarded by tourists by transferring for landfill.

The accumulated waste transportation fee paid to employees is 79 600 yuan and the collection transportation fee of waste discarded by tourists is 238 800 yuan.

The accumulated social cost of landfill is 24 800 yuan[1].

6) Ecosystem Services

Monetary assessment: market and financial pricing technique, and price transferring technique.

The wind power company's occupation of land causes a decline in the value of ecosystem services and impairs social benefits, though some losses are recovered by the government through the collection of the vegetation restoration fee from the company on behalf of the society. Modou Mountain Wind Farm takes measures in the plant area and the ridge area where the wind turbine is located to replant trees in the construction area, repair degraded vegetation and increase afforested area, so as to make up for the ecological loss caused by land occupation, improve the environment of the plant area and protect species and their habitats.

The accumulated corporate cost of forest vegetation restoration is 1.128 2 million yuan, and the cost of vegetation restoration is 20.919 7 million yuan with a social benefit of 1.128 2 million yuan[2].

---

1 Landfill cost = (waste produced by employees + waste produced by tourists) × unit waste disposal cost.

2 The forest vegetation restoration fee paid by the wind farm to the government will be used for afforestation and other social public welfare undertakings. The social benefit of vegetation restoration = forest vegetation restoration fee.

The social cost of ecosystem service value is as follows: 8.574 5 million yuan[1] for regulation of water losses, 433 200 yuan[2] for water purification, 1.611 6 million yuan[3] for soil conservation, 2.982 5 million yuan[4] for fertilizer conservation, 38 600 yuan[5] for carbon fixation, 1.036 1 million yuan[6] for oxygen release, and 0.255 9 million yuan[7] for purifying atmosphere.

7) Tourism and Education Promotion

Monetary assessment: travel costs and value transfer.

For the convenience of tourists, Modou Mountain Wind Farm has built an observation deck and hiking trails for the convenience of tourists. In 2018, a science popularization museum was built on the site to introduce wind power generation and other clean energy power generation through exhibitions. Thus science popularization on ecological civilization and green development is carried out for the public to relieve NIMBYism.

The accumulated social value of tourism is 1.020 4 million yuan[8] and the social value of popular science education is 336 600 million yuan[9].

Analysis of cost and benefit of natural capital accounting of Modou Mountain see Table 3-16.

---

1 $U_{\text{regulation}}=10A\times P_{\text{water}}(1\text{-}\theta)\times C_{\text{reservoir}}$.

2 $U_{\text{purification}}=10A\times P_{\text{water}}(1\text{-}\theta)\times K_{\text{water}}$.

3 $U_{\text{soil conservation}}=A(X_2-X_1)\times\frac{G_{\text{soil}}}{\rho}$.

4 $U_{\text{fertilizer conservation}}=A(X_2-X_1)\left(\frac{NC_1}{R_1}+\frac{PC_1}{R_2}+\frac{KC_2}{R_3}\right)$.

5 $U_{\text{carbon fixation}}=1.63AC_{\text{carbon dioxide}}B_{\text{year}}$.

6 $U_{\text{oxygen release}}=1.19AC_{\text{oxygen}}B_{\text{year}}$.

7 $U_{\text{purification}}=K_{\text{sulfur dioxide}}Q_{\text{sulfur dioxide}}A+K_{\text{soot}}Q_{\text{soot}}A$.

8 Tourism value of wind farm = tourist arrivals × tourist travel cost.

9 With reference to the national financial subsidy (YKF〔2017〕No. 53, 2017) obtained by the grassroots-level science popularization museums in Yunnan Province, the value is 165 000 yuan/year.

Table 3-16 Analysis of cost and benefit of natural capital accounting of Modou Mountain

Material issues	Indicators	Corporate cost (10 000 yuan)	Corporate benefit (10 000 yuan)	Social cost (10 000 yuan)	Social benefit (10 000 yuan)
Wind turbines power generation	Corporate benefits created by power generation	—	40 914.87	—	—
	Coal consumption reduced	—	—	—	3 122.97
GHG	GHG emission reduced	—	—	—	29 333.30
Air pollutants	Air pollutants discharges reduced	—	—	—	743.89
	Air pollutants discharges	—	—	0.41	—
Water resources	Water saved	—	—	—	6 804.19
	Sewage treatment	40.49	—	—	0.70
	Water consumption	—	—	1.21	—
Solid waste	Waste transportation for landfill	31.84	—	2.48	—
Ecosystem services	Vegetation compensation	2 204.80	—	—	112.82
	Decreased value of ecosystem services	—	—	1 493.25	—
Tourism and education promotion	The tourism value	—	—	—	102.04
	The value of popular science education	—	—	—	33.66
In total		2 286.13	40 914.87	1 497.35	40 253.57

Due to the lack of assessment indicators, incomplete data draft, and insufficient understanding and experience, this natural capital accounting for Modou Mountain Wind Farm has some limitations, which needs to be supplemented and improved by further collecting the opinions of experts and stakeholders.

3.2.3 Analysis of Result

3.2.3.1 Impact on the Wind Farm—Analysis of Cost / Benefit

All the commercial value obtained by the wind farm through changes in natural capital comes from its product benefits. The ratio of the total cost generated by changes in natural capital to the overall product benefit of the wind farm is 5.56%, which indicates that the cost generated by changes in natural capital forms a relatively significant part of the company's spending. Of all the costs generated by changes in natural capital, 22.048 million yuan (96.82%) comes from land occupation, 0.404 9 million yuan (1.78%) comes from the water use and sewage disposal, and 0.318 4 million yuan (1.40%) comes from solid waste. For the cost of land occupation alone, the company spends 91.87% (20.919 7 million yuan) of the cost (22.048 million yuan) on vegetation restoration, one of the highest costs of the wind farm for the restoration of natural capital.

3.2.3.2 Impact on Society—Analysis of Cost / Benefit

Many benefits were gained from the changes in natural capital of the wind farm. Among them, 400.043 4 million yuan (99.38%) comes from the functioning of wind turbines, 1.128 2 million yuan (0.28%) comes from land occupation, 70 yuan (0.002%) comes from the water use and sewage disposal, and 357 000 yuan (0.34%) comes from tourism and education. It means that the changes in natural capital caused by the wind farm using clean energy to generate electricity instead of thermal power generation will bring huge social benefits. In addition, the additional tourism and popular science education value of wind power generation is also important.

3.2.3.3 Dependencies on the natural environment—Analysis of Cost/ Benefit

The society bears some costs caused by changes in natural capital of the wind farm.

99.73% (14.932 5 million yuan) of the costs come from the decrease in the value of ecosystem services due to land occupation, 0.16% (24 800 yuan) comes from landfill, 0.08% (12 100 yuan) comes from the water use during the operation, and 0.03% (4 100 yuan) comes from GHG emissions and air pollutants by vehicles. It can be seen that the decrease in the value of ecosystem services caused by land occupation is the major social cost caused by the changes in natural capital of the wind farms.

3.2.3.4 Total cost/benefit

In general, Modou Mountain Wind Farm increased the natural capital value by 773.939 7 million yuan from 2012 to 2019. Among them, the benefit obtained by the wind farm due to the change of natural capital is 409.148 7 million yuan, and the cost borne by the wind farm due to the change of natural capital is 22.771 3 yuan; the benefit gained by the society due to the change of natural capital is 402.535 7 million yuan, and the cost due to the change of natural capital is 14.973 5 million yuan. Both the wind farm and the society benefit from the change of natural capital caused by Modou Wind Farm, which indicates that the biodiversity management and conservation practice of Modou Mountain Wind Farm has achieved remarkable results.

3.2.3.5 Analysis of Risks and Opportunities

Modou Mountain Wind Farm has certain dependencies and impacts on natural capital, which in turn brings risks and opportunities to the wind farm. The functioning of wind turbines creates greater natural capital benefits than other activities of the wind farm, including lower GHG emissions and air pollutants, which also brings corresponding corporate development opportunities, such as the support of national policies on clean energy and carbon emission reduction. Land occupation generates much higher natural capital costs than other activities of the company. It reduces the value of ecosystem services, causes negative impacts on the surrounding environment with lower quality, which further leads to changes in the physical environment and weather and generates social governance costs. Nonetheless, enterprises' proactive work in ecological restoration and governance could win policy and financial support from the international community and local authorities. GHG emissions and air pollutants, the water use and sewage disposal, and solid waste could create more natural capital costs than benefits, and enterprises' active management of water pollution and waste can also bring opportunities for brand enhancement and so on. The increase in the frequency of extreme weather events will bring potential risks to companies.

3.2.4 Prospects

GHG emissions caused by burning fossil energy have been recognized as one of the main causes of global warming. Since the development of green energy can reduce environmental pollution and save resources, it is an effective way to realize sustainable development and the human community with a shared future. Compared with traditional fossil energy, wind power generation is a green and pollution-free new energy technology, which does not produce GHG such as carbon dioxide and causes no air pollution. Thus, the benefits obtained by society from the change of natural capital are higher than that of the cost.

In the future, Modou Mountain Wind Farm will continue to deepen biodiversity conservation and sustainable utilization from the following aspects:

(1) Carrying out ecological restoration and compensation. Following the principle of "saving, natural, limited and macro", the wind farm learns from Nature Based Solution (NBS) to restore vegetation with the same or multiple conditions. It also follows the ecological law to to maximize ecological functions of plants, and coordinate the landscape with the surrounding environment.

(2) Strengthening environmental monitoring, conservation and governance. The wind farm improves the monitoring of electromagnetic radiation and surface groundwater

quality in and around the plant to ensure that the environmental and water quality of the plant meets the corresponding standards. It also regularly carries out noise, light intensity and electromagnetic radiation monitoring to meet corresponding environmental standards, ensuring that the pollution discharged in the plant has no negative impact on the internal and surrounding environment.

(3) Keeping biodiversity conservation. The wind farm patrols for wild animals and provide assistance and treatment when injured birds or other wild animals are found.

(4) Integrating natural capital into decision-making and management. The results of natural capital accounting can quantify and highlight the value of biodiversity conservation, analyze the risks and opportunities faced by enterprises in biodiversity and environment, and provide reference for enterprises' decision-making. Modou Mountain Wind Farm will carry out the natural capital assessment and build an interest-oriented mechanism for ecological civilization construction and green development.

Petrochemical Industry

3.3 case3 Sinopec Yanshan Petrochemical Company: Ecological Constructed Wetlands Boost Green Development

3.3.1 Background

3.3.1.1 Background Analysis of Petrochemical Industry

(1) Industry Development Status

The petrochemical industry uses petroleum as raw materials to produce important chemical products such as organic raw materials, synthetic resins, and synthetic rubbers, which are generally applied in national defense, agriculture, production, and life fields. It is a pillar critical to national safety and lifeline.

According to the *Statistical Review of World Energy* released by BP in 2020, petroleum was the Chinese second primary energy in the past 20 years[1] and had been increasing yearly. In 2009, China's apparent consumption of crude oil reached 696 million t[2]. Since 2020, though affected by the macro elements, such as national economic adjustment, the COVID-19 impact and China's goals of carbon neutrality and carbon peak, the growth of demand for chemical products gradually slowed to its plateau, and the demand for China's refined oil gradually decreased. However, the demand for petrochemical products will maintain a great base of a long time. In 2020, for crude oil, China's apparent consumption was 736 million t, with a 5.6% increase but a 1.7 percentage points decrease in its growth compared to last year, and the dependency was 73.5%. The apparent consumption of crude oil was 290 million t[3].

Differing from the stable consumption of refined oil, the consumption of petrochemical products such as ethylene and polypropylene rapidly rises year on year[4] and the self-sufficiency rate is insufficient as China has the globally largest petrochemical product market and is the biggest petrochemical product producer. On the industrial scale, the petroleum processing volume and the production of ethylene and propylene in China keep their second ranking in the world, and the production of synthetic resins, fibres and rubbers stays first. Under the impacts on high dependency on petroleum raw materials and globalization, the external competition faced by China's petroleum industry gradually grows. However, crude oil safety becomes an incredible challenge to petroleum enterprises due to issues such as changes in the global supply chain for the industry and

---

1 https://www.bp.com/en/global/corporate/energy-economics/statistical-review-of-world-energy/downloads.html.

2 http://finance.sina.com.cn/stock/relnews/cn/2020-05-08/doc-iircuyvi2047110.shtml.

3 https://www.sinofi.com/c/2021-03-23/673392.shtml.

4 https://bg.qianzhan.com/report/detail/459/190611-1b843c6e.html.

geopolitical instability[1].

The severe overcapacity in the upstream refining capacity in China's petrochemical is in contradiction to the serious insufficiency of its end products, and there is about 13%~18% of refined oil cannot be consumed every year. One of the reasons for petroleum supply and demand imbalances is the overall low technical level and resource utilization efficiency, and the whole industry is on the low to medium tier in global value chains. Limited by technique and equipment, many oil refineries are hard to provide sufficient production for products like ethylene and aromatic hydrocarbons and their products have relatively low added value. The outstanding structural contradiction of capacity aggravates the situation of import dependency on high-end products and overcapacity for mid-and low-end products.

(2) Environmental Security Risks

Mining, transport, processing and utilization can all influence the ecological environment so oil refining enterprises face severe resource and environmental limitations. According to the analysis of *China Refining and Chemical Equipment Industry Report, Investment Forecast and Demand of Production and Sale*, China's refining industry is on a large-scale and centralized development. There are 28 refineries at the level of tens of millions with a total refining capacity of 44.5% of the nation[2], but the output of small and medium-sized refineries still accounts for more than half. Most processing routes of small and medium-sized refineries are catalytic cracking and raw materials used mostly are medium, heavy sulfur-containing and acid-containing crude. The environmental pollution control task of the petrochemical industry is difficult.

Taking an example of petrochemical wastewater, the average amount of wastewater per ton of products in petroleum refining, fertilizer production, petrochemical fibers

---

1 Wang Chenglong, Yang Fang. Development Status and Competitiveness Analysis of China's Petrochemical Industry[R]. 2018.

2 https://bg.qianzhan.com/report/detail/300/190924-b0e3ab9d.html.

and petrochemicals is 2.86 t, 4.25 t, 161.8 t and 117 t respectively[1]. Because of the need for a continuous input of demulsifiers, water quality stabilizers and other substances during production processes, petrochemical wastewater is characterized by high pollutant concentration, various types, and refractory degradation. There may be some byproducts resulting from biochemical reactions between substances in the wastewater, increasing treatment difficulty. Currently, petrochemical wastewater is mostly pretreated in factories to remove petroleum, organic and inorganic substances, and then mixed with residential sewage into municipal wastewater pipe networks for treatment[2]. The discharge of petrochemical wastewater poses potential threats to municipal sewage treatment systems.

The environment has a certain self-regulation ability to deal with negative impacts caused by human production and livelihoods, that is, the environmental carrying capacity[3]. If petrochemical wastewater is directly discharged without up-to-standard treatment, the wastewater will accumulate in the ecological environment and then exceed the environmental carrying capacity threshold. Thus, the safety of water bodies, soil, animals and plants will be seriously threatened and human health will be finally endangered along the transmission of the food chain ultimately. In petrochemical wastewater, suspended oil will isolate air and affect gas exchange, weaken the photosynthesis ability of plants in water, reduce the oxygen content in water to cause a large number of deaths in water bodies and eventually deteriorate water quality. Nitrogen, phosphorus and macromolecular organic matter are also potential causes of water eutrophication. Excessive acids and alkalis will not only lead to water instability but also go deep into the soil to accelerate soil mineralization or alkalization. The toxicity of unreasonably disposed waste gas and waste residues will directly endanger human health and result in the air, water and soil pollution, etc.

---

1 Guan Weisheng. Treatment Technique of Wastewater of Petroleum Hydrocarbon and Its Numerical Simulation[R]. 2001.

2 Wang Meng. Study on the Nitrogen Removal of Anaerobic Ammonia Oxidation in Oil Refinery Wastewater[R]. 2016.

3 Sun Honghai. Study on Eco Efficiency Evaluation and Promotion Strategy of Petrochemical Enterprises[R]. 2020.

In recent years, the safety issues of petrochemical enterprises have gradually stepped into the public eye. The leakage of toxic and hazardous items, flammable articles and explosives has seriously affected personal safety. If storage tanks of petrochemical products leak, there will be severe damage to surrounding production plants and remote residential complexes.

(3) Policy Environment for High-Quality Development of Petrochemical Enterprises

Based on the understanding of the potential negative impacts of the petrochemical industry on environmental security, in order to systematically ward off major environmental security accidents and maintain social stability, China has successively promulgated many laws and regulations in the past few years. In 2016, the Ministry of Industry and Information Technology (MIIT) officially announced the *Industrial Green Development Plan (2016-2020)* and proposed development tasks for energy efficiency improvement, pollutant emission reduction and the strengthening of comprehensive utilization of resources. The plan clearly specifies green development as a common requirement across the industry and requires a slash of high-risk pollutant emissions. In September of the same year, the *Petrochemical and Chemical Industry Development Plan (2016-2020)* was released. The plan requires that the structural adjustment, transformation and upgrading of the petrochemical industry must adhere to the principles of innovation-driven development, safe development, green development and open cooperation. In 2017, a regulation on promoting the production of hazardous chemicals in densely populated in urban areas issued by the State Council ordered chemical enterprises that fail to meet environmentally friendly standards to move out of densely populated areas and transform. In December of the same year, MIIT issued the *Guidelines on Promoting A Green Development of the Petrochemical Industry*. The petrochemical industry was required to deepen the supply-side structural reform, implement the technological transformation of safety and environmental protection systems, and comprehensively improve the management and control of safety and environmental protection risks. In 2018, the Announcement on the Implementation of Special Emission Limits for Air Pollutants in

Beijing-Tianjin-Hebei Air Pollution Transport Channel Cities implemented strict emission limits for air pollutants such as sulfur dioxide and nitrogen oxides in the Beijing-Tianjin-Hebei region and surrounding areas. In 2020, the Ministry of Ecology and Environment released the *2020 Plan for against Volatile Organic Compounds* and emphasized that volatile organic compound control is an important task in the final battle of keeping the skies blue.

The continuous attention from the public and the tighter policies and regulations have brought enormous survival pressure to oil refining industries. To seize survival opportunities and reduce the public's panic about petrochemicals, enterprises respond properly to the expectations of stakeholders. Petrochemical enterprises actively identify the dependence and impacts on the ecological environment, promote ecological protection while optimizing industrial structure, and reduce potential negative impacts on the ecological environment.

3.3.1.2 Common Impacts and Dependencies of Petrochemical Industry on Biodiversity

Look at the entire industry chain to clear up the relationship between petrochemical enterprises and natural capital and analyze the influences and dependence of key areas of upstream, downstream and petrochemical production and operation on natural capital to lay foundations for natural capital accounting (Table 3-17).

Table 3-17 Impacts and Dependencies of Petrochemical Industry on Natural Capital

Value chains of enterprise operation in the petrochemical industry		**Relations to natural capital**	
		Dependencies on natural capital	**Influence on natural capital**
Upstream	Petroleum extraction	• Petroleum consumption	• Geographical structure damage, consolidation and drilling cutting production, etc. during mining processes will affect local species and ecosystems

Continued table

Value chains of enterprise operation in the petrochemical industry		Relations to natural capital	
		Dependencies on natural capital	Influence on natural capital
Upstream	Crude oil transport	• Oil, gas, electricity, and other energy consumption during transport	• Transport produces greenhouse gases, atmospheric particulate matter, sulfides, nitrogen oxides, etc.
Direct operations	Petrochemical factory construction and current industrial adjustment, and structural upgrading in factory areas	• Land use • Freshwater use • Use of building materials such as metal and cement • Consumption of building personnel	• Generate greenhouse gases • Generate three types of construction wastes (solid waste, wastewater and waste gas) • Land occupation by construction affects ecosystems
	Petroleum refining and production	• Loop cooling water • Crude oil consumption • Air consumption during catalytic cracking processes • Hydrogen consumption during catalytic cracking processes • Energy consumption of oil refining units and auxiliary systems • Use of chemicals in owned sewage plants	• Various solvents, auxiliaries, and additives, hydrocarbons and their derivatives, heavy metals, sulfides, cyanides, etc. in wastewater affect aquatic ecological environments and soil ecosystems • Waste gas containing sulfur, nitrogen oxides and other pollutants is produced to threaten atmospheric environments • Solid wastes such as fly ash produced by self-heating and electric heating plants, alkaline residues produced by atmospheric and depression workshops and catalytic workshops, and waste residues produced by self-owned sewage treatment plants affect ecosystems

Continued table

Value chains of enterprise operation in the petrochemical industry		Relations to natural capital	
		Dependencies on natural capital	**Influence on natural capital**
Routines	Daily operations	• Impacts of environmental policy tightening on potential future financial costs or benefits, such as compliance costs (investment in pollution equipment for emission reduction) • Daily office energy consumption	• Greenhouse gas generation • Discharge of three types of domestic wastes
Downstream	Transport	• Oil, gas, electricity and other energy consumption during petroleum transport	• Emissions of greenhouse gases, atmospheric particulate matter, sulfides, nitrogen oxides, etc. produced by transport affect the atmospheric environment

Based on a global consensus for sustainable development, the gradual tightening of environmental protection policies across all sectors has become an indisputable fact. Petrochemical enterprises need to combine relations between the entire industrial chain with natural capital to further analyze possible risks and opportunities in the environment and society in their future development. Thus, they will control risks, seize opportunities to expand businesses, and create greater comprehensive economic, environmental and social values for society (Table 3-18).

Table 3-18 Risks and Opportunities Faced by the Petrochemical Industry

Classifications	Risks	Opportunities
Operations	• Uncertainty of crude oil supply caused by international issues such as geopolitics • Increased access to production factors (such as land, raw materials, water and energy) • Increased costs of use of natural resources such as land • Increased costs of safety for refinery operations in densely populated areas	• Wetland restoration can use vegetation to further purify water to reduce operating costs • Industrial structure upgrading can reduce waste discharge to improve resource utilization efficiency
Compliance	• Increased compliance costs or licensing fees for new laws and regulations (such as increased investment in industrial upgrading and restructuring and higher waste disposal costs) • Increased capital or production losses due to license denial or delay • Increased fines, penalties, compensation or legal fees due to environmental security policy tightening	• Raise awareness of environmental compliance and integrate environmental compliance into corporate strategies • Upgrade technology to improve the utilization of petrochemical intermediates and reduce pollution and compliance costs • Reduce penalties, compensation or legal costs by measures such as prediction, judgment and avoidance of negative impacts
Finance	• Slowed growth of the global economy and increased financing costs • The slowdown of the growth of transactions in commodity markets affected by the pandemic • Overcapacity of mid-to-low-end products and tight capital chains	• Innovate the internal property settlement service and centrally manage the internal funds of the enterprise • Obtain financing through financial leasing and green finance and other measures • Reduce the costs of raw materials by improving the efficiency of resource use • Optimize the industrial structure and boost investors' confidence through the research and development of high-end products

Continued table

Classifications	Risks	Opportunities
Markets	• Customers' preferences for green products may lead to a decrease in market share	• Research and develop emerging products to explore emerging markets and increase revenue streams • Meet the increasing market demand for green products • Improve the differentiation and pricing power of high-end products • Utilize values of ecological services of the environment to develop tertiary industries to create new profits
Brand images	• Environmental pressure from non-governmental organizations • Public opinion crisis and NIMBY effect by environmental security risks • Public opinion crisis caused by environmental emergencies	• Implement ecological protection and ecological compensation activities in accordance with the law, and establish a responsible brand image • Strengthen community communication and gain an understanding of communities

3.3.2 Business Practices

3.3.2.1 Company Profile

China Petrochemical Corporation (SINOPEC) is headquartered in Beijing and is China's largest supplier of refined oil and petrochemical products and the second largest oil and gas producer. Adhering to the corporate mission of better energy for better living, SINOPEC is committed to providing society with cutting-edge technologies, premium products and quality services, persists on the path of green and low-carbon sustainable development, and establishes an industrial structure and production methods beneficial to resource savings and environmental protection. SINOPEC is also guided by the development concept of win-win cooperation to bring benefits to all stakeholders. In

2019, SINOPEC released the Three-Year Plan for the *Prevention and Control of Pollution under the Green Enterprise Action Plan*, took the lead in launching green enterprise action plans, and strived to build green and low-carbon into the core competitiveness of SINOPEC.

SINOPEC Yanshan Petrochemical Company is located in Fangshan District, Beijing, and is affiliated with SINOPEC Group. As a large-scale integrated refining enterprise with a refining capacity of 10 million t and a production capacity of 800 thousand t of ethylene, Yanshan Petrochemical has 63 sets of main production devices and 68 sets of auxiliary devices and can produce 94 varieties and 431 brands of petrochemical products, being an important production site of synthetic rubbers, synthetic resins, organic chemicals and high-quality refined oil in China.

Yanshan Petrochemical has continuously optimized and upgraded its industries and kept researching and developing high-end products for over 50 years, with main products covering high-quality refined oil, synthetic rubbers, synthetic resins, phenols and acetone, etc. Upholding the development strategy of ecological conservation, service for the capital, joint contribution and shared benefits over the long run, Yanshan Petrochemical bravely strives to be the first, carry the red flag, and become the highest class, continuing to build a world-class green energy chemical enterprise. As a window company of SINOPEC in Beijing, Yanshan Petrochemical persists the green and low-carbon development, keeps increasing investment in science and technology, and takes the lead in adopting new technologies and processes. Thus, there was a great decrease in emissions of particulate matter, nitrogen oxides and so on from gasoline and diesel vehicles in Beijing, and an increase in China's oil product quality. The company becomes a backbone to ensure energy security in the capital. With the persistence on the resource-saving, environment-friendly, sci-tech innovation, and intrinsically safe development, Yanshan Petrochemical has successively won the honor of China's Environmental Friendly Enterprise, China's Energy-Saving and Emission-Reducing Meritorious Enterprise, National Occupational Health Demonstration Enterprise, China Baogang Environment Prize, titles like the

Most Influential Green Enterprise Brand, the Top 50 Chinese Green Energy Enterprises, National Green Factory, the Outstanding Unit of the 40th Anniversary of Total Quality Management Promotion.

3.3.2.2 Yanshan Petrochemical Biodiversity Solutions

With the active implementation of the Green Enterprise Action Plan issued by Sinopec Group in 2018, Yanshan Petrochemical focuses on green development, energy, production, service, technology and culture to comprehensively build itself into a clean, efficient, low-carbon and circular green enterprise. For a long time, Yanshan Petrochemical has actively participated in ecological conservation, protected regional ecology, and adopted the internationally popular concept of natural wetland designs, taking the lead in the capital to implement the ecological purification plan for industrial sewage that "treatment for industrial sewage discharged with corresponding standards + the restoration system of natural ecosystems in the wetland".

(1) Overview of Niukouyu Wetland

Niukouyu Wetland Park is located about two kilometers southwest of Chengguan, Fangshan District, Beijing and in the piedmont hills at the boundary zone of Taihang Mountains and North China Plain, formerly known as Niukouyu Reservoir. Built in 1960 on 1.4 km^2 with a catchment area of 800 000 m^2, Niukouyu Reservoir is mainly used to store industrial water and domestic wastewater of refining equipment discharged after Yanshan Petrochemical meeting standards, and realize the secondary treatment of industrial wastewater, with the sewage treatment capacity of 2 500 m^3/h and the hydraulic retention time of about 47 days[1]. The reservoir has become a wetland park open to the public free of charge after its upgrade in 2007 and has four functional zones, namely the wetland area, recreation area, cruise area and cultural exhibition area, which can meet the

1 Wu Zhigang. *Brief Introduction of Constructed Wetland Treatment of Light Industrial Wastewater and Petrochemical Wastewater*. 2020,(4):43-45.

different needs of citizens of leisure and entertainment. Meanwhile, Niukouyu Wetland Park is an important habitat for wild animals and has more than 140 species of birds, including rare birds such as the wildlife under first-class state protection black stork and the wildlife under second-class state protection mandarin duck, egret, sparrowhawk, kestrel and great crested grebe, and reaching more than 50 species[1]. With the continuous optimization of the Niukouyu Wetland Park, eight species of native fish, including rosy bitterling, stone moroko, hypseleotris swinhonis, and rhinogobius giurinus, have reappeared in the park. The title of Beijing's ecological environment education base was issued by the Beijing Municipal Ecology and Environment Bureau (Figure 3-4、Figure 3-5).

Figure 3-4　The appearance of Niukouyu Wetland functional areas before the renovation

1　https://baijiahao.baidu.com/s?id=1680718248081444506&wfr=spider&for=pc.

Figure 3-5 Renovated Niukouyu Wetland

(2) Biodiversity Solutions

1) Comprehensive Improvement of Environmental Governance

Yanshan Petrochemical actively integrates into the strategy of coordinated development of the Beijing-Tianjin-Hebei Region, continues to carry out campaigns of clear water and blue sky, and invests nearly 800 million yuan to implement nearly 100 projects for the treatment of environmental protection hidden dangers. A comprehensive review and systematic diagnosis of production, sewage discharge, post-treatment, environmental protection management and other links of equipment are conducted to ensure that each environmental protection treatment meets the application requirements of the new pollutant discharge permits.

Yanshan Petrochemical invested more than 20 million yuan to control the sources of air pollution by renovating the waste gases from tank farms, boilers, etc., and repairing leak points. What's more, 46 monitoring sites of volatile organic compounds (VOCs) are built on the basis of the original three monitoring sites of air quality and 43 artificial monitoring sites, and world-class measuring and analytical instruments are equipped, which realize gridded distribution of monitoring points and obtain real-time and accurate emission data and comprehensive treatment from emission sources to significantly reduce the emission of various gaseous pollutants. Yanshan Petrochemical has further carried out subject research on waste gas prompt, water ecology optimization, solid waste reduction, soil and groundwater remediation and so on, implemented 16 energy efficiency improvement plans, and actively explored ecological environmental protection and energy efficiency improvement. In 2020, Yanshan Petrochemical saved about 296 000 kW·h of electricity and increase thermal efficiency by 1.5%.

2) Industrial Wastewater Treatment Improvement

Since 2016, Yanshan Petrochemical has begun to upgrade the related processes of industrial wastewater treatment and invested in constructing two sets of domestic technology-leading wastewater recycling equipment, which are respectively used in its oil refining, chemical and domestic wastewater treatment and wastewater recycling and production. The application of the international advanced technology of "ultrafiltration + reverse osmosis membrane" makes related indicators of the pseudo-first-order desalinated water comparable to drinking water after treatment, odorless discharge, and become drinkable wastewater. In 2020, Yanshan Petrochemical increased the volume of water reuse by about 868 000 t and had a saving of energy by about 8% through the new type of traps. Meanwhile, the improvement of the control of the level of sewage discharge controlling by the implementation of international advanced treatment technology decreases the chemical oxygen demand (COD) from 60 mg/L to 30 mg/L and the ammonia nitrogen concentrations from 6 mg/L to 1.5 mg/L, being better than national standards.

3) Innovative Construction of Constructed Wetlands

Yanshan Petrochemical has continued to invest more than 20 million yuan since June 2017 and together with Yansan Veolia to implement a comprehensive purification plan for industrial sewage that the "treatment for industrial sewage discharged with corresponding standards + the restoration system of the natural ecosystem in the wetland". The oxidation pond of 80 000 m^2 out of use before is renovated and restored to Beijing Niukouyu Wetland Park which would be opened to the public in 2007.

The project adopts the internationally popular design concept of natural wetland treatment while sheltering a variety of creatures, deeply treating wastewater up to standards, and creating social benefits by playing the value of wetland landscapes. In the preliminary planning, geographical factors such as Niukouyu terrain, water characteristics and geographical advantages were comprehensively considered, and the original appearance of Niukouyu Wetland was restored through terrain arrangement, silt clearing and waterway dredging, and riverbank restoration. Yanshan Petrochemical has renovated and restored the oxidation pond of 80 000 m^2 out of use before in the reservoir, cleared 14 000 m^3 of silt and repaired 24 dams. The water conservation system was reconfigured to introduce water in the reservoir and exterior water drainage into the wetland as ecological water replenishment, and the oxidation pond was re-irrigated with an increase in the area of water passing and a reduction of exterior drainage. The current area of Niukouyu Wetland Park is 1.4 km^2. In addition, in order to achieve deep purification of industrial exterior drainage, Yanshan Petrochemical planted multi-root green plants such as reeds, grey club-rush and bulrushes in the terraced ponds, forming a green area of nearly 10 000 m^2 of alternately scattered wet meadows and floating plants. Vegetation has a high purification capacity and tolerance, which can promote the formation of aerobic microzones, effectively treat harmful substances in water bodies and form an ideal living environment for birds. Furthermore, there is a wooden trestle bridge (334 meters long and 2 meters wide), viewing platforms, walking paths, rest and children's entertainment areas in the wetland to meet the needs of tourists (Figure 3-6).

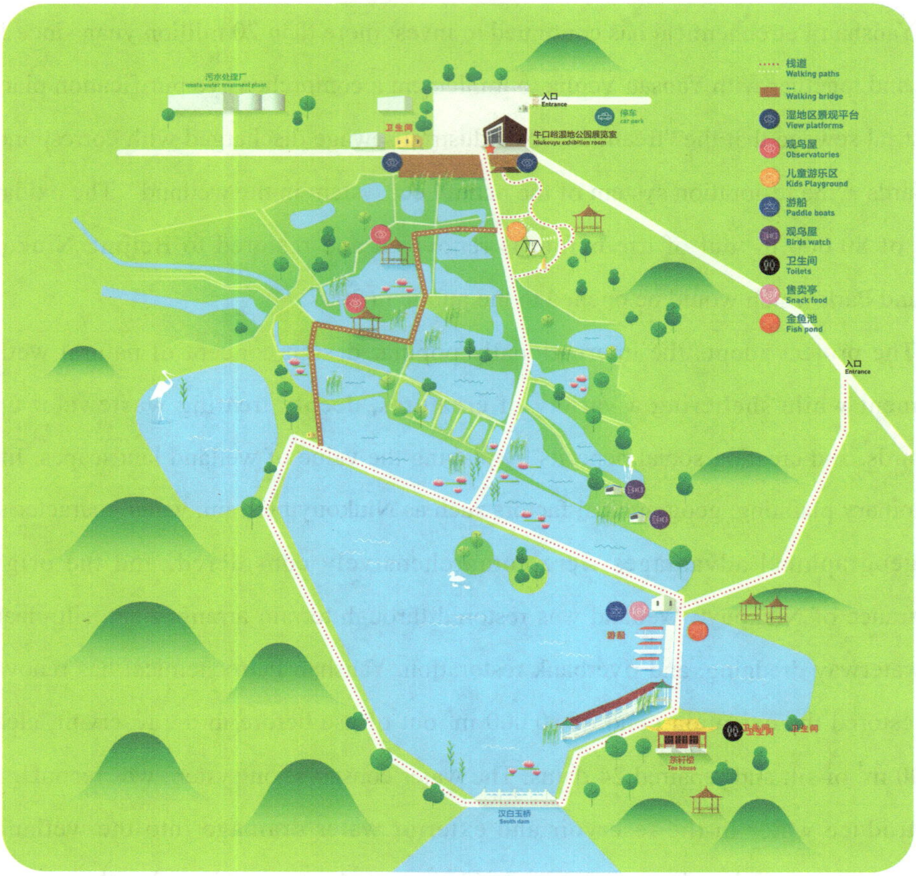

Figure 3-6　Plan of Niukouyu Wetland Park

4) Biodiversity Research in the Constructed Wetland

Wetland ecosystem is a unique ecosystem formed by the interaction of water and land and plays an important role in resisting floods, regulating runoff, replenishing groundwater, improving climate, controlling pollution, beautifying the environment and maintaining regional ecological balance. The independent wetland ecosystem has a great influence on nutrient deposition and will also provide foraging opportunities for birds and other creatures, being an important habitat.

In 2013, Yanshan Petrochemical, Tsinghua University, CNBM Geological Engineering Exploration Academy and other colleges and research institutes researched the biodiversity and comprehensive sampling and analysis of soil indicators in the ecological environment of Niukouyu Wetland, providing a reference for the ecological restoration of the wetland. In 2017, Yanshan Petrochemical cooperated with Veolia to build the Niukouyu Wetland Park based on the original Niukouyu ecological center, organically combining the discharge of up-to-standard wastewater with ecological environment restoration and protection, and innovating methods and concepts of sewage purification and reuse of heavy chemical enterprises.

3.3.2.3 Natural Capital Accounting of Niukouyu Wetland

In order to quantify the impacts and dependencies of the Niukouyu Wetland operations and biodiversity conservation practices on natural capital, a qualitative, quantitative or monetary assessment of typical impacts and dependencies will be conducted below by natural capital accounting methods.

(1) Assessment Methods, Objectives and Scope

1) Assessment Methods: This research project adopts the methodology in the *Natural Capital Protocol* issued by the Natural Capital Coalition in 2016 to identify and measure the impacts and dependencies of Niukouyu Wetland on natural capital, and estimate the changes in the state and trend of natural capital so as to assess the value of impacts and dependencies in a qualitative, quantitative and monetary way.

2) Assessment Objectives

① Assess risks and opportunities. Assess the nature and magnitude of natural capital impacts and dependencies, and their associated business risks and opportunities. Help companies analyze costs and benefits from the perspective of the total value of natural capital, and provide a reference on business strategy, management or operating decisions.

② Assess impacts on stakeholders. Assess impacts on stakeholders from changes in natural capital due to business activities, and by how much, to help companies resolve management decision-making problems related to affected stakeholders.

③ Provide reference and support for communication with stakeholders. The company's biodiversity conservation actions and their values are communicated to internal and external stakeholders through reporting and disclosure, so as to gain recognition and support from wider stakeholders, establish a green image of Yanshan Petrochemical, and enhance the brand value.

3) Assessment Scope: Considering the operating characteristics of Yanshan Petrochemical and the ecological environment of Niukouyu Wetland Park and related scenic spots, this case defines the value-chain boundary of natural capital accounting as Yanshan Petrochemical's direct operating activities in Niukouyu Wetland Park and related scenic spots. Upstream and downstream in the value chain impacts and dependencies on natural capital will not be included in this assessment (Table 3-19).

Table 3-19 Stakeholder Analysis

Target audiences	Claims and expectations
Internal target audiences	
SINOPEC	Understand the impacts of petrochemical wastewater discharge on biodiversity. Reduce the operational risks of petrochemical enterprises in Beijing. Make strategies combined with biodiversity risks and opportunities. Enhance the Group's value of sustainable development. Gain support from stakeholders such as the government, investors, and the public
Yanshan Petrochemical	Understand the impacts of Yanshan Petrochemical wastewater discharge on biodiversity. Adjust the operation plan according to the development needs of Niukouyu Wetland biodiversity. Deepen the treatment of petrochemical wastewater to avoid risks to the economy, ecology and society caused by exterior drainage. Avoid the company's involvement in environmental disputes

Continued table

Target audiences	Claims and expectations
Employees in Yanshan Petrochemical	Gain access to a safe and comfortable work environment. Have occupational health insurance
External target audiences	
Government agencies and regulators	Eliminate black and fetid water bodies in built-up areas of cities. Adjust and withdraw general manufacturing and polluting enterprises, guide pollutant-discharging entities to actively strengthen pollution control, and urge petrochemical enterprises to establish long-term mechanisms for pollution prevention and control. Solve the contradiction between population, resources and environment, strengthen areas of weakness in the ecological environment, and conserve the ecological system. Strengthen oil quality supervision and inspection. Generate tax revenue, solve employment problems and drive local development
Neighboring communities (such as residents, schools, and other enterprises)	Reduce risks of water and soil pollution. Avoid the environmental impacts on their own health and livelihood
Consumers	Focus on the responsible brand image of Yanshan Petrochemical. Gain access to high-quality oils
Environmental organizations and experts	Improve wetland ecological environment and protect regional ecology. Protect the diversity of rare species. Restore the ecological environment of the oxidation pond out of use before to reduce the cumulative effect and lag effect of Yanshan Petrochemical wastewater pollution

(2) Baselines, Scenarios, Spatial Boundary and Temporal Boundary

1) Baselines: This project is based on the natural state before Yanshan Petrochemical's implementation of the comprehensive purification project for ecological industrial sewage that the "treatment for industrial sewage discharged with corresponding standards + the restoration system of the natural ecosystem in the wetland" in Niukouyu Reservoir, that is, in early 2016.

2) Scenarios: This project is mainly targeted at the assessment and analysis of the current situation.

3) Spatial boundary: Beijing Niukouyu Wetland Park.

4) Time boundary: Changes in natural capital of Yanshan Petrochemical Niukouyu Wetland from the baseline period to the end of 2020.

This assessment adopts a combination of qualitative, quantitative and monetary valuation. Qualitative description is used for indicators that cannot be quantified; for non-monetary indicators that yet can be quantified, quantitative valuation is adopted in physical units; monetary valuation is adopted if quantitative and monetary valuations are possible for some indicators. Finally, all monetized data are accounted to obtain the results of this natural capital accounting can be obtained after the accounting of all monetary data.

(3) Materiality Analysis of Impacts and Dependencies and Identification on Changes in Natural Capital

Based on the comprehensive purification project for ecological industrial sewage that the "treatment for industrial sewage discharged with corresponding standards + the restoration system of the natural ecosystem in the wetland", the assessment first sorts out the impact and dependency pathways on natural capital, then identifies its potential materiality of impacts and dependencies on natural capital in Niukouyu Wetland, and prioritizes and reviews the impacts and dependencies by their importance. In the end, material impacts and dependencies of natural capital are identified.

1) Identification of the Screening Principles for Material Indicators

① Impacts and dependencies that might bring about relatively huge costs or benefits shall be included.

② Impacts and dependencies that might cause major concern of internal and external stakeholders shall be included.

③ Under the premise of the principles ① and ②, in order to improve the feasibility of quantitative analysis of natural capital assessment, the impacts and dependencies, for which necessary data would be available for quantitation and monetization, should be given priority in assessment.

④ Under the premise of the principles ① and ②, in order to assess the effects of biodiversity conservation practices with monetary indicators as much as possible, the impacts and dependencies, for which monetized results could be obtained via direct estimation approaches such as market valuation methods and value substitution methods, should be given priority in assessment.

2) Analyzing Pathways from Which Impacts and Dependencies are Generated

① Impact pathways of the comprehensive prevention and control plan for Yanshan Petrochemical's ecological industrial sewage on natural capital.

a. Wastewater discharge: Direct or indirect wastewater into water bodies causes water pollution. Thus, the remaining of refractory and toxic pollutants in water bodies will poison organisms and ultimately affect human health through food chain enrichment.

b. Greenhouse gas emissions: The aquatic plants in the Niukouyu wetland fix the greenhouse gases in the atmosphere through carbon sequestration to contribute to carbon neutrality.

c. Regional environment: The original appearance and the ecological adjustment function of the Niukouyu wetland were restored through terrain arrangement, silt clearing and waterway dredging, and riverbank restoration, so that the wetland can regulate water and climate, purify water quality and so on.

d. Biodiversity: A variety of aquatic plants is planted to improve the primary productivity of the wetland. The increase in vegetation area will provide habitats for animals and further increase the biodiversity of the wetland.

e. Community communications: Restoring Niukouyu Wetland Park, building recreational zones in it and setting up billboards containing basic knowledge of ecological environmental protection to raise public awareness of ecological environmental protection and call on the public to participate in ecological and environmental protection actions.

② Dependence pathways of the comprehensive sewage purification project of Yanshan Petrochemical on natural capital.

a. Water consumption: The restoration of Niukouyu Wetland requires and the operations of Yanshan Petrochemical plants depend on water resources.

b. Land use: Land resources are an important factor in the processes such as Yanshan Petrochemical sewage treatment and Niukouyu Wetland restoration.

c. Wetland ecosystem services value: Deep purification of sewage meeting draining standards of Yanshan Petrochemical depends on wetland plants and oxidation ponds formed by the wetland. The recreational services (such as tourism) provided by Niukouyu Wetland Park and the direct income of staff in related scenic spots are dependent on the natural landscape of Niukouyu Wetland.

(4) Identification of Impact Drivers and Dependencies to Measure

Determine which impact drivers and dependencies need to be measured by mapping the business to impact drivers and dependencies. Combined with the primary data and materials that can be mastered, representative indicators are selected for direct quantitative analysis.

(5) Identification of Changes and Valuation in Natural Capital

The identification of natural capital changes is mainly analyzed from two dimensions. One is to distinguish changes in natural capital associated with relevant activities and impact drivers of Yanshan Petrochemical's comprehensive purification project for the ecological industrial sewage that the "treatment for industrial sewage discharged with corresponding standards + restoration of natural ecosystems in the wetland". The other is to distinguish changes associated with external factors. To lay a basis for determining what changes may occur in natural capital in the future, it is necessary to map the indicators chosen via the econometric analysis on the state changes in natural capital with corresponding impact drivers (Table 3-20).

Table 3-20 Identification of Impacts / Dependencies on Natural Capital and Changes in Natural Capital

Components	**Impacts / dependencies**	**Impact drivers/ dependencies**	**Changes in natural capital/impacts of changes in natural capital on business dependencies**	**Indicators**
Impacts on Yanshan Petrochemical	Environmental compliance management	Environmental policy and tax regulations	Changes in pollutant concentration in the ecological environment	Environmental compliance investment (10 000 yuan) Pollutant management (qualitative) Accident frequency rate in environmental security/% Economic losses caused by environmental security accidents (10 000 yuan)
	Renovation of Niukouyu Wetland	Costs of eco-environmental transformation	Changes in the wetland ecosystem	Costs of technological upgrading (10 000 yuan)
	Advanced treatment of up-to-standard standard sewage	Technological upgrading	Changes in pollutant concentration in water	Funds invested in the project (10 000 yuan) Standards of industrial sewage reaching after the upgrading of the water pollution treatment system Discharge amount of industrial wastewater after upgrading the water pollution treatment system/t
	Research on constructed wetland biodiversity	Reference provided for the conservation of constructed wetland biodiversity	Biodiversity changes	Funding investment in research activities (10 000 yuan)
Impacts on Society	Emission of greenhouse gases	Carbon sequestration by aquatic plants	Climate change Reduction of species diversity	Carbon dioxide equivalent/t

Continued table

Components	Impacts / dependencies	Impact drivers/ dependencies	Changes in natural capital/impacts of changes in natural capital on business dependencies	Indicators
Impacts on Society	Freshwater resources	Water conservation	Changes in existing water	Wetland water storage/m^3
	Natural ecology in the wetland	Wetland function restoration and sewage purification	Improvement of the wetland ecosystem	Wetland area/hm^2
	Species diversity	Industrial production Daily operations	Changes in species diversity	Changes in species populations (qualitative) Changes in wetland primary productivity due to biodiversity changes (qualitative)
	Community well-being	Investment in community infrastructure construction, improvement of the living environment, driving of livelihoods by employment creation, and tourism development	Changes in tourism resources Livelihood changes	Improvement of the living environment, and driving of livelihoods by employment creation (10 000 yuan) The popularization of scientific knowledge of ecological environmental protection (qualitative) Promoting tourism (10 000 yuan)
	Wetland ecological services	In-depth purification of up-to-standard sewage Wetland tourism	Changes in the ecosystem services value	The value of wetland ecosystem services such as carbon dioxide fixation, regional climate regulation, soil and water conservation, hydrological regulation, habitat provision for various organisms, and ecotourism (10 000 yuan/year)

Continued table

Components	Impacts / dependencies	Impact drivers/ dependencies	Changes in natural capital/impacts of changes in natural capital on business dependencies	Indicators
Yanshan Petrochemical's dependencies on natural capital	Utilization of freshwater resources	Water use of utilities Natural water resources	Reduced availability of surface water or groundwater	The average annual amount of water resource recycling/t The average annual amount of fresh water consumption/t
	Utilization of land resources	Lands for the constriction of production facilities	Changes in existing land resources	The land occupied by the project/m^2

Based on the above analysis of impacts and dependencies consequences, according to the degree of material importance and the availability of data, this case selects some indicators for qualitative, quantitative or monetary assessment, where negative values represent input/cost and positive values represent output benefits.

1) Qualitative, Quantitative and Monetary Estimates of Own Impacts

① Construction costs of the project of comprehensive purification for ecological industrial sewage[1] = total investment in project construction = 20 million yuan.

② Operating costs of Niukouyu Wetland = average annual operating costs × 5 years = 4.35 million yuan × 5 years = 21.75 million yuan.

2) Qualitative, Quantitative and Monetary Estimates of Impacts on Society

① Wetland ecosystem services value = ∑coefficients of each ecosystem service function value × wetland area × time boundary[2] (Table 3-21).

---

1 According to Article 12 of the *Provisional Regulations of the People's Republic of China on Assigning and Transferring the Urban State-owned Land-use Right*, the maximum term is 40 years in the case where the land-use right is assigned for the purposes of commerce, tourism or recreation. Thus, in this case, the construction cost of the project = the total investment in the project/the term for the use of the land × time boundary.

2 *Research on the Valuation of Wetland Ecosystem Services*, Liu Xiaohui et al., 2008.

② Value of creating community wellbeing = ∑values created by livelihoods that are driven by job creation + ∑values created by promoting tourism = ∑ (number of jobs created × time boundary × per capita monthly salary) + ∑ (cumulative number of tourists attracted × cost of a single trip)= 35 people × 12 months × 5 years × 6 900 yuan[1] + 2 053 125 person-times[2] × 20 yuan[3] = 14.49 million yuan + 41.062 5 million yuan = 55.552 5 million yuan.

③ Value created through water reuse in Niukouyu Wetland = reused water volume × Beijing industrial water price × time boundary = 695.5 t/year × 2.2 yuan × 5 years = 7 650.5 yuan.

Table 3-21 Ecosystem Services Value Accounting

Types of ecosystem services	**Coefficients of ecosystem services value/ [yuan/(hm^2 · year)]**	**Wetland area/hm^2**	**Time boundary/ year**	**Value (thousand)**	**Proportion/ %**
Gas regulation	1 593	140	5	1 115.1	2.87
Climate regulation	15 131			10 591.7	27.27
Water conservation	13 715			9 600.5	24.72
Soil formation and protection	1 513			1 059.1	2.73
Waste disposal	16 087			11 260.9	28.99
Biodiversity maintenance	2 212			1 548.4	3.99
Food production	266			186.2	0.48
Raw materials	62			43.4	0.11
Entertainment and culture	4 911			3 437.7	8.85
Total				38 843	100

1 Per-capita wage in Beijing is around 6 900 yuan according to the Beijing salary report in 2021.

2 The total number of visitors to Niukouyu Wetland Park from 2016 to 2020 is 2 053 125 estimated according to the 1 642 500 visitors from 2018 to 2021.

3 Because tickets to Niukouyu Wetland Park are free, the cost of tourism is only calculated as the average cost of the round-trip journey using the bus as a means of transportation.

Assessment of Core Indicators of Natural capital accounting see Table 3-22.

Table 3-22　Assessment of Core Indicators of Natural Capital Accounting

Components	Impacts/ dependencies	Impact drivers	Indicators	Number of indicators	Monetary Value (10 000 yuan)
Impacts on its business	Environmental compliance management	Management of wastewater discharges	Charges for sewage treatment (10 000 yuan)	—	*[1]
		Costs of environmental compliance costs	The administrative penalties for pollution leakage accident (10 000 yuan)	—	-259[2]
		Incentives or subsidies for environmental protection	Government awards or subsidies received for outstanding environmental performances (10 000 yuan)	—	200
		Compensation for accidents on environmental security	Compensation for losses such as pollution clean-up costs (10 000 yuan)	—	0[3]

1　The cost of upgrading wastewater discharge management measures has been included in the construction cost of the ecological industrial wastewater comprehensive purification project of "qualified industrial wastewater treatment + wetland natural ecological restoration system", so it was not calculated here again.

2　In 2020, the environmental protection tax of Niukouyu of Sinopec Yanshan Petrochemical Company was 2.59 million yuan.

3　From 2016 to 2020, the only disclosed compensation for the environmental safety accidents caused by water source pollution due to the leakage incident of Sinopec Yanshan Petrochemical Company occurred in 2014, which was not considered for it was not within the time frame of this case.

Continued table

Components	Impacts/ dependencies	Impact drivers	Indicators	Number of indicators	Monetary Value (10 000 yuan)
Impacts on its business	Construction of comprehensive purification project for ecological industrial sewage	Upgrading of the treatment system for industrial sewage discharged with corresponding standards The restoration system of the natural ecosystem in the wetland The renovation of the oxidation pond out of use before in the Niukouyu Wetland	Project construction costs (10 000 yuan)	—	-2 000
	Operation of Niukouyu Wetland Park	Long-term management and operation of Niukouyu Wetland	Operating costs (10 000 yuan)	—	-2 175
Impacts on society and natural capital	Wetland ecosystem services	Gas regulation[1]	Ecosystem services value (10 000 yuan)	1.4 million m^2	111.51
		Climate regulation[2]			1 059.17
		Water conservation			960.05
		Soil formation and protection			105.91
		Waste disposal			1 126.09
		Biodiversity maintenance			154.84
		Food production			18.62
		Raw materials			4.34
		Entertainment and culture			343.77

1 The effects on the chemical composition of the atmosphere at different spatial scales in ecosystems are beneficial to the survival of organisms.

2 Climate regulation is a type of ecosystem service that regulates processes related to the chemical composition of the atmosphere, the greenhouse effect, the ozone layer, precipitation, air quality, temperature changes, and weather patterns (including cloud formation) at global and regional scales.

Continued table

Components	Impacts/ dependencies	Impact drivers	Indicators	Number of indicators	Monetary Value (10 000 yuan)
Impacts on society and natural capital	Community well-being	Promoting employment	Social benefits (10 000 yuan)	35 people	1 449
		Promoting tourism	Value of travel (10 000 yuan)	2 053 125 people	4 106.25
	Water saving	Water reuse in Niukouyu Wetland	Water saving cost (10 000 yuan)	3 475 t	0.765 05
Dependencies on natural capital	Water resources	Water consumption	Amount of water consumption (10 000 t)	*	*
Total (10 000 yuan)					5 206.31

Note: For this natural capital accounting of the comprehensive purification project for ecological industrial sewage that the "treatment for industrial sewage discharged with corresponding standards + the restoration system of the natural ecosystem in the wetland", being limited by problems such as fewer assessment indicators, incomplete data collection, the accounting results need to be supplemented and improved after further data supplementation and consultation with experts and stakeholders.

3.3.3 Results Analysis

3.3.3.1 Overall Analysis of Costs/Benefits

Through natural capital accounting, it is found that relatively significant positive impacts in Niukouyu Wetland Park are produced by the comprehensive purification project for ecological industrial sewage that the "treatment for industrial sewage discharged with corresponding standards + the restoration system of the natural ecosystem in the wetland" from 2016 to 2020. During the construction of the project, Yanshan

Petrochemical invested about 20 million yuan in total and the main social benefits produced are as follows:

The original appearance of Niukouyu Wetland was restored by renovating and restoring the original oxidation pond out of use before, reconfiguring of the water conservancy system and planting various green plants. Positive impacts are produced on climate regulation, gas regulation, water conservation, soil protection, waste disposal, biodiversity maintenance, social well-being and etc. The cumulative social benefits of the project reached 52.063 1 million yuan within 5 years. In the ecosystem services value generated in the past 5 years, the value of climate regulation, water conservation, and waste disposal accounted for 27.27%, 24.72%, and 28.99% respectively, and the service value generated after the monetary was 10.591 7 million yuan, 9.600 5 million yuan, 11.260 9 million yuan respectively. However, the contribution of the wetland ecosystem in providing raw materials and producing food is small, and the service value generated is only 43 400 yuan and 186 200 yuan. In addition, though Yanshan Petrochemical's investment in this project is a one-time investment, the generated social benefits are long-term and the social value will be further accumulated over time.

3.3.3.2 Limitation Analysis

In this case, data sources limit the accuracy and precision of the value estimation of Yanshan Petrochemical's comprehensive purification project for ecological industrial sewage that the "treatment for industrial sewage discharged with corresponding standards + the restoration system of the natural ecosystem in the wetland". First, Yanshan Petrochemical's expenditure on environmental compliance is assumed 0 yuan during the compliance impact calculation due to the consideration of its higher disclosure of social responsibility reports than the national standard in the past few years and the nonexistence of violation and penalty information through online retrieval. Meanwhile, the accounting of social benefits may be inaccurate because of the lack of relevant data such as employment promotion when calculating the benefits to the environment.

For the assessment of the wetland ecosystem services value, due to the lack of detailed information on vegetation coverage, species diversity, soil and water conservation, etc., this case uses the area of Niukouyu Wetland Park as the base and takes the accounting referring to the coefficient of each service value within the national scale summarized by Liu Xiaohui et al (2008). However, when there are differences in size, biomass, structure, and spatial composition in ecosystems, the same type of ecosystem service value will also have value. In other words, ecosystem service value is related to space and changes dynamically over time. Therefore, regional differences will differ the accuracy of the results.

3.3.3.3 Risks, Opportunities and Analysis

The release of the United Nations' 17 Sustainable Development Goals aims to solve development problems in the three dimensions of society, economy and environment in a comprehensive manner, and go towards sustainable development. Yanshan Petrochemical's construction of Niukouyu Wetland Park is closely related to the Goal 3: Good Health and Well-being, Goal 9: Industry, Innovation and Infrastructure, Goal 11: Sustainable Cities and Communities, Goal 13: Climate Action, Goal 14: Life below Water, and Goal 15: Life on Land. In other words, based on fulfilling its responsibilities to meet environmental compliance, Yanshan Petrochemical is pursuing the maximization of comprehensive benefits, contributing to environmental protection and creating social value. Therefore, although petrochemical enterprises usually face risks such as environmental compliance risks and the NIMBY effect, with the implementation of relevant actions of the comprehensive purification project for ecological industrial sewage that the "treatment for industrial sewage discharged with corresponding standards + the restoration system of the natural ecosystem in the wetland", Yanshan Petrochemical not only avoids these risks and makes the environmental indicators significantly higher than the national standard, but also lays a foundation for building a good brand image by creating community well-being.

3.3.4 Prospects

Through the analysis of this case, natural environment ecosystem services are found to be effectively improved by Yanshan Petrochemical's "treatment for industrial sewage discharged with corresponding standards + the restoration system of the natural ecosystem in the wetland". This case also proves that in its unswerving efforts on ecological optimization and green development, Yanshan Petrochemical has achieved remarkable results in the battle to protect the ecological environment, effectively helping Yanshan to build a harmonious environment with blue sky and clean water, and symbiosis between man and nature. Yanshan Petrochemical has achieved remarkable results in the battle to protect the ecological environment in the process of unswervingly taking the road of ecological optimization and green development, effectively helping Yanshan to build a harmonious environment with blue sky and clean water, and symbiosis between man and nature. Although the information disclosure of environmental and social benefits is not perfect and the accuracy and precision of natural capital accounting can be improved, Yanshan Petrochemical should pay attention to strengthening information disclosure in the subsequent formulation of environmental management work plans, so as to effectively grasp the actual results of ecological and environmental protection in real-time, continue to optimize the environmental management working mechanism and purposefully adjust the relevant work to meet the expectations and demands of stakeholders.

3.4 case4 bp: Creating a New Path with Net-zero Impact on Ecology

3.4.1 Background

To mitigate and even solve the long-term challenges of global warming and environmental degradation, it is urgent to carry out cross-sector and multilateral cooperation and take actions with the same objectives of the *Paris Agreement*. And the energy sector plays an indispensable role. According to the *bp Statistical Review of World Energy 2022*, global natural gas demand grew 5.3% in 2021, recovering above pre-pandemic 2019 levels and crossing the 4 Tcm mark for the first time. Its share in primary energy in 2021 was unchanged from the previous year at 24%, which means that natural gas, as a clean energy, is still in vigorous development.

The natural gas industrial chain includes the upstream exploration and production, the midstream transportation and the downstream distribution. It is an important issue for global oil and natural gas energy organizations and businesses to think over and practice the reasonable environmental control of natural gas production, so that they can improve the positive impact of the industry on natural capital and reduce the negative impact as well.

This case summarizes the relations between oil & gas businesses and natural capital based on the whole industrial chain, and analyzes the impacts and dependencies of the upstream and downstream as well as the core links of the production and operation of the oil and gas project bases on natural capital (Table 3-23).

Table 3-23 The impacts and dependencies of the oil and gas industry on natural capital

<table>
<tr><th colspan="2" rowspan="2">Value chain of corporate operation in the oil and gas industry</th><th colspan="2">Relations with natural capital</th></tr>
<tr><th>Dependencies on natural capital</th><th>Impacts on natural capital</th></tr>
<tr><td rowspan="2">Upstream-exploration and production</td><td>Construction of natural gas bases</td><td>• Use of land / marine resources
• Use of fresh water resources
• Use of drilling fluid
• Use of raw materials for construction
• Food consumption by constructors, such as marine products, vegetables, crops and so on
• Use of gasoline, diesel and other energies for transportation</td><td>• Impacts of the drilling process on local species and ecosystems
• Production of greenhouse gas
• Impacts of the drilling mud on the soil environment, groundwater and surface water
• Discharge of solid waste, sewage, waste gas, etc.
• Use of land resources for construction and impacts on species habitats and ecosystems
• Impacts of offshore drilling on marine biodiversity</td></tr>
<tr><td>Operation of natural gas bases</td><td>• Use of fresh water resources
• Energy and food consumption by operators</td><td>• Production of greenhouse gas
• Discharge of solid waste, sewage, waste gas, etc.
• Production of noise (on land/sea)</td></tr>
<tr><td>Midstream-transportation and storage</td><td>Laying of natural gas pipelines</td><td>• Use of land resources
• Use of fresh water resources
• Use of raw materials for construction
• Use of gasoline, diesel and other energies for transportation
• Use of energy for natural gas pressurization / cooling</td><td>• Use of land resources for construction and impacts on species habitats and ecosystems
• Production of greenhouse gas
• Environmental impacts caused by leakage or escape during transportation
• Impacts of pipeline impurities (such as water, liquid hydrocarbon,mechanical impurities and rust) on soil environment, groundwater and surface water</td></tr>
</table>

Continued table

Value chain of corporate operation in the oil and gas industry		Relations with natural capital	
		Dependencies on natural capital	**Impacts on natural capital**
Midstream-transportation and storage	Transportation	• Use of gasoline, diesel and other energies by ships/vehicles for transportation • Food consumption by transporters • Use of energy for natural gas pressurization/cooling	• Production of greenhouse gas • Environmental impacts caused by leakage or escape during transportation
	Construction of gas storage / LNG stations	• Use of land resources • Use of raw materials for construction • Use of gasoline, diesel and other energies for transportation • Use of fresh water resources	• Use of land resources for construction and impacts on species habitats and ecosystems • Production of greenhouse gas
Downstream-distribution	Grid connection of natural gas	• Use of raw materials for the construction of natural gas pipelines • Use of land resources	• Use of land resources for construction and impacts on species habitats and ecosystems • Greenhouse gas emissions caused by gas escape during transportation • Provision of necessary resources for social production and life
Daily activities	Industrial tourism	• The development of the tourism industry depends on the cultural and recreational function of the ecosystem	• Public science popularization on ecology • Promoting tourism and other service industries in surrounding communities

As the sustainable development has become a global consensus, it has been indisputable that environmental policies in all sectors are becoming more and more stringent. The oil and gas businesses need to further analyze the environmental and social risks as well as opportunities that they may face in their future development based on the relations between the whole industrial chain and natural capital, so as to control risks, seize opportunities to expand business, and create greater economic, environmental and social values (Table 3-24).

Table 3-24 Risks and opportunities faced by the oil and gas industry

Type	Risks	Opportunities
Operation	• Security and accessibility of natural resource supply • Rising cost of natural resources • Risks of application of new technologies and technological transformation • Risks of waste disposal	• Further improving waste discharge and disposal • Disposing pollutants in a natural way
Compliance	• Stricter environmental compensation policies and regulations • More detailed regulations on pollutant disposal • Stricter policies and regulations on occupational health	• Enhancing environmental compliance awareness • The up to standard environmental performance will be rewarded by the government
Finance	• The capital market and corporate debt financing are linked to environmental performance • Possibly higher environmental costs	• Protecting biodiversity and the ecosystem to avoid economic loss • Taking measures to increase the values of natural capital and strengthen the investment willingness of investors
Brand image	• Pressure from environmental organizations • Public opinion crisis caused by negative environmental and social impacts	• Establishing a sustainable brand image • Getting the understanding and support of the community and the public through communication • Improving employee satisfaction with good working environment

3.4.2 Biodiversity solutions

Note: On the second part of Fifteenth meeting of the Conference of the Parties to the Convention on Biological Diversity (COP15) held on December 19, 2022, delegates finally agreed on the Kunming-Montreal Global Biodiversity Framework (the Framework). The Framework sets out 23 action-oriented global targets. Among them, the Target 15 which emphasizes to take legal, administrative or policy measures to encourage and enable business, and in particular to ensure that large and transnational companies and financial institutions: regularly monitor, assess, and transparently disclose their risks, dependencies and impacts on biodiversity including with requirements for all large as well as transnational companies and financial institutions along their operations, supply and value chains and portfolios. Commissioned in 2010, British Petroleum (bp)'s Tangguh LNG mainly exports its gas to China and is one of the key suppliers of gas resources to Fujian Province, China. Paying attention to biodiversity impacts and conservation in the supply chain is also an important action of bp to fulfill its social responsibility. In this case study, the company's practice of "creating a new path with net-zero impact on ecology" is provided by bp China. GoldenBee Consulting and bp China applied the natural capital assessment methodology to assess the benefits of the company's biodiversity management and practices in the Tangguh LNG. This case study is a good reference for oil and gas companies to systematically carry out biodiversity management.

3.4.2.1 Company Profile

bp was founded by William D'Arcy in 1909 and then merged with the former bp, Amoco, Arco and Castrol. It is one of supermajors, engaging in production and business activities in more than 70 countries around the world. Its main businesses include: oil and gas exploration and production, Oil refining and sales, production and sales of petrochemical products, lubricating oil business, aviation fuel supply, future mobility and solutions, regions, corporates and solutions as well as venturing. bp has 63 600 employees[1] worldwide and it is listed on the LSE and the NYSE.

bp is paying more and more attention to the role of the private sector in managing its biodiversity impacts, requiring the private sector to prove that there is no net loss or there are net positive impacts on biodiversity. In 2020, bp set a new biodiversity objective to enhance biodiversity and take action to restore, maintain and enhance nature. bp promises that it would not conduct any new oil and gas exploration or production activities within the boundary of the world heritage site officially named by UNESCO. If any such project is considered in the buffer area or near the world heritage site, efforts will be made in collaboration with UNESCO to avoid any relevant activities that may have a direct residual impact on the value and integrity of the world heritage site. Besides, bp also promises that it would not conduct any new oil and gas exploration or production activities within the boundary of the strict nature reserve (IUCN Ia) or wilderness area (IUCN Ib) listed on January 1, 2020. If bp enters other protected areas, it will work with relevant stakeholders and biodiversity experts to help manage any potential impacts and assess chances to improve on-site management.

3.4.2.2 Tangguh Expansion Project

(1) Project Description

Tangguh gas fields are rich natural gas deposits. bp has put into operation in July 2010 the Tangguh LNG in Indonesia, with three production sharing contracts valid until 2035. The LNG is composed of two natural gas processing platforms and trains. The natural gas produced offshore is transported to the LNG equipment through the submarine pipelines, and then it is purified and liquefied for the export.

bp and its partners, plan to expand the Tangguh LNG facilities to increase Tangguh LNG production capacity by developing LNG Train 3 and additional supporting facilities,

1 ESG statistics at bp.com.

referred hereafter as the Tangguh Expansion Project (TEP). Initial expansion is planned to include LNG Train 3, two platforms (ROA and WDA), 13 new development wells, two subsea pipelines, a combined LNG and Condensate Jetty and other supporting facilities (Figure 3-7).

Figure 3-7 Tangguh gas fields

(2) Biodiversity around Tangguh Gas Fields

Located on the south bank of Bintuni Bay, Papua island, Tangguh gas fields are remote and surrounded by lowland tropical forests, mangroves and diverse flora and fauna. The only protected area near Tangguh gas fields is the Bintuni Bay Nature Reserve, which is 80 km to the east of the Tangguh LNG expansion project. The main land and coastal habitats around Tangguh gas fields include: lowland tropical forests, beach forests, savannas, mangroves and swamp forests. All these habitats are covered by natural primitive vegetation, except for some man-made savanna patches (Figure 3-8).

(a) Lowland Forest (b) Savannah

(c) Beach Forest (d) Swamp Forest (e) Mangrove

Figure 3-8 Major habitat types

Due to the high biodiversity around the site, bp and its partners have undertaken extensive biodiversity baselines survey and assessments to help inform the necessary mitigation measures to reduce its impact on biodiversity-more than 980 plant species, 80 mammals, 210 birds, 110 reptiles and amphibians, and 99 fish have been recorded within the Tangguh area since 2000. Due to this high species diversity the Tangguh Expansion Project is committed to achieve a no net loss in biodiversity and no long-term adverse impact on the 22 priority species for conservation.

(3) Biodiversity Management and Practice

1) Action Plan Establishment

Due to the potential for the project to have an impact on biodiversity, a detailed biodiversity action plan (BAP) was formulated. The BAP provided details on the management actions and mitigation measures which were applied by the project to ensure that the project aims to achieve in the longer-term a no net loss in biodiversity.The overall aim of the project is to achieve a no net loss in biodiversity. This will be facilitated by applying the mitigation hierarchy and ensure that the project undertakes appropriate measures to protect and conserve biodiversity in the long-term (Figure 3-9、Figure 3-10).

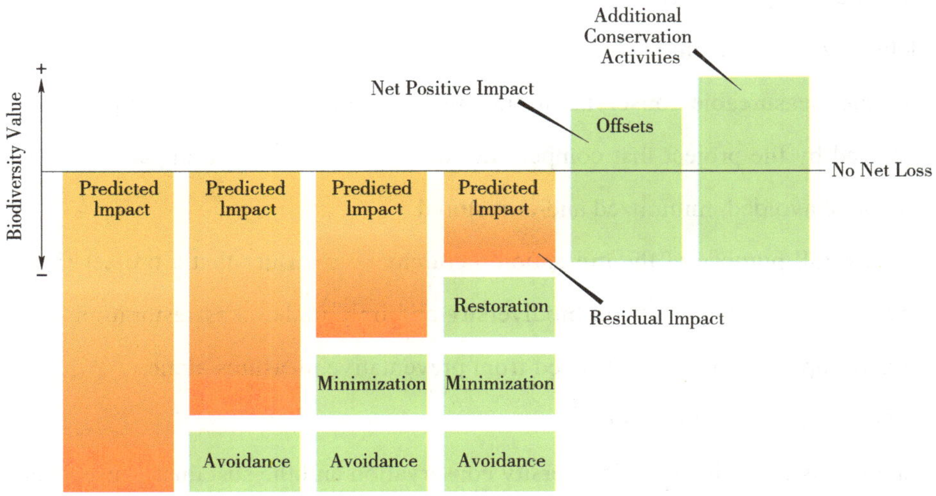

Figure 3-9 Applying the Mitigation Hierarchy to achieve No Net Loss

read

The mitigation hierarchy is a tool designed to help manage potential impacts to biodiversity (CSBI, 2015) which involves the application of four key actions:

Avoidance-measures taken to anticipate and prevent adverse impacts on biodiversity before actions or decisions are taken that could lead to biodiversity impacts.

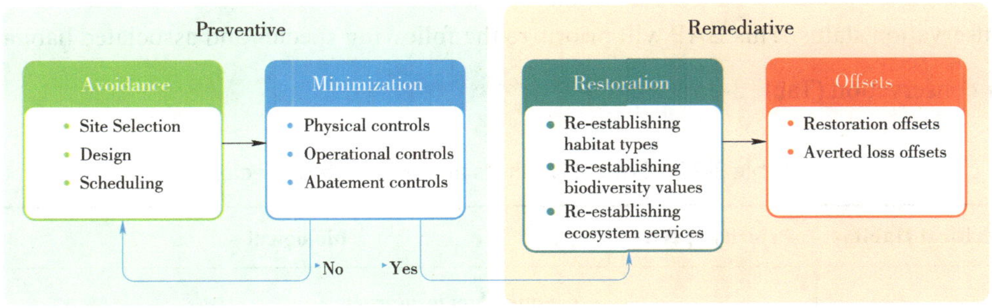

* Can potential impacts be managed adequately through remediative measures?

Figure 3-10 Applying the Mitigation Hierarchy to achieve No Net Loss

Minimization-measures taken to reduce the duration, intensity, significance and/or extent of impacts that cannot be completely avoided.

Restoration-measures taken to repair degradation or damage to specific biodiversity features and ecosystem services of concern following project impacts that cannot be completely avoided or minimized.

Offsets-measureable conservation outcomes resulting from actions applied to areas not impacted by the project that compensate for significant adverse impacts of a project that cannot be avoided, minimized and/or restored.

The overall purpose of the mitigation hierarchy is to ensure that a project first aims to avoid any potential impacts on biodiversity and only undertakes restoration or offset measures if impacts cannot be managed from preventative measures alone.

2) Biodiversity Baseline Survey

Tangguh is committed to biodiversity conservation and the sustainable use of natural resources as described in the original Biodiversity Action Plan which was developed in 2003, and since then the operations at Tangguh have regularly conducted flora and fauna surveys in its area, including marine mammal survey in the surrounding Teluk Bintuni, and these baseline surveys have helped to understand the potential impacts on biodiversity from the Tangguh Expansion Project.

To achieve no net loss, the population of each priority species and the viability of the ecosystems upon which these species depend will need to be maintained at a favourable conservation status. This BAP will prioritize the following species and associated habitats for conservation (Table 3-25).

Table 3-25 Critical Habitats and associated species

Critical Habitat	**Priority species**	**biological**
Lowland forest	Flora	• *Calophyllum insularum* • *Myristica inaequalis* • *Glochidion daviessi* • *Freycinetia bomberaiensis* • Group of endemic orchid species

Continued table

Critical Habitat	Priority species	biological
Lowland forest	Birds	• Red-billed Brush-Turkey *Talegalla cuvieri* • Northern Cassowary *Casuarius unappendicultus*
	Mammals	• Lesser Tube-nosed Bat *Nyctimene draconilla*
	Herpetofauna	• Four-fingered skink Carlia bombarai • Skink Emoia sp. nov. • Nursery frog Cophixalus sp. nov. • Mawatta frog Hylophorbus sp. nov.
Swamp forest	Flora	• Fan palm Livistonia sp.
	Birds	• Dusky Scrubfowl Megapodius freycinet • Western Crowned-pigeon Goura cristata
	Mammals	• Lesser Tube-nosed Bat Nyctimene draconilla
Estuary	Birds	• Great Knot *Calidris tenuirostris*
	Herpetofauna	• Hawksbill *Eretmochelys imbricate* • Olive Ridley *Lepidochelys olivacea* • Loggerhead Turtles *Caretta caretta* • Humpback Dolphin *Sousa chinensis chinensis*

Table 3-26 Estimated habitat areas

Habitat type	Area/hm^2
Lowland forest or dryland forest	30 170
Swamp forest	9 305
Mangrove	6 853
Savanna	6 547
Estuary	528 200

3) Action Plan

A qualified forestry specialist will be employed and on site to ensure proper implementation of land clearance and, subsequent re-vegetation activities.Qualified ecologist will be employed and on site throughout the pre-construction survey and initial tree clearance to support the forestry specialist with re-vegetation/replanting of priority plant species, management of the nursery, post-construction survey planning and invasive species management. Qualified environmental team will be employed and on site throughout the construction activity to ensure proper environmental management in place,including management of flora, fauna and marine mammal; and provide day-to-day advice related to environmental issue. Conduct socialization regarding priority species of flora and fauna to contractors, i.e. during kick off meeting with the tree cutting contractor, develop information material for priority species for use in several areas for tree cuttings. All contractors working on the site will be provided with an ecological toolbox talk, as part of the HSSE induction-to ensure all workers are aware of the ecological issues on the sites and actions necessary if any protected species or wildlife found during the construction works.

The results of the 10 years plus surveys show that there is minimal impact to the biodiversity within Tangguh buffer zone and Teluk Bintuni area from the presence and activity of Tangguh Train 1 and Train 2. This assessment concludes that while the project activities will be undertaken within critical habitats, and priority species will be impacted during the construction activities, the impacts on these habitats and priority species for conservation will be temporary, reversible and localised. Whereby less than 0.3% of the habitat within the DMU will be lost and 56% of the forest habitats cleared will be restored in the longer term.

3.4.2.3 Natural capital accounting of Tangguh Expansion Project

In order to quantify the impacts and dependencies of the biodiversity conservation practice on natural capital in the operation of the Tangguh Expansion Project, the typical impacts and dependencies are selected for qualitative, quantitative or monetary assessment.

(1) Assessment Methods and Objective

1) Assessment Methods: The assessment identifies and measures the impacts and dependencies of the Tangguh Expansion Project on natural capital in accordance with the *Natural Capital Protocol* released by the Natural Capital Coalition. It analyzes the state and trend updates of natural capital, and assess the values of impacts and dependencies on natural capital in a qualitative, quantitative and monetary way. Qualitative description is adopted for the indicators that cannot be quantified. For indicators that can be quantified but cannot be monetized for valuation, quantitative analysis shall be carried out in physical units. If the indicators can be quantified and monetized, the monetized valuation shall be adopted. Finally, all monetized data are gathered to generate the costs and benefits of this assessment.

2) Assessment Objective

① Assessing risks and opportunities. It aims to assess the extent of the impacts and dependencies of the Tangguh Expansion Project on natural capital, as well as relevant risks and opportunities, so as to help the Company analyze costs and benefits from the perspective of total value of natural capital, and provide reference for it to make strategic, management or operational decisions.

② Assessing the impact on stakeholders. It aims to assess the impact of natural capital changes caused by business activities of the Tangguh Expansion Project on stakeholders and its scale, so as to help the Company solve management and decision-making issues related to affected stakeholders.

③ Providing reference and support for stakeholder communication. Through information disclosure and communication with internal and external stakeholders about the biodiversity conservation actions and their values carried out by the Company, it aims to obtain winder recognition and support of stakeholders, thus establishing a green brand image and enhancing its brand value (Table 3-27).

Table 3-27 Analysis of target audiences of the project

Target audiences	Appeals and expectations
Internal target audiences	
bp	• Develop and expand the natural gas business • Control operational risks to ensure the safe and smooth implementation of the project • Control the impact on ecological environment and achieve the strategic goal of biodiversity conservation • Improve corporate reputation and brand value • Obtain the full understanding and support of the government, domestic and foreign investors, the public, public welfare institutions and other stakeholders
Tangguh expansion project	• Ensure the smooth implementation of the project • Prevent any damages to the ecological environment • Reduce the negative impact of oil and gas projects on biodiversity • Make targeted analysis and strategies for biodiversity risks • Enhance the positive impact of project operation on itself and society
Employees of the project base	• Obtain a safe, eco-friendly and beautiful working environment • Occupational health guaranteed
External target audiences	
Government departments (local governments in Papua Barat and Fak , the Central Government and Ministry of Environment and Forestry)	• Actively cooperate with government supervision • The corporate operation complies with the relevant safety and environmental standards • Avoid any damages to the ecological environment and residents' health • Reduce greenhouse gas emissions and promote the upgrading of energy structure • Create tax revenue and drive economic development
Customers (natural gas consumers)	• Safe, stable and clean energy supply
Surrounding communities (residents, schools, other enterprises)	• Avoid any negative impacts on the ecological environment • Avoid any negative effects on health • Enjoy a safe, eco-friendly and beautiful working and living environment • Drive the local economic development
Environmental conservation organizations and experts	• Control and reduce the impact of the project on environment • Provide suggestions for the Company's environmental and biodiversity conservation • Promote the research and application of natural capital assessment

(2) Baseline, Scenario, Boundaries, and Organizational Focus

Baseline: bp conducted the biodiversity survey on the project operation site before the Tangguh Expansion Project was put into construction and operation (in 2010). Therefore, the project takes the end of 2010 as the baseline for assessment.

Scenario: the project adopts an "intrusive" method to conduct assessment and analysis by comparing the habitat loss and ecological restoration.

Spatial boundary: the Tangguh Expansion Project base (including Tangguh Train 1 and Train 2, and TEP).

Temporal boundary: Changes in natural capital of the Tangguh Expansion Project from 2010 to the end of 2016.

Organizational focus: The organizational focus of this assessment is the project level, and the research object is the ecological restoration of the Tangguh Expansion Project. The value-chain boundary of the assessment covers the ecological restoration during the construction of the Tangguh Expansion Project.

Moreover, according to the NCP, this assessment covers three components: impacts of the activities in the O&M scenario on bp, impacts on society, and dependencies of the activities in the O&M scenario on natural capital, thus to ensure the integrity of case studies on the accounting.

(3) Materiality Analysis of Impacts and Dependencies and Identification of Changes in Natural Capital

The assessment sorts out the impact and dependency pathways of the ecological restoration of the Tangguh Expansion Project. Then it ranks and reviews the impacts and dependencies on natural capital by importance and finally determines the material impacts and dependencies.

1) Analysis on Pathways from Which Impacts and Dependencies are Generated

① Impact pathways of natural capital on the project.

a. Environmental compliance: the government has tightened the supervision on the industry, which increases the operating costs and environmental compliance risks for the

Company.

b. Green operation: the demands of the Company itself and international environmental organizations and other stakeholders for ecological and environmental protection increase the operating costs of the Company.

② Impact pathways of the project on natural capital.

Impact on the terrestrial ecosystem: migrating animals and plants in the area or carrying out ecological restoration.

③ Dependency pathways of the project on natural capital.

Land occupation: the project construction needs land resources.

2) The Screening Principles of Material Indicators

① Impacts and dependencies that might bring about relatively huge costs or benefits shall be included.

② Impacts and dependencies that might cause significant concern from internal and external stakeholders shall be included.

③ Under the premise of Principles ① and ②, the impacts and dependencies, for which monetized results could be obtained via direct estimation approaches such as market valuation method and value substitution method, shall be given priority in material assessment, so as to assess the effects of biodiversity conservation practices with possibly more monetized indicators.

Table 3-28 Impacts and dependencies on natural capital and identification of changes in natural capital

Impact drivers/ dependencies	**Changes in natural capital / impacts of changes in natural capital on the business dependencies**	**Impacts/ dependencies**
Environmental compliance costs	Less damage to vegetation	Environmental compliance management
	Impacts of on pollutant leakage the ecological environment	
Investment in ecological improvement	Changes in ecological environment	Investment in green construction

Continued table

Impact drivers/ dependencies	Changes in natural capital / impacts of changes in natural capital on the business dependencies	Impacts/ dependencies
Habitat restoration	Better terrestrial ecosystem	Ecological restoration and species protection
Migration and breeding of animals and plants		
Protection of rare animals and plants		
Land for construction	Land use change	Use of land resources

(4) Valuation of Material Impacts and Dependencies

Based on the above analysis, qualitative, quantitative or monetary assessment is undertaken on the impacts and dependencies in according to the significance of materiality as well as the availability and accuracy of data[1]. The monetary valuation techniques mainly refer to market and financial pricing technique as well as value substitution method.

1) Dependencies on Natural Capital

Use of land resources. The Tangguh LNG project covers an area of 3 266 hm^2, but only 404 hm^2 have been developed, of which only 365 hm^2 (11.18%) were open for LNG site construction and 39 hm^2 were cleared to build fences around the whole site. The rest undeveloped area within the site is called "buffer area". This damaged land is a savanna habitat in terms of its soil characteristics, humidity and main vegetation. The loss of ecological value caused by construction is 1.260 2 million yuan[2].

2) Impacts on the Project Itself

Environmental compliance. The Tangguh Expansion Project did not have any water resource pollution caused by pollutant leakage during the construction and operation

1 This project is under way, with some qualitative, quantitative and monetization data are still being measured, collected and refined. Only the impact and reliance with available valuation information is analyzed below on a case-by-case basis.

2 404 $hm^2 \times 3\ 119.4 = 1.260\ 2$ million yuan.

period from 2010 to 2016, and the cost of environmental compliance during this period was RMB 0.

3) Impacts on Society

Ecological restoration and species protection. As a prerequisite for clearing part of the forest for the construction of the Tangguh LNG project, Tangguh must restore the forest, with a total area of 6 984.40 hm^2. 1 320 hm^2 are covered by swamp forest (80%) and mangrove (20%), while the other 5 664.40 hm^2 of land are in Teluk Bintuni Regency and Papua Barat, which, as a part of land to substitute forest, are conducive to improving the value of biodiversity in a wider range and reducing the potential long-term impact to a certain extent.

Costanza et al. put forward the systematic estimation method of ecosystem service value for the first time on *Nature* in 1997. The report uses in calculation Costanza et al's classification system (including 16 ecosystem types) and the benefits of 17 ecosystem functions. The unit value parameters put forward by Chen Zhongxin et al.[1] in 1994 were adopted and adjusted to the price of 2010[2] (Table 3-29).

Table 3-29 Ecosystem service value

Ecosystem	**Area/ hm^2**	**Ecological value /yuan**
Mangrove	264	35.461 million[3]
Swamp forest	1 056	278.008 5 million[4]
Low-density tropical rainforest	5 664.40	152.856 1 million[5]
In total	6 984.40	466.325 6 million

1 Zhongxin Chen, Xinshi Zhang. The value of ecosystem benefits in China [J]. *Chinese Journal*, 2000, 45(1):17-22.

2 Cai Zhonghua , Wang Qing, Liu Guangqing. Value re-evaluation for ecosystem services of China [J]. *Ecological Economy*, 2014, 30(2):16-18.

3 1 320 × 20%=264 hm^2 × 134 321.9 yuan = 35.461 million yuan.

4 1 320 × 80%=1 056 hm^2 × 263 265.6 yuan=278.008 5 million yuan.

5 5 664.40 hm^2 × 26 985.4 yuan =152.856 1 million yuan.

Since the ecological restoration should be a relative value rather than the absolute original ecological value of the vacated area, it is necessary to cut the ecological value of the original brownfield site (63.670 5 million yuan) [1], so that the final value of ecological restoration is 402.655 1 million yuan.

Land cleaning. 164 hm^2 of land habitats would be cleared and occupied for the construction of workers' houses, docks, access to offshore facilities, pig farms, waste treatment facilities and other buildings. These activities would lead to the loss of both natural and modified habitats. In order to reduce the loss of biodiversity, the Tangguh Expansion Project launched a survey before construction to collect plant specimens, seeds, seedlings, or twigs of the plant species found in the cleaning area. These plants were propagated in a special nursery, and then replanted in unaffected forest areas and designated areas, while the seedlings were transplanted to the nearby unaffected forest (Table 3-30、Table 3-31).

Table 3-30 Habitat loss of the project area

Affected habitat	Cleaning area/ hm^2	Restoring area/ hm^2	Loss area/ hm^2	Ecological value / yuan
Mangrove	4	—	4	0.537 3 million[2]
Shrub	27	5	22	0.205 6 million[3]
Swamp forest	26	9	17	4.475 5 million[4]
Lowland forest	107	77	30	0.809 6 million[5]
In total	164	91	73	6.028 million

1 6 984.40 hm^2 × 9 116.1 =63.670 5 million yuan.

2 4 hm^2 × 134 321.9 yuan =0.537 3 million yuan.

3 22 hm^2 × 9 116.1 =0.205 6 million yuan.

4 17 hm^2 × 263 265.6 yuan = 4.475 5 million yuan.

5 30 hm^2 × 26 985.4 yuan = 0.809 6 million yuan.

Table 3-31 Assessment of core indicators of natural capital accounting

Impacts/ dependencies	Assessment indicator	Qualitative	Quantitative	Monetary/ yuan
Environmental compliance management	Administrative penalty for pollution leakage/yuan		—	0
	Compensation for clean-up cost and other losses/yuan		—	0
Green construction	Investment in ecological improvement/yuan[1]		—	*
Ecological restoration and species protection	Ecological restoration value/ yuan		6 984.40 hm^2	+402.655 1 million
	Loss of habitat/yuan		73 hm^2	-6.028 million
Use of land resources	Habitat loss for construction/ yuan		404 hm^2	-1.260 2 million
In total				+395.366 9 million

Note: "—" in the above table indicates that this item does not need to be filled in, and "*" indicates that this item is temporarily unavailable. "+" indicates positive benefits and "-" indicates negative benefits.

3.4.3 Results Analysis

3.4.3.1 Overall cost/ benefit

The natural capital assessment shows that the ecological restoration of the Tangguh Expansion Project from 2010 to 2016 has had a significant positive impact. Through the restoration of the ecological environment, the Tangguh LNG project covers an area of 3 266 hm^2, but only 404 hm^2 have been developed, while other areas are in the originally undeveloped state. The Tangguh project team has restored the forest area with a total area of 6 984.40 hm^2, as a part of land to substitute forest, which are conducive to improving

1 It will not be disclosed for the business reason.

the value of biodiversity in a wider range and reducing the potential long-term impact to a certain extent. Meanwhile, in order to reduce the loss of biodiversity, the Tangguh Expansion Project collected plant specimens, seeds, seedlings, or twigs of the plant species found in the cleaning area before construction. These plants were propagated in a special nursery, and then replanted in unaffected forest areas and designated areas, while the seedlings were transplanted to the nearby unaffected forest, so as to prevent the loss of biodiversity. Based on the data of all monetized indicators in the natural capital accounting, the activities of the Tangguh Expansion Project have created a total of 395.366 9 million yuan benefits for all biological and abiotic resources in the natural environment. In addition, the Tangguh Expansion Project is one-off investment, but it creates long-term social and ecological benefits and the social and ecological values keep rising.

3.4.3.2 Limitations

It is noted that there are some limitations in the assessment results since the natural capital assessment did not start in 2010 when the project started, but just studied and analyzed the already completed Tangguh Expansion Project in a retrospective way.

(1) Limitations of assessment indicators. In the analysis of materiality assessment of impacts and dependencies, no investigations were made publicly within a wide range of stakeholders due to limitations such as execution cycles and resources of the assessment. Instead, only internal assessment was conducted and opinions were consulted within a narrow range of stakeholders.

(2) Limitations of assessment data. There were some limitations in data acquisition since the assessment of natural capital assessment was conducted for the first time and the analysis was made retrospectively. For example, due to the lack of relevant data and the immaturity of accounting methods, no monetary values have been calculated herein for indicators related to the cost of ecological improvement and use of water resources, thus to make the accounting outcomes as objective and accurate as possible. As qualitative

or quantitative analysis was adopted for some indicators, the social benefits might, to some extent, fall below their actual values in natural capital accounting. In terms of the assessment of the value of ecosystem service functions, this case takes the value coefficients of Costanza et al's classification system (including 16 ecosystem types) and 17 categories of ecosystem functions, and adopts the exchange rate of RMB against the US dollar in 2010, due to the lack of detailed data in economic input, species diversity and resource loss. However, when there are differences in size, biomass, structure and ecosystem spatial combination, there also exists the value of the ecosystem service of the same type. In other words, ecosystem service value is related to space and will change over time. Therefore, regional differences lead to the inaccuracy of the results.

3.4.4 Prospects

bp will continue to take positive actions to restore, protect and enhance the vitality of nature, devoting itself into strengthening the biodiversity around its existing major business sites. From 2022, new projects operated by bp whose planned activities may have a direct and significant impact on biodiversity will be required to develop NPI action plans for these activities, so as to strengthen local biodiversity and achieve a net positive impact on biodiversity, firstly in biodiversity-sensitive areas. This requirement will be applicable to projects in bp's entire portfolio-from oil and natural gas to renewable energy-all bp's operating assets must implement the action plans. bp is committed to further protecting and restoring biodiversity in countries where bp is investing and keeps investing more, thus enabling local communities to use natural resources in a sustainable way.

(1) Cooperation with well-known conservation organizations. bp is committed to partnering with global conservation organizations to support the delivery of such activities.

(2) Transparency bp plans to regularly disclose the progress of net positive impact

and share relevant biodiversity baseline data if possible.

(3) Biodiversity as the mainstream value of bp's corporate culture. Over the past 15 years, bp has been working on the integration of biodiversity with industrial practice and corporate culture. bp plans to reinforce this value as part of our broader strategic approach of sustainable development and review it on a regular basis.

(4) Continuous collaboration with all parties to highlight the need for action on biodiversity. bp will work with governments, industry associations and relevant parties including suppliers and joint ventures to exert influence on biodiversity and facilitate group actions.

(5) Natural Climate Solutions. Since Natural Climate Solutions (NCS) are an integral part of the objectives of the Paris Convention, bp is in great support of the establishment of the NCS Alliance and is one of the founding members. The purpose of the alliance is to reach consensus among stakeholders to expand NCS investment and advocate relevant domestic and international policies. bp will continue to follow strict environmental standards in NCS investment, especially for public welfare projects that promote carbon emission reduction and biodiversity and bring benefits to mankind.

• Afterword •

The successful publication of the book has taken a long time since its planning in 2020, during which we have continuously updated the record of the latest policy and corporate practice trends in China. In June 2019, we held a corporate natural capital training workshop in Beijing in our initial collaboration with the Capital Coalition. Then a group of pioneering companies led by example, applying the standardized framework and methodology of the *Natural Capital Protocol* to corporate management and operations to assess and report on the dependencies and impacts on biodiversity. Considering that more companies have significant demand in terms of natural capital assessment concepts, methodologies and applications, we started to plan for publication of a book summarizing the experiences of companies in biodiversity management and pioneering practices in value creation, thus promoting more companies to join the process of biodiversity management. In the past two years, COP15 was postponed three times, which gave us more time to enrich and improve the manuscript.

In June 2022, we once again joined forces with the Capitals Coalition and the Business for Nature to hold a panel on "Incorporating Nature Conservation into Business Decisions". We launched the Capitals Coalition China Hub together with Capitals Coalition, building a bridge between Chinese companies and multiple capital accounting mechanisms. This move will increase Chinese companies' and society's understanding of multiple capital approaches such as natural, social, human and production capital, shift their focus on the value of people and nature, and increase the application of capital approaches in decision making. This book contains typical cases of pioneering companies applying natural capital methods to value assessment, which can provide a reference to more companies to carry out multiple capital accounting and improve biodiversity management.

This book is the result of the collective wisdom and effort of our colleagues. The book was initially proposed by Chen Weizheng and me. Yang Shihui, Wang Qian, Zhu Min, Liu Xianrong and Wang Ying participated in the formulation of the outline and core issues of each chapter. China Environment Publishing Group assisted in the collection of pioneering corporate practice cases and the proofreading of the manuscript. The authors of each chapter are as follows.

Chapter 1 The Development Status of Corporate Biodiversity in China: Yin Gefei, Guan Zhusun, Yang Shihui.

Chapter 2 Mechanisms, Platforms, and Strategies Regarding Chinese Companies' Participation in Biodiversity Conservation: Zhao Yang.

Chapter 3: Practices of Corporate Contribution to Biodiversity: Yin Gefei, Zhu Min, Wang Qian, Liu Xianrong, Yang Shihui, Wang Ying, Yang Liqun, Jing Xingli.

In addition, Yin Gefei takes on the job of the revision and review of the book. Yao Lin, associate researcher of the China Academy of Natural Resources Economics, Zhao Yang, senior manager of the Foreign Environmental Cooperation Center of MEE, and Liu Xuehua, professor of the School of Environment of Tsinghua University, participated in the professional review of the book and gave their great support. To those people, we would like to express our heartfelt gratitude.

Due to the limitation of time and ability, it is inevitable that there are immature views, improper expressions or even mistakes in this book. Therefore, criticisms from experts and readers are welcomed. If you have comments or suggestions on this book, please feel free to contact with us. Tel: 010-62137913-8005.

Lastly, on behalf of the entire writing group, I would like to express my sincere gratitude to all the colleagues who have worked so hard for the publication of this book.

Yin Gefei

September 2022